解くための
微分方程式と力学系理論

千葉 逸人 著

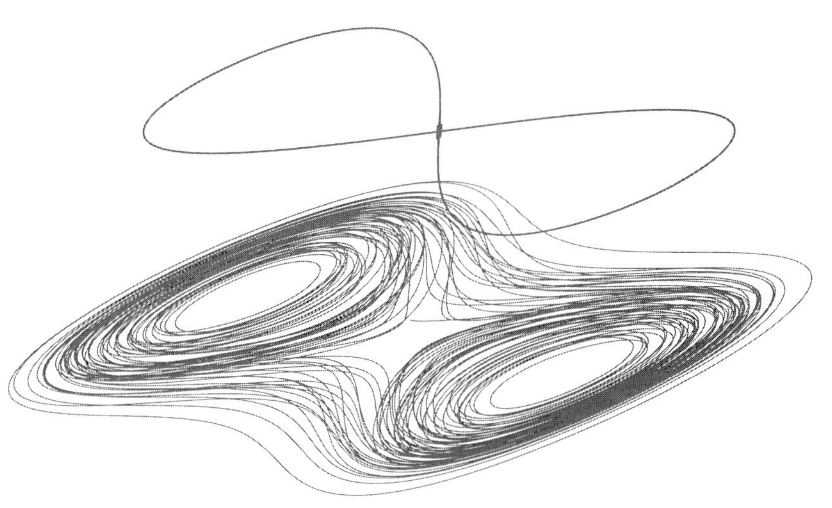

現代数学社

まえがき

力学系理論とは，時々刻々と変化するあらゆるものを対象とする数学の分野です．原子のようなミクロな世界から惑星の運動，電流や流体の流れ，化学反応，脳波や睡眠などの生物リズム，人口や株価の変動などの社会現象，これらによって引き起こされるカオスなど・・・さまざまな現象が力学系として表すことができます．今日ではこれらの研究手法は多岐にわたっていますが，時代を経てもあらゆる手法を数学が支えていることに変わりはありません．大学の授業では "解ける" 微分方程式を扱うことが多いかもしれませんが，実はほとんどの微分方程式は解析的に解くことができません．本書では "解く" ことだけでなく，"解けない" 方程式に立ち向かうための基本的な知識を，具体的に手を動かして解の様子を記述できるような話題を中心に織り交ぜたつもりです．

本書は大きく分けて次のような 3 部構成になっています．

(I) 第 1 章〜第 6 章　常微分方程式の解法
(II) 第 7 章〜第 14 章　連続力学系 〜解の安定性・分岐と特異摂動法〜
(III) 第 15 章〜第 17 章 離散力学系 〜カオス〜

第 1 章〜第 6 章では "解ける" 方程式を解くことを中心として，微分方程式の基礎について解説します．特に力学系の局所理論の土台となる線形の微分方程式について詳しく扱います．第 6 章のあとに少し微分方程式論と力学系理論に関する余談をはさんだ後，第 7 章〜第 14 章は微分方程式の定性理論である連続力学系の理論から，その基礎事項と "解けない" 方程式の解析手法，主に安定性理論・特異摂動法・分岐理論を紹介します．第 15 章〜第 17 章は離散力学系を中心としてカオスとはどのようなものかについて理解することを目標としています．なるべくどの章からでも読めるようにしていますが，微分方程式は聞いたことがあるけど，力学系理論という言葉に馴染みがないという読者は，第 7, 8 章の図を眺めることから始めてもよいかもしれません．

本書は微分方程式と力学系理論の両方から話題を選んで紹介しているため，どちらの分野に対しても網羅的とは程遠いものです．また，力学系の専門家を目指さない方でも手短にその概要を掴むことができるよう，長すぎる証明やテクニカルな証明はアイデアを述べるにとどめています．なるべく詳細の参考文献は挙げているので活用してください．また，各章末の放課後談義のコーナーと 6 章後の余談では，本に書ききれなかった発展的な話題を簡単に紹介しています．そちらもぜひ楽しんでください．

惑星の 2 体問題（太陽のまわりを回る地球の運動は楕円軌道であること）はニュートンによって解決されました．その後長らく，3 体問題（太陽，地球，月の運動を解析すること）は未解決のまま残っていましたが，1890 年代にポアンカレが「3 体問題は解析的に解けない」ことを証明し，そこから“解けない”方程式を解析するための力学系理論が発展しました．本書を通して，解ける問題を解く楽しさ，解けない問題を考える楽しさを味わってくれればと思います．

本書は『月刊 理系への数学』にて 2007 年 5 月号から 2008 年 9 月号まで連載された「解くための微分方程式と力学系」を土台に加筆したものです．連載時にお世話になった方々，および連載と単行本化の機会を与えてくださった現代数学社の富田栄さんと富田淳さんに感謝いたします．

2021 年 8 月　千葉 逸人

目次

第1章　1階の微分方程式

微分方程式とはどのようなアイデアに基づいてどのような場面で現れるのかを見るために，簡単な問題で微分方程式を作ってみましょう．

1.1　いろいろな微分方程式

◎例題1◎　今，ある容器の中に一定速度で分裂を繰り返して増殖していくアメーバがたくさんいるとします．時刻 t におけるアメーバの数を $x(t)$ と表しましょう．ある短い時間 Δt 秒間の間のアメーバの増加数は $x(t+\Delta t)-x(t)$ と表されます．例えば Δt 秒の間にその数が2倍になるとすれば

$$x(t+\Delta t)-x(t)=x(t)$$

が成り立ちます．より一般に，時刻 t におけるアメーバの増加量 $x(t+\Delta t)-x(t)$ はその時刻におけるアメーバの数 $x(t)$ が多ければ多いほど大きい値になると考えられます．そこで $x(t+\Delta t)-x(t)$ は $x(t)$ に比例すると仮定しましょう．その比例定数を $a>0$ とおくと

$$x(t+\Delta t)-x(t)=a\Delta t\cdot x(t) \tag{1.1}$$

が成り立ちます．ここで，Δt 秒間の間の増加量 $x(t+\Delta t)-x(t)$ は測定時間 Δt が長ければ長いほど大きくなるだろうから，$x(t+\Delta t)-x(t)$ は Δt にも比例すると仮定して Δt を乗じています．両辺を Δt で割って

$$\frac{x(t+\Delta t)-x(t)}{\Delta t}=ax(t) \tag{1.2}$$

$\Delta t\to 0$ の極限をとると，微分の定義より

$$\frac{dx(t)}{dt}=ax(t) \tag{1.3}$$

という方程式を得ます．これがアメーバの数の変化を表す微分方程式です．

◎例題2◎ 時刻 t における部屋の温度が $T(t)$ と表される部屋の中でエアコンが作動していて，部屋の温度が T_0 になるように温度設定されているとします．現在の部屋の温度 $T(t)$ と目標温度 T_0 の差 $T(t)-T_0$ が大きければ大きいほどエアコンは強い風を出し，したがって Δt 秒間における部屋の温度の変化量 $T(t+\Delta t)-T(t)$ は大きくなると考えられます．そこで前と同様に $a>0$ を比例定数として

$$T(t+\Delta t)-T(t)=a\Delta t(T(t)-T_0) \tag{1.4}$$

と表しましょう．ここで変化量 $T(t+\Delta t)-T(t)$ は測定時間 Δt にも比例するとしています．両辺を Δt で割って $\Delta t\to 0$ の極限をとると

$$\frac{dT(t)}{dt}=a(T(t)-T_0) \tag{1.5}$$

という微分方程式を得ます．あるいは定数 $-aT_0$ を b と置き換えて

$$\frac{dT(t)}{dt}=aT(t)+b \tag{1.6}$$

と書いてもよいです．

式 (1.3) や式 (1.6) のように，物事の状態を表すある未知関数 $x(t)$ とその導関数 $\dfrac{dx}{dt}$ の間の関係式を一般に**微分方程式**といいます．導関数 dx/dt は関数 $x(t)$ の，時刻 t における変化率を表すので，微分方程式とは「状態の変化率と，現在の状態の間の関係式」だと言えますね．アメーバの数の変化率は現在のアメーバの数 $x(t)$ に比例し，エアコンによる部屋の温度の変化率は現在の温度と目標温度との差 $T(t)-T_0$ で決まります．このように，多くの現象においてある状態の変化率は現在の状態を参考にして決定されます．したがって多くの現象が微分方程式を用いて記述されるわけです．

式 (1.3),(1.6) の右辺は未知関数 $x(t)$(あるいは $T(t)$) についての1次関数になっています．このような形の微分方程式は一般に**定数係数の1階線形微分方程式**と呼ばれます．“1階”というのは式 (1.3),(1.6) 中に未知関数の1階微分までしか現れずに2階以上の微分が現れないことを意味します．“定数係数”は a や b が定数であることを表し，“線形”は式 (1.3),(1.6) の右辺が x や T についての1次関数であることを意味します．

より一般に，a や b として時間に依存する関数を選ぶこともできます (例えばアメーバの増加率が何らかの外的要因によって時間変化するときなど)．そこで未知関数を $x(t)$ として

$$\frac{dx(t)}{dt} = a(t)x(t) + b(t) \tag{1.7}$$

という形をした方程式を **1 階線形微分方程式**と呼びます．

◎例題 3◎ 物理学でよく知られているように，質点の運動はニュートンの運動方程式 $ma(t) = F(t)$ で記述されます．ここで m は質点の質量，$a(t)$ は時刻 t における質点の加速度，$F(t)$ は時刻 t において質点に加わる力とします．加速度は質点の位置 $x(t)$ の t に関する 2 階微分であるから，ニュートンの運動方程式は

$$m\frac{d^2x}{dt^2} = F(t) \tag{1.8}$$

という，$x(t)$ を未知関数とする微分方程式となります．図のように，バネ定数 k のバネの先端に取り付けられた質量 m の質点の運動を考えましょう．

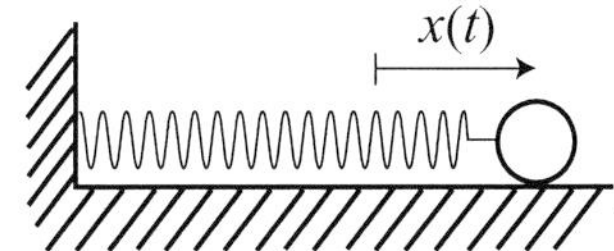

バネが自然長にあるときの物体の位置を 0 とし，時刻 t における質点の位置を (右向きを正として)$x(t)$ とします．このときバネが質点に与える力はフックの法則により $-kx(t)$ で与えられます (すなわち $x(t) > 0$ ならば左向きに大きさ $kx(t)$ の力を受ける)．さらに質点と床の間に摩擦力が働いているとしましょう．摩擦の大きさは質点の速度に比例すると仮定します．そこでその比例定数を μ とし，時刻 t における質点の速度を $v(t)$ とすると，質点に働く摩擦力は $-\mu v(t)$ で与えられます．今，質点に働く力はバネから加えられる力 $-kx(t)$ と摩擦力 $-\mu v(t) = -\mu dx/dt$ であるからこれらを F に代入することで

$$m\frac{d^2x}{dt^2} + \mu\frac{dx}{dt} + kx = 0 \tag{1.9}$$

なる微分方程式を得ます．これまでの例と異なり，未知関数 x についての 2 階微分が含まれているため，これは 2 階の微分方程式となります．微分方程式を

解くまでもなく，摩擦の効果により質点はやがて静止してしまうことが予想でき，すなわち解は $t \to \infty$ で $x(t) \to 0$ を満たすでしょう．このように，元の現象から方程式の解の振舞いについてある程度の目星をつけておくことは重要です．

次に，バネと質点を乗せている台そのものが周期的に揺れている状況を考えましょう．あるいは，外から周期的に変化する磁場がかけられており，金属でできた質点が磁力を受けている状況でもよいです．慣性力 (あるいは磁力) の大きさを $f(t)$ とすると，運動方程式は

$$m\frac{d^2x}{dt^2} + \mu\frac{dx}{dt} + kx = f(t) \tag{1.10}$$

となります．果たしてこの解は減衰するでしょうか，それとも増大していくでしょうか．

このような振動現象を表す微分方程式は工学では極めて基本的です．例えば橋の設計をする際には，風などの外力の影響により橋の揺れが増大しないように設計しなければなりません．橋の揺れを表す微分方程式は上のものよりもずっと複雑ですが，どのような原理で揺れが増大し得るかを理解するには上の方程式でも十分です．第3章でこのような外力を含む問題を扱います．

◎例題4◎　下図のような電気回路を考えましょう．

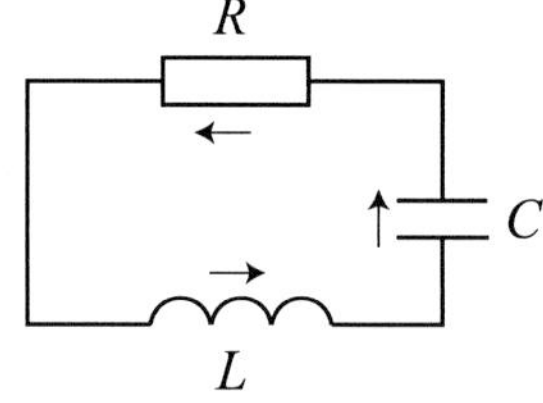

R, L, C はそれぞれ抵抗，コイル，コンデンサであり，それぞれの抵抗値，インダクタンス，電気容量の大きさも表しています．図の矢印の向きを電流の正の向きにとり，それぞれにおける電圧の大きさを V_R, V_L, V_C としましょう．キルヒホッフの法則より

$$V_R + V_L + V_C = 0$$

が成り立つことが知られています．直列であるから電流 I の大きさはどこでも

等しい．一方，抵抗における電流 I と電圧 V_R の間にはある関係があります．通常の抵抗の場合にはオームの法則により $V_R = RI$ ですが，そうでない場合もある (例えばトンネルダイオードなど) ため，ある関数 f を用いて $V_R = f(I)$ と表すことにしましょう．さて，ファラデーの法則によりコイルを流れる電流は

$$L\frac{dI}{dt} = V_L$$

を満たします．また電気容量 C の定義から，コンデンサにおける電圧は

$$C\frac{dV_C}{dt} = I$$

を満たすことが分かります[*1]．これらを整理すると

$$\begin{cases} \dfrac{dI}{dt} = -\dfrac{1}{L}(V_C + f(I)), \\ \dfrac{dV_C}{dt} = \dfrac{1}{C}I \end{cases} \tag{1.11}$$

これは $I(t)$ と $V_C(t)$ の 2 つを未知関数とする 2 変数 (2 次元) の連立微分方程式です．第 2 式の両辺を t で微分して第 1 式を代入すると

$$\frac{d^2V_C}{dt^2} = \frac{1}{C}\frac{dI}{dt} = -\frac{1}{CL}(V_C + f(I)) = -\frac{1}{CL}(V_C + f(C\frac{dV_C}{dt}))$$

となり，V_C のみを未知関数とする 2 階の微分方程式に帰着されます．例えばオームの法則 $f(I) = RI$ が成り立つ場合には上式は

$$\frac{d^2V_C}{dt^2} + \frac{R}{L}\frac{dV_C}{dt} + \frac{1}{CL}V_C = 0 \tag{1.12}$$

となり，定数の違いを除いて式 (1.9) と同じになります．一方，f が $f(I) = I^3 - I$ のような 3 次関数の場合には式 (1.11) は**ファンデルポール方程式**と呼ばれ，その解の振舞いはずっと難しくなります (第 8 章)．

[*1] コンデンサに蓄えられている電荷を Q とすると電気容量 C は Q と V_c の比例定数 $CV_C = Q$ として定義されます．電流の定義は電荷の時間変化率なので両辺を t で微分することで得られます．

◎例題5◎ 分子Aと分子Bが $a:b$ の割合で反応して分子Pが生成される化学反応

$$aA + bB \xrightarrow{k} P \tag{1.13}$$

を考えましょう．ここで k は反応速度を表す定数です．一般に，分子Xのモル濃度を [X] のように表す習慣があります．AとBは $a:b$ で反応するのだから，それぞれの濃度の変化率は

$$\frac{1}{a}\frac{d[A]}{dt} = \frac{1}{b}\frac{d[B]}{dt}$$

という関係式を満たします．一方，質量作用の法則より化学反応の速さは $[A]^a[B]^b$ に比例しており，その比例定数が k です[*2]．よって [A] と [B] は

$$\begin{cases} \dfrac{d[A]}{dt} = -ka[A]^a[B]^b, \\ \dfrac{d[B]}{dt} = -kb[A]^a[B]^b \end{cases} \tag{1.14}$$

という2次元の常微分方程式を満たすことが分かります．より複雑な化学反応も同じアイデアで微分方程式としてモデル化できます．

このようにさまざまな現象が微分方程式としてモデル化されます．以下ではその解法を簡単なものから紹介していきましょう．

1.2　定数係数の1階線形方程式

まず式 (1.3) のタイプの方程式 $dx/dt = ax$ を解きましょう．$x(t) \neq 0$ と仮定して両辺を x で割ると

$$\frac{1}{x}\frac{dx}{dt} = a$$

両辺を t で積分すると

$$\int \frac{1}{x}\frac{dx}{dt}dt = \int \frac{1}{x}dx = a\int dt \quad \Rightarrow \quad \log x = at + C$$

*2 AとBの化学反応はA分子とB分子が衝突しなければ起こりません．その衝突の確率が反応に関わる分子の濃度の積に比例すると仮定するのが質量作用の法則です．たとえば $2A + B \longrightarrow P$ という反応の場合は左辺を $A + A + B$ だと思い，反応速度はそれぞれの濃度の積 $[A] \times [A] \times [B] = [A]^2[B]$ に比例するとします．

を得ます．ここで C は積分定数です．上式を x について整理すると $x(t) = e^{at+C} = e^{at} \cdot e^{C}$ となりますが，C は任意だったので e^{C} を A と置きなおせば

$$x(t) = Ae^{at}, \quad A : 任意定数 \tag{1.15}$$

なる解を得ます．これが確かに解になっているかどうか，元の方程式に代入して確認してみましょう．上式を式 (1.3) の左辺に代入すると

$$\frac{d}{dt}\left(Ae^{at}\right) = A\frac{d}{dt}e^{at} = A \cdot ae^{at} = ax(t)$$

となり右辺に一致するから，確かに $x = Ae^{at}$ は“任意の A に対して”式 (1.3) を満たします．

●ワンポイント●

我々は計算の途中で $x(t) \neq 0$ という仮定をおきました．また $A = e^{C}$ とおいたので $A > 0$ でなければならないように思います．しかしそうして得られた解 $x = Ae^{at}$ を元の方程式に代入することにより，実は A は 0 でも負でも構わないことが判明しました．このように，形式的な計算を通して得られた解を元の方程式に代入する作業は，単に計算結果の正しさを確認するだけに留まらず，途中で入れた仮定が実は不要であることを示すためにも重要です．

以上によりアメーバの数は Ae^{at} という関数に従って増殖していくことが分かりましたが，A が任意定数なのでこれだけではまだアメーバの数が決まりません．未定の A は，ある時刻 t_0 においてアメーバが何匹いたか？という情報を考慮することによって初めて決まります．例えばある時刻 t_0 においてアメーバがまったくいなければそれ以降の時刻でも永遠にアメーバの数は 0 だろうし，時刻 t_0 においてアメーバがたくさんいればその分それ以降の時刻でもたくさんのアメーバがいるはずです．すなわち A という未定の定数は，ある時刻 t_0 におけるアメーバの数を解 $x(t)$ に反映させるために必要な定数なのです．ここでは時刻 t_0 においてアメーバが x_0 匹いるとしましょう：

$$x(t_0) = x_0 \tag{1.16}$$

このように，ある時刻 t_0 における解 $x(t)$ の値を指定する条件を**初期条件**といいます．

上の初期条件と式 (1.15) より

$$x_0 = x(t_0) = Ae^{at_0} \quad \Rightarrow \quad A = x_0 e^{-at_0}$$

と未定の定数 A が決まります．これを式 (1.15) に代入することにより

$$x(t) = x_0 e^{a(t-t_0)} \tag{1.17}$$

となり，初期条件 (1.16) を満たす式 (1.3) の解が定まります．式 (1.15) のように未定の定数を含む微分方程式の解を**一般解**といい，式 (1.17) のように初期条件を与えることにより未定の定数をある値に定めた解を**特殊解**といいます．

公式 1.1

定数係数の1階線形微分方程式

$$\frac{dx}{dt} = ax \tag{1.18}$$

の一般解は A を任意定数として

$$x(t) = Ae^{at} \tag{1.19}$$

で与えられる．初期条件 $x(t_0) = x_0$ を満たす式 (1.18) の特殊解は

$$x(t) = x_0 e^{a(t-t_0)} \tag{1.20}$$

で与えられる．

次に式 (1.6) のタイプの方程式

$$\frac{dx}{dt} = ax + b \tag{1.21}$$

を解きましょう．今度はさっきのように式の両辺を x で割ってもうまくいきません．しかし実はうまく変数変換することにより方程式 (1.18) に帰着させることができます．実際，関数 $y(t)$ を

$$x(t) = y(t) - \frac{b}{a} \tag{1.22}$$

により定めると，これを式 (1.21) に代入すれば

$$\frac{d}{dt}\left(y(t)-\frac{b}{a}\right)=a\left(y(t)-\frac{b}{a}\right)+b$$
$$\Rightarrow \frac{dy(t)}{dt}=ay(t)$$

となって式 (1.18) と同じ形の方程式が得られます．この一般解は A を任意定数として $y(t)=Ae^{at}$ だったので，式 (1.22) に戻してやれば式 (1.21) に対する一般解

$$x(t)=Ae^{at}-\frac{b}{a} \tag{1.23}$$

が得られます．初期条件を $x(t_0)=x_0$ とすると

$$x_0=Ae^{at_0}-\frac{b}{a}$$
$$\Rightarrow A=e^{-at_0}\left(x_0+\frac{b}{a}\right)$$

ですから，初期条件 $x(t_0)=x_0$ に対する式 (1.21) の特殊解は

$$\begin{aligned}x(t)&=e^{-at_0}\left(x_0+\frac{b}{a}\right)e^{at}-\frac{b}{a}\\&=e^{a(t-t_0)}x_0+\frac{b}{a}\left(e^{a(t-t_0)}-1\right)\end{aligned}$$

となります．

公式 1.2

定数係数の 1 階線形微分方程式 (1.21) の一般解は A を任意定数として

$$x(t)=Ae^{at}-\frac{b}{a} \tag{1.24}$$

で与えられる．初期条件 $x(t_0)=x_0$ を満たす式 (1.21) の特殊解は

$$x(t)=e^{a(t-t_0)}x_0+\frac{b}{a}\left(e^{a(t-t_0)}-1\right) \tag{1.25}$$

で与えられる．

◎例題 6◎ 次の微分方程式を解け.

$$\begin{cases} \dfrac{dT}{dt} = -2(T-25) \\ T(0) = 30 \end{cases} \tag{1.26}$$

時刻 0 において気温 30 度の部屋で，目標温度を 25 度としてエアコンを作動させたときの部屋の温度の変化を求める問題です．公式 1.2 を使ってもよいですが，変数変換のアイデアに慣れるために次のようにして解きましょう．

$$y(t) = T(t) - 25 \tag{1.27}$$

とおくと式 (1.26) は

$$\frac{d}{dt}(y+25) = \frac{dy}{dt} = -2y$$

となります．公式 1.1 よりこの一般解は A を任意定数として $y(t) = Ae^{-2t}$ で与えられるから，式 (1.26) の一般解は

$$T(t) = y(t) + 25 = Ae^{-2t} + 25$$

となります．$T(0) = 30$ なので

$$30 = T(0) = Ae^{-2\cdot 0} + 25 = A + 25$$

これより $A = 5$ を得るから

$$T(t) = 5e^{-2t} + 25 \tag{1.28}$$

が答えとなります．この関数のグラフを書いてみると (次図)，30 度からスタートして徐々に目標温度に近づいていく様子が分かります．

1.3　定数係数でない 1 階線形微分方程式

式 (1.7) のタイプの方程式

$$\frac{dx}{dt} = a(t)x + b(t) \tag{1.29}$$

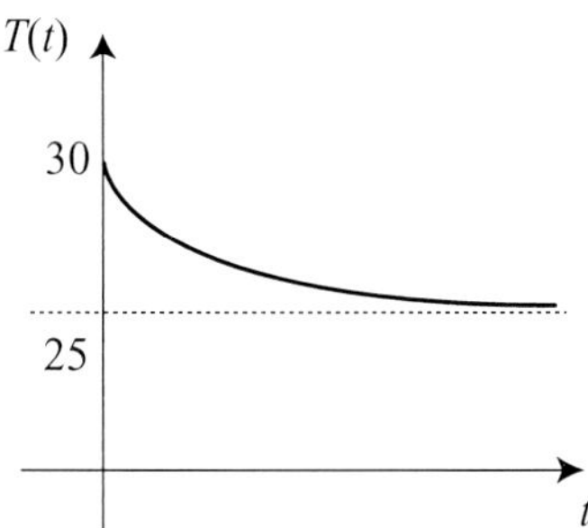

を解きましょう．ここで $a(t), b(t)$ は t についての連続関数であるとしておきます．$b(t) = 0$ の場合

$$\frac{dx}{dt} = a(t)x \tag{1.30}$$

は先ほどとまったく同様にして解けます．すなわち両辺を x で割ってから t で積分すれば

$$\begin{aligned}\frac{1}{x}\frac{dx}{dt} = a(t) &\Rightarrow \int \frac{1}{x}dx = \int a(t)dt \\ &\Rightarrow \log x = \int a(t)dt \\ &\Rightarrow x(t) = \exp\left(\int a(t)dt\right)\end{aligned}$$

右辺の不定積分を実行すると積分定数 C が現れるので，これを初めから外に出しておきます．

$$x(t) = \exp\left(\int_{t_0}^{t} a(s)ds + C\right)$$

ここで t_0 は初期時刻です．任意定数 e^C を改めて C とおけば

$$x(t) = C\exp\left(\int_{t_0}^{t} a(s)ds\right) \tag{1.31}$$

となり，式 (1.30) の一般解を得ます．さて，$b(t) \neq 0$ のときには 1.2 節と同様にして式 (1.29) を式 (1.30) の形に変換することができるでしょうか．これは不

可能ではありませんが，そのような変換を見つけるのは案外難しいので，ここでは**定数変化法**と呼ばれるもっと便利な方法を紹介します．

式 (1.29) は式 (1.30) によく似ているので解の形もよく似ているだろうと予想します．そこで式 (1.29) の解が

$$x(t) = C(t)e^{A(t)}, \quad A(t) = \int_{t_0}^{t} a(s)ds \tag{1.32}$$

という形をしていると仮定しましょう．これは式 (1.31) において任意定数 C を未知関数 $C(t)$ に置き換えたものになっています．これを式 (1.29) に代入すると

$$\begin{aligned} &\frac{d}{dt}\left(C(t)e^{A(t)}\right) = a(t)C(t)e^{A(t)} + b(t) \\ \Rightarrow\ &\frac{dC(t)}{dt}e^{A(t)} + C(t)a(t)e^{A(t)} = a(t)C(t)e^{A(t)} + b(t) \\ \Rightarrow\ &\frac{dC(t)}{dt} = b(t)e^{-A(t)} \end{aligned}$$

という $C(t)$ についての微分方程式を得ます．これは両辺を積分すると解けて，$\widetilde{C}$ を積分定数として

$$C(t) = \int_{t_0}^{t} e^{-A(s)}b(s)ds + \widetilde{C}$$

となります．この $C(t)$ を式 (1.32) に代入することで式 (1.29) の解

$$x(t) = \left(\int_{t_0}^{t} e^{-A(s)}b(s)ds + \widetilde{C}\right)e^{A(t)} \tag{1.33}$$

が得られます．上式に $t = t_0$ を代入すると右辺は $\widetilde{C}$ になるから，初期条件 $x(t_0) = x_0$ を満たす特殊解は上式で $\widetilde{C}$ を x_0 に置きなおせば得られます．

公式 1.3

1 階の線形微分方程式

$$\frac{dx}{dt} = a(t)x + b(t) \tag{1.34}$$

の一般解は t_0 を初期時刻，C を任意定数として

$$x(t) = Ce^{A(t)} + e^{A(t)}\int_{t_0}^{t} e^{-A(s)}b(s)ds \tag{1.35}$$

で与えられる．ただし $A(t)$ は $A(t) = \int_{t_0}^{t} a(s)ds$ で定義される．$x(t_0) = x_0$ を初期条件とする式 (1.34) の特殊解は上式で C を x_0 に置きかえればよい．

◎例題 7◎ 次の微分方程式を解け．

(1)

$$\begin{cases} \dfrac{dx}{dt} = (t+1)x \\ x(0) = 1 \end{cases} \tag{1.36}$$

(2)

$$\begin{cases} \dfrac{dx}{dt} = -2x + \cos t \\ x(0) = 3 \end{cases} \tag{1.37}$$

解答 (1) 初期条件が時刻 $t = 0$ で与えられているので，公式 1.3 を $t_0 = 0$ として適用します．$a(t) = t + 1$ なので $A(t)$ は $A(t) = \frac{1}{2}t^2 + t$ で与えられます．$b(t)$ は 0 なので C を任意定数として $x(t) = Ce^{t^2/2+t}$ が一般解です．$x(0) = 1$ より $C = 1$ であることが分かります．

(2) やはり $t_0 = 0$ とします．$a(t) = -2$ なので $A(t) = -2t$ です．よって C を任意定数として

$$\begin{aligned} x(t) &= Ce^{-2t} + e^{-2t}\int_0^t e^{2s}\cos s ds \\ &= Ce^{-2t} - \frac{2}{5}e^{-2t} + \frac{1}{5}\sin t + \frac{2}{5}\cos t \end{aligned}$$

が一般解です．$x(0) = 3$ より $C = 3$ と選べば初期条件を満たす特殊解

$$x(t) = \frac{13}{5}e^{-2t} + \frac{1}{5}\sin t + \frac{2}{5}\cos t$$

が得られます．

問1　次の初期値問題を定数変化法を用いて解け．

(1) $x' = ax + e^{bt},\ x(0) = 1,\ (a, b: \text{定数})$.

(2) $x' = a(t)x + a(t),\ x(t_0) = 0,\ (a(t): \text{適当な関数})$.

問2　上の問1 (1) において，解が $t \to \infty$ で発散するための実数 a, b に対する条件を求めよ．

放課後談義≫

学生「$\dfrac{dx}{dt} = ax$ という方程式を見たとき，なんだ簡単，$x(t) = e^{at}$ が答えでしょ，とすぐに閃いたんですが，それだけではなくて任意の A に対して Ae^{at} も答えになるんですね．ひっかかりました．」

先生「そうだね．微分方程式の解は，初期条件を与えない限りは必ず未定定数が含まれるから，その意味で答えは無数にあることになる．」

学生「そうすると実は Ae^{at} の形をしてない別の答えもあったり $\cdots$ とか考え出すとキリがないのでは?」

先生「それはいい質問です．未定の定数がいくつ含まれるか，という問題は簡単で，1階の微分方程式ならば1つです．だから $\dfrac{dx}{dt} = ax$ の解は Ae^{at} で全部だよ．一方，いくつかの例題で見たように，初期条件を与えると A が具体的に決まるから初期条件を満たす解はただ1つだね．これはごく病的な例外を除いて，いつも正しいと思ってもらって構いません．すなわち，適切な条件のもとでは『与えられた初期条件を満たす微分方程式の解はただ1つである』．これを**解の一意性の定理**という．」

学生「イチイセイ $\cdots$? 自然現象は因果的であって最初の状態を与えればその後の状態がただ1つに決まるのは当たり前に思えるのですが $\cdots$」

先生「例えそうだとしても，そういう自然現象の世界と数学の世界はある程度

切り離して考えることも必要なのです．一般の微分方程式に対する一意性の定理の証明はかなり難しいが，今回扱った1階線形ならば簡単に証明できるからやってみよう．$\dfrac{dx}{dt} = ax$ という方程式を考えます．$x(0) = 0$ なる初期条件を満たすこの解は，公式1.1によると $x(t) = 0$ だけだね．ようするに初めにアメーバがまったくいなければ，アメーバが突然発生することはなく，永遠にアメーバは0だということだ．これ以外に解がないことを示すために，同じ方程式と同じ初期条件を満たす，恒等的に零ではない解 $y(t)$ が存在すると仮定しよう．ある短い時間 $0 < t < t'$ においては $y(t) > 0$ であるとしても構わないね.」

学生「もしその時間内で $y(t) < 0$ であっても $y(t)$ の代わりに $-y(t)$ を使って議論すればいいんですね.」

先生「その通り．$y(t)$ が満たす微分方程式 $\dfrac{dy}{dt} = ay$ を0から t' まで積分すると

$$y(t') = y(0) + a\int_0^{t'} y(t)dt$$

となる．ここで初期条件より上式の $y(0)$ は0になる．一方，右辺に含まれる $\int_0^{t'} y(t)dt$ は下図の斜線部分の面積になっているだろう？この斜線部分の面積はそれを含む長方形の面積 $t'y(t')$ より小さいから

$$y(t') = a\int_0^{t'} y(t)dt < at'y(t')$$

という不等式が成り立つ．ところが t' を $1/a$ より小さくとれば $at'y(t') < y(t')$ だから上式は矛盾だね．だから実は $y(t) > 0$ とはならなくて，$y(t)$ は恒等的に0でなければならない．これで証明終わり.」

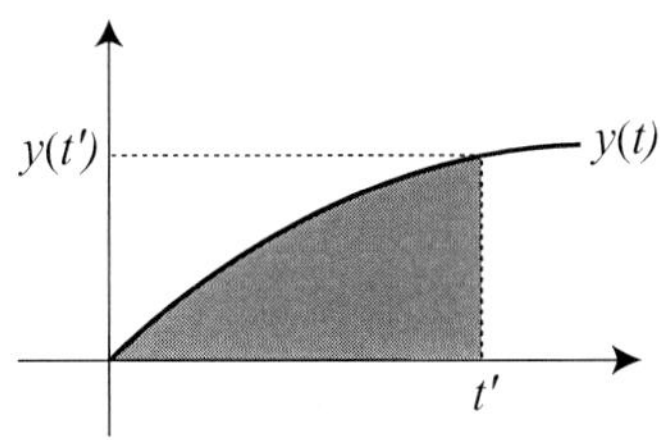

学生「意外と簡単ですね．でも今やったのは，初期条件が $x(0) = 0$ である解は

恒等的に 0 であるもの唯 1 つである，ということを示しただけで，もっと一般に初期条件が $x(0) = C$ であるような解が 1 つかどうかは示せてないのではないですか?」

先生「その証明もすぐ終わるよ．今，初期条件 $x(0) = C$ を満たす $dx/dt = ax$ の解が 2 つあるとしてそれらを $y_1(t), y_2(t)$ としよう．このとき，$y_1(t) - y_2(t)$ も方程式 $dx/dt = ax$ の解になっているね」

学生「えっと

$$\frac{d}{dt}(y_1(t) - y_2(t)) = \frac{dy_1}{dt} - \frac{dy_2}{dt} = ay_1 - ay_2 = a(y_1 - y_2)$$

だから確かにそうですね」

先生「このように，線形微分方程式 (方程式の右辺が 1 次関数になっている方程式) は，いくつかの解を足したものもまた解になるという便利な性質を持っている．さて，新たに得られた解 $y_1(t) - y_2(t)$ はどういう初期条件を満たすだろう」

学生「$y_1(0) - y_2(0) = C - C = 0$ だから初期条件は 0 ですね．あ，分かった．初期条件 $x(0) = 0$ を満たす解は恒等的に 0 であるものだけだったから，$y_1(t) - y_2(t)$ は 0 でなければならない．だから $y_1(t) = y_2(t)$ です．結局同じ初期条件を満たす解が 2 つあるとしても，実はそれらは等しくないといけないから，解は 1 つだということですね」

先生「その通り」

学生「なんだ．やっぱり初めの状態を与えたら後の状態は唯 1 つに決まるってことだから一意性は当たり前じゃないですか」

先生「ところが当たり前でない応用があるんですよ．

$$x(t) = 1 + t + \frac{t^2}{2!} + \frac{t^3}{3!} + \cdots$$

という無限級数は知っているかな?」

学生「そのくらいは微積で習いました．指数関数 e^t のテイラー展開でしょう」

先生「君はよく勉強している．では少しの間，この無限級数の正体を知らないフリをしていて．この無限級数の両辺を t で微分するとどうなる?」

学生「

$$\frac{dx}{dt} = 1 + 2\frac{t}{2!} + 3\frac{t^2}{3!} + \cdots = 1 + t + \frac{t^2}{2!} + \cdots$$

だから元に戻りますね」

先生「つまりこの無限級数は $dx/dt = x$ という微分方程式の解になっている．しかも $x(0) = 1$ は明らかだ．公式 1.1 によると，この初期条件を満たす $dx/dt = x$ の解はなんだったかな」

学生「指数関数 e^t です」

先生「そう，無限級数 $x(t) = 1 + t + t^2/2 + \cdots$ と e^t は同じ初期条件を満たす $dx/dt = x$ の解になっているわけだ．すると解の一意性より，同じ初期条件を満たす $dx/dt = x$ の解は 1 つしかないのだから，実は上の無限級数 $x(t)$ は e^t と一致するのだ! 君は無限級数 $x(t)$ の正体を初めから知っていたから感動が薄いかもしれないけど，もっと複雑で正体が分からない関数が，実はすでによく知っている関数と一致することを示すために一意性の定理は役に立つんだよ」

学生「なるほど．抽象的な定理も使い方次第ってことですね」

第2章　2階の線形微分方程式（同次形）

第1章で紹介したニュートンの運動方程式

$$m\frac{d^2x}{dt^2}+\mu\frac{dx}{dt}+kx=0 \tag{2.1}$$

や電気回路の方程式など，多くの物理法則は2階の微分方程式で表すことができます．より複雑な微分方程式が適当な変換によりこのタイプの方程式に帰着されることもあり，最も重要な微分方程式といっても過言ではありません．一般に，2階の線形微分方程式は

$$\frac{d^2x}{dt^2}+a(t)\frac{dx}{dt}+b(t)x=f(t)$$

の形で与えられます．残念ながら $a(t), b(t)$ が変数係数のときには特別な場合を除いて厳密解を求めることができないため，a, b は定数，また右辺は0として

$$\frac{d^2x}{dt^2}+a\frac{dx}{dt}+bx=0, \quad a, b: \text{実数} \tag{2.2}$$

という問題を考えるのがここでの目標です．

2.1　2階の定数係数線形微分方程式の解法

1階の微分方程式 $\dot{x}=ax$ の解は A を任意定数として $x(t)=Ae^{at}$ で与えられるのでした（ドット $\dot{x}=dx/dt$ は時間微分を表します）．2階の方程式 (2.2) の解も似たような形をしているだろうと予想し，λ を未定定数として $x=e^{\lambda t}$ を上式に代入してみましょう．すると

$$\lambda^2e^{\lambda t}+a\lambda e^{\lambda t}+be^{\lambda t}=0$$

となるから両辺を $e^{\lambda t}$ で割ると

$$\lambda^2+a\lambda+b=0 \tag{2.3}$$

なる二次方程式を得ます．これを方程式 (2.2) に対する**特性方程式**といいます．この特性方程式の根が (i) 互いに異なる 2 つの実数解を持つ　(ii) 互いに複素共役な 2 つの虚数解を持つ　(iii) 重根を持つ　のいずれかによって式 (2.2) の解の様子は大きく違ってきます．

(i) 特性方程式 (2.3) が互いに異なる 2 つの実数解を持つ場合

特性方程式 (2.3) の 2 つの実数解を λ_1, λ_2 としましょう．もちろんこれらは

$$\lambda_1, \lambda_2 = \frac{-a \pm \sqrt{a^2 - 4b}}{2} \tag{2.4}$$

で与えられます．このとき $x(t) = e^{\lambda_1 t}$ と $x(t) = e^{\lambda_2 t}$ はいずれも式 (2.2) の解になっていますが，(1 階の方程式のときもそうだったように)A, B を任意定数として $Ae^{\lambda_1 t}$ と $Be^{\lambda_2 t}$ も式 (2.2) の解になっています．ところが，実はこれら 2 つの和も解になっているのです．これを確かめるために $x(t) = Ae^{\lambda_1 t} + Be^{\lambda_2 t}$ とおいて式 (2.2) の左辺に代入すると

$$\begin{aligned}
&\frac{d^2}{dt^2}(Ae^{\lambda_1 t} + Be^{\lambda_2 t}) + a\frac{d}{dt}(Ae^{\lambda_1 t} + Be^{\lambda_2 t}) \\
&\qquad + b(Ae^{\lambda_1 t} + Be^{\lambda_2 t}) \\
&= (A\lambda_1^2 e^{\lambda_1 t} + B\lambda_2^2 e^{\lambda_2 t}) + a(A\lambda_1 e^{\lambda_1 t} + B\lambda_2 e^{\lambda_2 t}) \\
&\qquad + b(Ae^{\lambda_1 t} + Be^{\lambda_2 t}) \\
&= Ae^{\lambda_1 t}(\lambda_1^2 + a\lambda_1 + b) + Be^{\lambda_2 t}(\lambda_2^2 + a\lambda_2 + b)
\end{aligned} \tag{2.5}$$

ここで λ_1, λ_2 は特性方程式 (2.3) の根であったから

$$\lambda_1^2 + a\lambda_1 + b = 0,\ \lambda_2^2 + a\lambda_2 + b = 0$$

が成り立ち，したがって式 (2.5) の右辺は 0 となるから $x(t) = Ae^{\lambda_1 t} + Be^{\lambda_2 t}$ は式 (2.2) を満たします．

公式 2.1

式 (2.2) に対する特性方程式 (2.3) が 2 つの異なる実数解 λ_1, λ_2 を持つとする．このとき，式 (2.2) の一般解は A, B を任意定数として

$$x(t) = Ae^{\lambda_1 t} + Be^{\lambda_2 t} \tag{2.6}$$

で与えられる．

このように，一般に2階の線形微分方程式の一般解はある2つの関数の1次結合になっており，したがって2つの任意定数が含まれるのが特徴です．これら2つの任意定数を定めるには(すなわち特殊解を求めるには)方程式に2つの初期条件を課さなければなりませんが，多くは時刻0における位置 $x(0)$ の値と速度 $\dot{x}(0)$ の値を指定します．

◎例題1◎ 質量 $m=1$，バネ定数 $k=2$，摩擦係数 $\mu=3$ なるとき，ニュートンの運動方程式 (2.1) は

$$\frac{d^2x}{dt^2}+3\frac{dx}{dt}+2x=0 \tag{2.7}$$

で与えられる．これを初期条件 $x(0)=1,\ \dot{x}(0)=0$ のもとで解け．

解答 バネにつながれた質点を長さ1だけひっぱり，それから手を自然に離したときの質点の運動を表す方程式です．特性方程式は

$$\lambda^2+3\lambda+2=0$$

なのでその根は $\lambda=-1,-2$ で与えられます．したがって式 (2.7) の一般解は A,B を任意定数として

$$x(t)=Ae^{-t}+Be^{-2t} \tag{2.8}$$

です．初期条件 $x(0)=1$ より

$$x(0)=A+B=1 \tag{2.9}$$

また $\dot{x}(0)=0$ より

$$\begin{aligned}&\dot{x}(t)=-Ae^{-t}-2Be^{-2t}\\ \Rightarrow\ &\dot{x}(0)=-A-2B=0\end{aligned} \tag{2.10}$$

を得るので，式 (2.9),(2.10) を連立させて解けば $A=2,B=-1$ を得ます．したがって

$$x(t)=2e^{-t}-e^{-2t} \tag{2.11}$$

が求める特殊解です．この関数のグラフは次のようになっています．

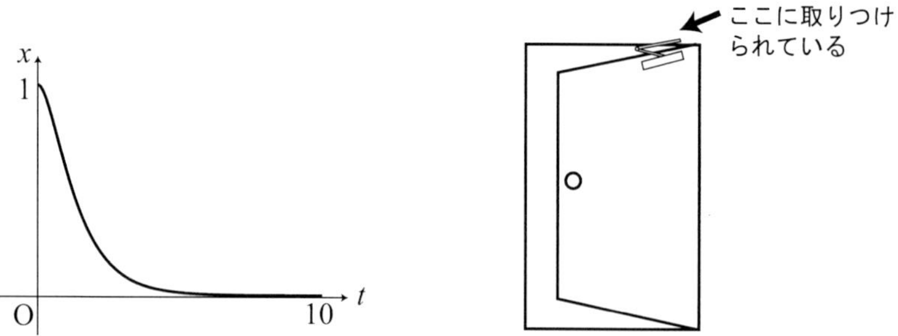

$t \to \infty$ で $x(t)$ が 0 に漸近していく様子が分かりますね．これは一般的なバネの運動のイメージ (自然長のまわりを振動する) と合わないように見えますが，摩擦係数 μ が十分大きいために起こる現象です．このようなバネは，ドアがゆっくりと閉まるようにドアの上部などに取りつけられています．

(ii) 特性方程式 (2.3) が異なる 2 つの虚数解を持つ場合

特性方程式 (2.3) が 2 つの異なる虚数解 λ_1, λ_2 を持つとき，(係数 a, b が実数である限りにおいて) λ_1 と λ_2 は互いに複素共役ですから p, q を実数として

$$\lambda_1 = p + iq,\ \lambda_2 = p - iq \tag{2.12}$$

とおきましょう．このとき，(i) の議論と同様にして，A, B を任意定数として

$$x(t) = Ae^{(p+iq)t} + Be^{(p-iq)t} \tag{2.13}$$

が式 (2.2) の一般解になっていることが分かります．ただし指数関数の肩に虚数が乗っているのがやや気持ち悪い (こともある) のでもう少し見慣れた形に変形します．微分積分学で習うオイラーの公式

$$e^{iqt} = \cos qt + i \sin qt \tag{2.14}$$

を用いましょう．このとき

$$\begin{aligned} x(t) &= Ae^{pt}e^{iqt} + Be^{pt}e^{-iqt} \\ &= Ae^{pt}(\cos qt + i\sin qt) + Be^{pt}(\cos(-qt) + i\sin(-qt)) \\ &= (A+B)e^{pt}\cos qt + i(A-B)e^{pt}\sin qt \end{aligned}$$

そこで任意定数である $A+B,\ i(A-B)$ をそれぞれ改めて A, B と置き直せば

$$x(t) = Ae^{pt}\cos qt + Be^{pt}\sin qt \tag{2.15}$$

を得ます．あるいは $A\cos qt + B\sin qt$ を合成して (再び任意定数を適当に置き直すことにより)

$$x(t) = Ae^{pt}\cos(qt+B) \tag{2.16}$$

と書くこともできます．

公式 2.2

式 (2.2) に対する特性方程式 (2.3) が 2 つの異なる虚数解

$$\lambda_1 = p+iq,\ \lambda_2 = p-iq, \quad (q \neq 0) \tag{2.17}$$

を持つとする．このとき，式 (2.2) の一般解は A, B を任意定数として

$$x(t) = Ae^{pt}\cos qt + Be^{pt}\sin qt \tag{2.18}$$

あるいは C, D を任意定数として

$$x(t) = Ce^{pt}\cos(qt+D) \tag{2.19}$$

で与えられる．

◎例題 2◎　質量 $m=1$，バネ定数 $k=4$，摩擦係数 $\mu=0$ なるとき，ニュートンの運動方程式 (2.1) は

$$\frac{d^2x}{dt^2} + 4x = 0 \tag{2.20}$$

となる．これを初期条件 $x(0)=3,\ \dot{x}(0)=0$ のもとで解け．

解答　特性方程式は $\lambda^2+4=0$ でその根は $\lambda=\pm 2i$ です．したがって式 (2.17) で $p=0, q=2$ の場合に対応しますから，式 (2.18) より一般解は

$$x(t) = A\cos 2t + B\sin 2t \tag{2.21}$$

で与えられることが分かります．初期条件 $x(0) = 3$ より $x(0) = A = 3$．また $\dot{x}(0) = 0$ より

$$\dot{x}(t) = -2A\sin 2t + 2B\cos 2t \;\Rightarrow\; \dot{x}(0) = 2B = 0$$

以上より求める解は $x(t) = 3\cos 2t$ となります．この関数のグラフは次のようになっています．摩擦がないために永遠に $x = 0$ のまわりを振動し続けるわけですね．

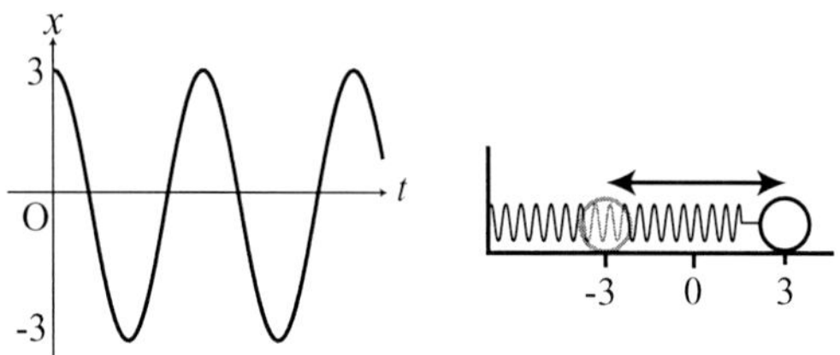

●ワンポイント●

オイラーの公式 (2.14) の証明法は (どこを出発点にするかによって) いろいろありますが，微分方程式を利用した次のような簡単な証明法があります．

$$\frac{d^2x}{dt^2} + q^2x = 0 \tag{2.22}$$

という微分方程式を考えましょう．代入すればただちに分かるように，$x(t) = e^{iqt}$ はこの微分方程式に対する解になっていて，特に初期条件

$$x(0) = 1,\ \dot{x}(0) = iq \tag{2.23}$$

を満たします．一方，$\widetilde{x}(t) = \cos qt + i\sin qt$ も上の微分方程式の解になっています．実際，これを方程式の左辺に代入すると

$$\begin{aligned}&\frac{d^2}{dt^2}(\cos qt + i\sin qt) + q^2(\cos qt + i\sin qt)\\ &= (-q^2\cos qt - q^2 i\sin qt) + q^2(\cos qt + i\sin qt) = 0\end{aligned}$$

となります．また初期条件

$$\widetilde{x}(0) = 1,\ \dot{\widetilde{x}}(0) = iq \tag{2.24}$$

を満たします．結局，$x(t)$ と $\widetilde{x}(t)$ は同じ初期条件を満たす同じ微分方程式の解になっているので，前章で簡単に紹介した解の一意性 (同じ方程式と同じ初期条件を満たす解はただ 1 つしか存在しないこと) より $x(t)$ と $\widetilde{x}(t)$ は実は同じ関数であることが分かります．

(iii) 特性方程式 (2.3) が重根を持つとき

$a^2-4b=0$ のとき，特性方程式 (2.3) は重根 $\lambda=-\dfrac{a}{2}$ を持ちます．この λ に対して $x(t)=Ae^{\lambda t}$ (A : 任意定数) が式 (2.2) の解になります．しかしこれまでのところ，(i),(ii) の場合と違い式 (2.2) の解が 1 つしか見つかっていません．2 階の微分方程式の一般解には 2 つの任意定数が含まれなければならないので，もう 1 つ別の解が必要です．このようなときには (前回導入した) 定数変化法が役に立ちます．もう 1 つの解も $Ae^{\lambda t}$ と似たような形をしているだろうと予想し，$C(t)$ を未知関数として $x(t)=C(t)e^{\lambda t}$ を式 (2.2) に代入してみましょう．すると

$$
\begin{aligned}
0 &= \frac{d^2}{dt^2}(C(t)e^{\lambda t})+a\frac{d}{dt}(C(t)e^{\lambda t})+bC(t)e^{\lambda t}\\
&= \left(\ddot{C}(t)e^{\lambda t}+2\dot{C}(t)\lambda e^{\lambda t}+C(t)\lambda^2 e^{\lambda t}\right)\\
&\qquad +a\left(\dot{C}(t)e^{\lambda t}+C(t)\lambda e^{\lambda t}\right)+bC(t)e^{\lambda t}\\
&= \ddot{C}(t)e^{\lambda t}+(2\lambda+a)\dot{C}(t)e^{\lambda t}+(\lambda^2+a\lambda+b)C(t)e^{\lambda t}
\end{aligned}
$$

ここで λ は特性方程式 (2.3) の重根であるから

$$
2\lambda+a=0,\ \lambda^2+a\lambda+b=0
$$

が成り立つことに注意すると $\ddot{C}(t)=0$，これを 2 回積分して

$$
C(t)=Bt+A \qquad (A,B : \text{任意定数})
$$

を得ます．したがって $(Bt+A)e^{\lambda t}$ が求める解になります．$B=0$ とおくことにより，これは最初に求めていた解 $Ae^{\lambda t}$ を特別な場合として含むことに注意しましょう．また互いに独立な 2 つの特殊解 $e^{\lambda t}$, $te^{\lambda t}$ の 1 次結合になっています．任意定数を 2 つ含むのでこれが式 (2.2) の一般解です．

公式 2.3

式 (2.2) に対する特性方程式 (2.3) が重根 λ を持つとする．このとき，式 (2.2) の一般解は A, B を任意定数として

$$x(t) = Ae^{\lambda t} + Bte^{\lambda t} \tag{2.25}$$

で与えられる．

◎例題 3◎ 次の方程式を解け．

$$\begin{cases} \dfrac{d^2x}{dt^2} + 4\dfrac{dx}{dt} + 4x = 0 \\ x(0) = 1,\ \dot{x}(0) = 0 \end{cases} \tag{2.26}$$

解答 特性方程式は $\lambda^2 + 4\lambda + 4 = 0 \Rightarrow \lambda = -2$(重根) ですから一般解は

$$x(t) = Ae^{-2t} + Bte^{-2t} \tag{2.27}$$

となります．初期条件より

$$\begin{cases} x(0) = A = 1 \\ \dot{x}(0) = -2A + B = 0 \end{cases} \Rightarrow \begin{cases} A = 1 \\ B = 2 \end{cases}$$

を得るので，求める解は

$$x(t) = e^{-2t} + 2te^{-2t} \tag{2.28}$$

となります (次図)．

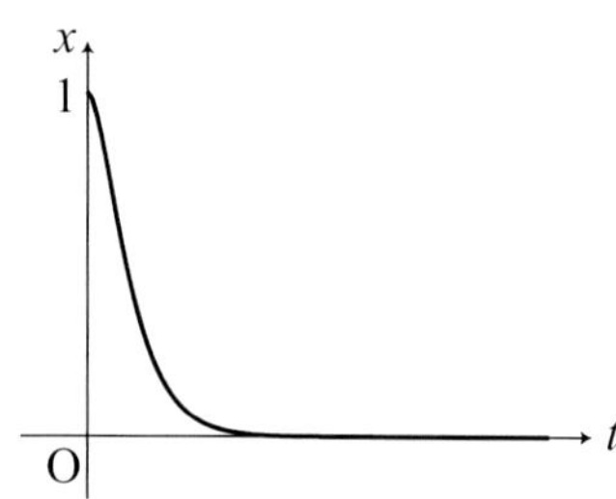

問 1　次の方程式を解け．

$$\begin{cases} \ddot{x} + 3\dot{x} - 4x = 0 \\ x(0) = 2,\ \dot{x}(0) = 1 \end{cases} \tag{2.29}$$

問2　次の方程式を解け．

$$\begin{cases} \ddot{x}+2\dot{x}+4x=0 \\ x(0)=3,\ \dot{x}(0)=0 \end{cases} \tag{2.30}$$

これは弱い摩擦がある場合の問題です．この解をグラフに描くと次のようになっており，振動しながら減衰していく様子が分かります．

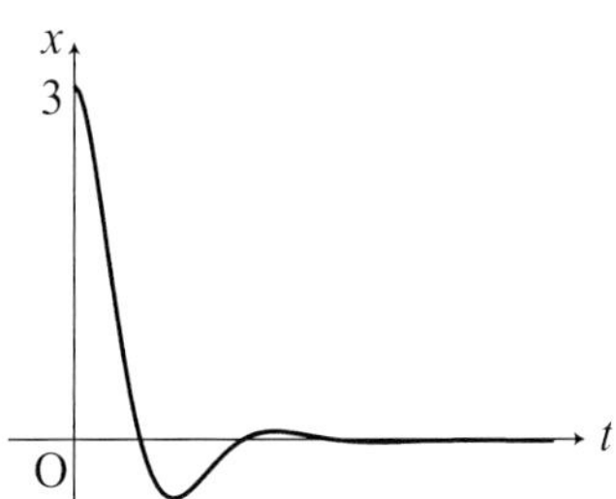

問3　次の方程式を解け．

$$\begin{cases} \ddot{x}+2\dot{x}+x=0 \\ x(0)=1,\ \dot{x}(0)=1 \end{cases} \tag{2.31}$$

偏微分方程式の問題が常微分方程式に帰着されることもあります．

問4　**弦の振動と境界値問題．**　端点を固定された長さ L の弦の振動を記述する 1 次元の波動方程式は次の偏微分方程式で与えられる．

$$\begin{cases} \dfrac{\partial^2 u}{\partial t^2}=c^2\dfrac{\partial^2 u}{\partial x^2}, \quad u=u(t,x) \\ u(t,0)=u(t,L)=0. \end{cases} \tag{2.32}$$

ここで $u=u(t,x)$ は時刻 t，位置 x における弦の変位を表す．c は波の速度を表す定数である．次の問いに答えよ．

(i) $u(t,x)=F(t)G(x)$ とおくとき，$F(t)$ と $G(x)$ が満たすべき関係式を求めよ．特に，ある定数 λ が存在して

$$\frac{d^2F}{dt^2}=\lambda F, \quad \frac{d^2G}{dx^2}=\frac{\lambda}{c^2}G$$

が成り立つことを示せ．

(ii) 物理的意味を考えれば，$t\to\infty$ で発散しない解のみに興味がある．このと

き，λ の符号が満たすべき条件は何か．またそのとき $F(t)$ の一般解を求めよ．
(iii) $G(x)$ が満たすべき境界条件を述べよ．
(iv) 境界条件を満たす解 $G(x)$ が存在するための λ に対する条件と，対応する境界値問題の解 $G(x)$ を求めよ．得られた解は弦のどのような運動に対応しているか．

放課後談義》》

学生「$e^{\lambda_1 t}$ が解だと思ったら $e^{\lambda_2 t}$ も解になっていて，しかもこれらの和も解になっているんですね．2 つの別々の解の足し算もまた解になる，という性質はどんな方程式に対しても成り立つんですか?」

先生「いや，この性質は線形の微分方程式，つまり未知関数とその導関数についての 1 次式しか含まない微分方程式のときにしか成り立たないよ」

学生「では $e^{\lambda_1 t}$ と $e^{\lambda_2 t}$ の他に実は $e^{\lambda_3 t}$ という解があってこれら 3 つの解の和が解になる，という状況は起こらないのですか?」

先生「未知関数についての 3 階以上の微分を含む方程式だとそうなるけど，2 階の線形微分方程式の場合は一般解は“ただ 2 つ”の関数の 1 次結合で表されることが知られている」

学生「つまりある 2 つの関数 $x_1(t)$, $x_2(t)$ があって式 (2.2) の任意の解は必ず $x(t) = Ax_1(t) + Bx_2(t)$ の形になるということですか．確かに今回学んだ公式は全てこの形をしてますね」

先生「n 階の線形方程式，つまり未知関数についての n 階の微分までを含む線形微分方程式だと，n 個の 1 次独立な解の 1 次結合が一般解になるよ．難しく言うと，『n 階線形微分方程式の解全体は n 次元ベクトル空間をなす』と言える．第 5 章で詳しくやります」

学生「ベクトル空間…こんなとこで線形代数学の用語が出てくるんですね．よく理解してなかったので復習しておきます」

先生「大切なのは解と解の足し算もまた解になる，ということです．あまり難しい言葉に振りまわされずに，正しく計算ができるようになることが初めのうちは肝心だと思うよ」

第3章　2階の線形微分方程式（非同次形）

3.1　非同次形の2階線形微分方程式の解法1

第2章では

$$\ddot{x} + a\dot{x} + bx = 0, \quad a, b: \text{定数} \tag{3.1}$$

という形の方程式の解法を学びました（ドット（$\dot{}$）は時間微分）．本章では，

$$\ddot{x} + a\dot{x} + bx = f(t), \quad a, b: \text{定数} \tag{3.2}$$

のように式 (3.1) の右辺が t についてのある関数 $f(t)$ を含む（物理的には強制外力にあたる）方程式の解法について解説します．式 (3.2) を式 (3.1) の**非同次形 (非斉次形)**，あるいは式 (3.1) を式 (3.2) に対する**同次形 (斉次形)** といいます．まず例題を使って式 (3.2) の代表的な解き方を見てみたいと思います．

◎例題1◎ 次の方程式の一般解を求めよ．

$$\ddot{x} + \dot{x} - 2x = t - 1 \tag{3.3}$$

解答 右辺が t についての1次関数だから解も1次関数の形をしたものを持つだろうと予想します．そこで p, q を任意定数として $x(t) = pt + q$ とおき，これを式 (3.3) に代入すると

$$\begin{aligned} t - 1 &= \frac{d^2}{dt^2}(pt + q) + \frac{d}{dt}(pt + q) - 2(pt + q) \\ &= p - 2(pt + q) = -2pt + p - 2q \end{aligned}$$

これは t についての恒等式ですから

$$\begin{cases} -2p = 1 \\ p - 2q = -1 \end{cases} \quad \Rightarrow \quad \begin{cases} p = -1/2 \\ q = 1/4 \end{cases}$$

よって

$$x(t) = -\frac{1}{2}t + \frac{1}{4} \tag{3.4}$$

が 1 つの解を与えます．ところが 2 階の微分方程式の一般解は 2 つの任意定数を含むはずなのでこれでは不十分で，他の解も探さなければなりません．実は式 (3.3) の同次形

$$\ddot{x} + \dot{x} - 2x = 0 \tag{3.5}$$

の解が求めたい他の解を見つけるための手掛かりになります．この方程式の特性方程式は $\lambda^2 + \lambda - 2 = 0 \Rightarrow \lambda = 1, -2$ ですから上式の一般解は A, B を任意定数として

$$x(t) = Ae^t + Be^{-2t} \tag{3.6}$$

で与えられます．このとき，式 (3.6) に式 (3.4) を加えたもの

$$x(t) = Ae^t + Be^{-2t} - \frac{1}{2}t + \frac{1}{4} \tag{3.7}$$

が式 (3.3) の一般解になっています．実際，これを式 (3.3) の左辺に代入すると

$$\begin{aligned}
&\ddot{x} + \dot{x} - 2x \\
&= \frac{d^2}{dt^2}(Ae^t + Be^{-2t} - \frac{t}{2} + \frac{1}{4}) \\
&\quad + \frac{d}{dt}(Ae^t + Be^{-2t} - \frac{t}{2} + \frac{1}{4}) - 2(Ae^t + Be^{-2t} - \frac{t}{2} + \frac{1}{4}) \\
&= (Ae^t + 4Be^{-2t}) \\
&\quad + (Ae^t - 2Be^{-2t} - \frac{1}{2}) - 2(Ae^t + Be^{-2t} - \frac{t}{2} + \frac{1}{4}) \\
&= t - 1
\end{aligned}$$

となるから，確かに式 (3.7) の $x(t)$ は式 (3.3) の解になっています．2 つの任意定数 A, B を含むからこの $x(t)$ が式 (3.3) に対する一般解です．

以上の計算を注意深く観察すると次の定理が分かります．

定理 3.1

式 (3.2) の特殊解の 1 つを $x_s(t)$ とし，式 (3.2) の同次形 (3.1) の一般解を $x_g(t)$ とする．このとき

$$x(t) = x_g(t) + x_s(t) \tag{3.8}$$

が式 (3.2) の一般解を与える．

証明 上式の $x(t)$ を式 (3.2) の左辺に代入して整理すると

$$\begin{aligned}&\ddot{x} + a\dot{x} + bx \\ &= (\ddot{x}_g + a\dot{x}_g + bx_g) + (\ddot{x}_s + a\dot{x}_s + bx_s)\end{aligned}$$

$x_g(t)$ は同次形 (3.1) の一般解だったから上式第 1 項は 0 と等しく，$x_s(t)$ は式 (3.2) の解だったから $f(t)$ に等しくなります．結局上式右辺は $f(t)$ になるから，確かに式 (3.8) の $x(t)$ は式 (3.2) を満たします．$x_g(t)$ が 2 つの任意定数を含んでいるのでこの $x(t)$ が任意定数を 2 つ含む式 (3.2) の一般解です． ■

よって，式 (3.2) の一般解を求める問題は“対応する同次形 (3.1) の一般解を求める問題”と“式 (3.2) の特殊解を 1 つ求める問題”に帰着されます．(3.1) は第 2 章で詳しく扱ったので，後者の求め方が分かればいいですね．

$f(t)$ が簡単な形の関数のときには，[例題 1] でやったように特殊解 $x_s(t)$ は $f(t)$ と同じタイプの関数だと仮定すればたいていの場合はうまくいきます．より具体的には，与えられた $f(t)$ に対して (次節で述べる例外を除いて) $x_s(t)$ は次の形の関数で与えられます．

$f(t)$	特殊解 $x_s(t)$
e^{at}	pe^{at}
$\cos\omega t,\ \sin\omega t$	$p\cos\omega t + q\sin\omega t$
n 次多項式	n 次多項式

ここで p, q，および n 次多項式の係数は未定ですが，[例題 1] のように元の方程式に代入して両辺比較することで具体的に決定することができます (**未定係数法**)．

◎例題 2◎ 次の方程式の一般解を求めよ．

$$\ddot{x} + 4x = \cos t \tag{3.9}$$

解答 同次形 $\ddot{x} + 4x = 0$ の特性方程式は $\lambda^2 + 4 = 0$ でその根は $\lambda = \pm 2i$ です

から，公式 2.2 より，同次形の一般解は A, B を任意定数として

$$x_g(t) = A\cos 2t + B\sin 2t \tag{3.10}$$

で与えられます．非同次形の特殊解を p, q を未定の定数として

$$x_s(t) = p\cos t + q\sin t \tag{3.11}$$

と仮定し，式 (3.9) に代入すると

$$\begin{aligned}\cos t &= \frac{d^2}{dt^2}(p\cos t + q\sin t) + 4(p\cos t + q\sin t)\\ &= (-p\cos t - q\sin t) + (4p\cos t + 4q\sin t)\\ &= 3p\cos t + 3q\sin t\end{aligned}$$

したがって $p = 1/3$, $q = 0$ と選べばよいです．以上より求める一般解は

$$\begin{aligned}x(t) &= x_g(t) + x_s(t)\\ &= A\cos 2t + B\sin 2t + \frac{1}{3}\cos t\end{aligned} \tag{3.12}$$

となります．

なお，式 (3.9) はバネ定数が 4 のバネにつながれた質量 1 の質点に (例えば床を動かすなどして) 周期的な強制外力 $\cos t$ を加えたときのニュートンの運動方程式になっています．

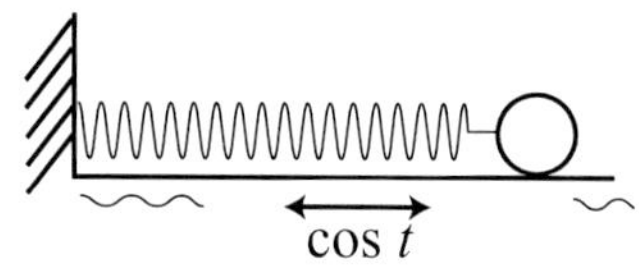

3.2　非同次形の 2 階線形微分方程式の解法 2 ～共鳴現象～

上の計算方法ではうまくいかない例があります．

◎例題 3◎ 次の方程式の一般解を求めよ．

$$\ddot{x} + 4x = \cos 2t \tag{3.13}$$

解答　同次形は式 (3.9) のそれと等しいのでその一般解 $x_g(t)$ は式 (3.10) で与えられます．この方程式の特殊解を p, q を未定の定数として

$$x_s(t) = p\cos 2t + q\sin 2t \tag{3.14}$$

とおいて式 (3.13) に代入すると

$$\begin{aligned}&\cos 2t\\&= \frac{d^2}{dt^2}(p\cos 2t + q\sin 2t) + 4(p\cos 2t + q\sin 2t)\\&= (-4p\cos 2t - 4q\sin 2t) + (4p\cos 2t + 4q\sin 2t) = 0\end{aligned}$$

となり，p, q をどのように選んでもこの $x_s(t)$ は式 (3.13) を満たしません．このようなときは前節の表の $x_s(t)$ たちに t を乗じればうまくいきます．すなわち改めて $x_s(t)$ を

$$x_s(t) = pt\cos 2t + qt\sin 2t \tag{3.15}$$

とおいて式 (3.13) に代入すると

$$\begin{aligned}&\cos 2t\\&= \frac{d^2}{dt^2}(pt\cos 2t + qt\sin 2t) + 4(pt\cos 2t + qt\sin 2t)\\&= (-4p\sin 2t + 4q\cos 2t - 4pt\cos 2t - 4qt\sin 2t)\\&\quad +(4pt\cos 2t + 4qt\sin 2t)\\&= -4p\sin 2t + 4q\cos 2t\end{aligned}$$

よって $p = 0,\ q = 1/4$ と選べば式 (3.15) の $x_s(t)$ は式 (3.13) を満たします．以上より，求める一般解は

$$\begin{aligned}x(t) &= x_g(t) + x_s(t)\\&= A\cos 2t + B\sin 2t + \frac{1}{4}t\sin 2t\end{aligned} \tag{3.16}$$

となります．

●ワンポイント●

式 (3.9) と式 (3.13) はよく似ていますが解の振舞いはまったく異なります．式 (3.9) の解 (3.12) は周期関数であるのに対し，式 (3.13) の解 (3.16) は $t\sin 2t$

という項のため $t \to \infty$ で無限大に発散してしまいます．次のグラフは同じ初期条件 $x(0) = 1,\ \dot{x}(0) = 0$ に対する式 (3.9) と式 (3.13) の解をプロットしたものです．

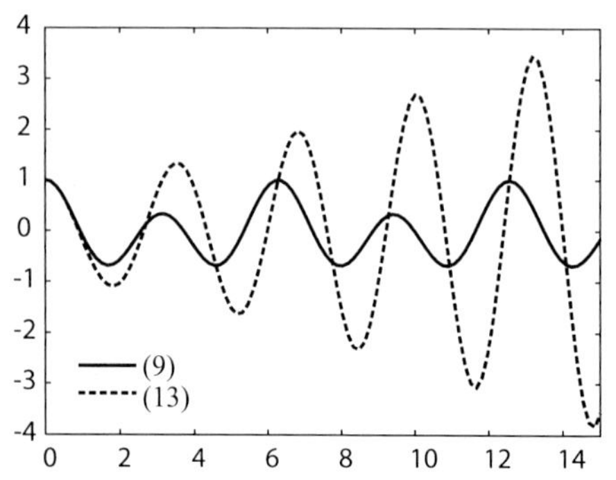

t が小さいうちは両者の振舞いはよく似ていますが，時間が経つにつれて式 (3.13) の解の振れ幅は増大していきます．どうしてこのようなことが起こるのでしょうか．

これは，式 (3.13) における強制外力 $\cos 2t$ の周期とバネが元々持っている固有の周期 (これは同次形 $\ddot{x} + 4x = 0$ の解 (3.10) の周期で与えられる) がちょうど“同調”するために起こります．バネが右側に大きく振れたときにちょうど強制外力も質点を右側に動かそうと働きかけ，バネが右側に大きく振れたときに強制外力も質点を右側に動かそうと働きかけているのです (ブランコの運動を思い浮かべてください)．このような現象を**共鳴**，あるいは**共振**といいます．

微分方程式を使って何かを設計しようとするときには共鳴が起こらないようにうまく作らなければなりません．昔は建設したばかりの橋が，その固有の周期と“風”が起こす強制外力が共鳴を起こしたため，上下に激しく揺れて崩壊してしまう事故がよく起こっていました．

上の状況をもう少し数学的な観点から眺めてみましょう．“仮に”式 (3.13) の特殊解が式 (3.14) で与えられるとすると，式 (3.13) の (間違った) 一般解は

$$\begin{aligned} x(t) &= x_g(t) + x_s(t) \\ &= A\cos 2t + B\sin 2t + p\cos 2t + q\sin 2t \end{aligned}$$

となります．ところが A, B は任意であったから $A+p,\ B+q$ をそれぞれ改め

て A, B と置き直せば上式は $x(t) = A\cos 2t + B\cos 2t$ となり，$x_s(t)$ の部分が消えてしまいます．このように，強制外力 $f(t)$ と同次形の一般解 $x_g(t)$ が同じ関数形をしているため $x_s(t)$ が $x_g(t)$ に吸収されてしまうときに“共鳴”が起こります．このようなときには初めに用いた $x_s(t)$ の代わりに $tx_s(t)$ を用いれば (大抵は) うまくいきます．それでもうまくいかなければ $t^2x_s(t)$ で試してみましょう．それでもうまくいかなければ $t^3x_s(t)$ で…という具合に，t^n の次数を上げていけばそのうち必ずうまくいきます．

◎例題 4◎ 次の方程式の一般解を求めよ．

$$\ddot{x} - 2\dot{x} + x = e^t \tag{3.17}$$

解答 同次形 $\ddot{x} - 2\dot{x} + x = 0$ の特性方程式は $\lambda^2 - 2\lambda + 1 = 0 \Rightarrow \lambda = 1$(重根) です．公式 2.3 より同次形の一般解は A, B を任意定数として

$$x_g(t) = Ae^t + Bte^t \tag{3.18}$$

で与えられます．次に式 (3.17) の特殊解を求めたいわけですが，前節の表に従って $x_s(t) = pe^t$ としてしまうとこれは $x_g(t)$ に吸収されてしまうので不適です．t を乗じて pte^t とおいてもやはり $x_g(t)$ に吸収されてしまうので，$x_s(t) = pt^2e^t$ とおくことにしましょう．これを式 (3.17) に代入すると

$$\begin{aligned} e^t &= \frac{d^2}{dt^2}(pt^2e^t) - 2\frac{d}{dt}(pt^2e^t) + pt^2e^t \\ &= (2pe^t + 4pte^t + pt^2e^t) - 2(2pte^t + pt^2e^t) + pt^2e^t \\ &= 2pe^t \end{aligned}$$

したがって $p = 1/2$ と選べば $x_s(t) = pt^2e^t$ は式 (3.17) を満たします．以上より求める解は

$$\begin{aligned} x(t) &= x_g(t) + x_s(t) \\ &= Ae^t + Bte^t + \frac{1}{2}t^2e^t \end{aligned} \tag{3.19}$$

となります．

3.3　非同次形の 2 階線形微分方程式の解法 3 ～一般の場合～

これまでは式 (3.2) における $f(t)$ の関数形が簡単であるためその特殊解 $x_s(t)$ の形が予想できる問題だけを扱ってきました．この節では $f(t)$ がどんな関数であっても $x_s(t)$ を求める公式を導出します．

公式 3.2

式 (3.2) の同次形 (3.1) の 1 次独立な 2 つの解を $x_1(t), x_2(t)$ とし，一般解を A, B を任意定数として

$$x_g(t) = Ax_1(t) + Bx_2(t) \tag{3.20}$$

とする．このとき式 (3.2) の一般解は

$$\begin{aligned} x(t) = &-x_1(t)\int \frac{x_2(t)f(t)}{x_1(t)\dot{x}_2(t) - \dot{x}_1(t)x_2(t)}dt \\ &+ x_2(t)\int \frac{x_1(t)f(t)}{x_1(t)\dot{x}_2(t) - \dot{x}_1(t)x_2(t)}dt \end{aligned} \tag{3.21}$$

で与えられる．

証明の前に例題でこの公式の使い方を見てみましょう．

◎例題 5◎ 式 3.2 を使って [例題 4] を解け．

解答 同次形の一般解は式 (3.18) で与えられるから，式 (3.20) の x_1, x_2 として

$$x_1(t) = e^t,\ x_2(t) = te^t \tag{3.22}$$

がとれます．これと $f(t) = e^t$ を式 (3.21) に代入すると

$$\begin{aligned} x(t) &= -e^t\int \frac{te^t \cdot e^t}{e^t(e^t + te^t) - e^t \cdot te^t}dt + te^t\int \frac{e^t \cdot e^t}{e^t(e^t + te^t) - e^t \cdot te^t}dt \\ &= -e^t\int tdt + te^t\int dt \\ &= -e^t\left(\frac{1}{2}t^2 + A\right) + te^t(t + B)\ \ (A, B : \text{積分定数}) \\ &= -Ae^t + Bte^t + \frac{1}{2}t^2e^t \end{aligned}$$

ここで A は任意だったので $-A$ を改めて A と置き直せば式 (3.19) と同じ解が得られます.

公式の証明 定数変化法を用います. すなわち $A(t), B(t)$ を未知関数として式 (3.2) の解が

$$x(t) = A(t)x_1(t) + B(t)x_2(t) \tag{3.23}$$

という形をしているだろうと予想します. これを式 (3.2) に代入すると

$$\begin{aligned} f(t) = &(\ddot{A}x_1 + 2\dot{A}\dot{x}_1 + A\ddot{x}_1 + \ddot{B}x_2 + 2\dot{B}\dot{x}_2 + B\ddot{x}_2) \\ &+a(\dot{A}x_1 + A\dot{x}_1 + \dot{B}x_2 + B\dot{x}_2) + b(Ax_1 + Bx_2) \end{aligned}$$

ここで x_1 と x_2 は同次形 (3.1) の解であるから $i = 1, 2$ に対して $\ddot{x}_i + a\dot{x}_i + bx_i = 0$ が成り立つことに注意すると上式は

$$f(t) = (\ddot{A}x_1 + 2\dot{A}\dot{x}_1 + a\dot{A}x_1) + (\ddot{B}x_2 + 2\dot{B}\dot{x}_2 + a\dot{B}x_2)$$

となります. ここで A と B が

$$\dot{A}x_1 + \dot{B}x_2 = 0 \tag{3.24}$$

という関係を満たすと仮定すると

$$f(t) = (\ddot{A}x_1 + 2\dot{A}\dot{x}_1) + (\ddot{B}x_2 + 2\dot{B}\dot{x}_2) \tag{3.25}$$

さらに式 (3.24) の両辺を微分した式

$$\ddot{A}x_1 + \dot{A}\dot{x}_1 + \ddot{B}x_2 + \dot{B}\dot{x}_2 = 0$$

を式 (3.25) に代入すると

$$f(t) = \dot{A}\dot{x}_1 + \dot{B}\dot{x}_2 \tag{3.26}$$

となり, 式 (3.24),(3.26) から

$$\dot{A}(t) = -\frac{x_2 f(t)}{x_1\dot{x}_2 - \dot{x}_1 x_2},\ \dot{B}(t) = \frac{x_1 f(t)}{x_1\dot{x}_2 - \dot{x}_1 x_2}$$

を得るので両辺積分して式 (3.23) に代入すれば式 (3.21) を得ます. 天下り的に与えた仮定 (3.24) が正しかったことは, こうして得られた解 (3.21) が確かに元の方程式 (3.2) の解になっている (代入することで確認できる) ことから分か

ります．なお，式 (3.21) の分母 $x_1\dot{x}_2 - \dot{x}_1x_2$ が 0 でないことは x_1 と x_2 が式 (3.1) の独立な 2 つの解であることから従いますが，ここでは詳細には触れないことにします[*1]．■

問1　次の方程式の一般解を求めよ．

$$\text{(i)} \quad \ddot{x} - 2\dot{x} = e^{3t}$$

$$\text{(ii)} \quad \ddot{x} - 2\dot{x} + 5x = e^{t}\cos 2t$$

$$\text{(iii)} \quad \ddot{x} + x = \frac{1}{\cos^2 t}$$

放課後談義≫

学生「共鳴の話は今回初めて知ったんですけど現実の問題と関わっていて面白いですね」

先生「そうだね．注目して欲しいのは，式 (3.13) において強制外力を表す項 $\cos 2t$ がどんなに小さくても共鳴が起こるということだ．例えば $\cos 2t$ の代わりに $0.01\cos 2t$ を用いても共鳴が起き，解が無限大に発散する」

学生「どんなに弱い風でも共鳴が起きると橋が壊れてしまうわけですか」

先生「このような共鳴現象は摂動論を展開する上で大きな障害となる」

学生「セツドウロンって何ですか？」

先生「世の中に存在するほとんど全ての微分方程式は解くことができない，というのはいいかな？」

学生「えっ，そうなんですか．これまで授業では解ける方程式しか扱ってないからほとんど解けるものだと思っていました」

先生「一応微分方程式の解き方を学ぶ授業だから解けるものを最初に紹介してるけどね．後で解けない方程式も出てくるよ．解けない方程式に対しては近似解を求めることが重要になってくるが，近似的に解の様子を理解する様々な手

[*1] ロンスキー行列式を用います．気になるかたは検索してください．

法を総称して摂動論という」

学生「なるほど」

先生「さて $\ddot{x} + 4x = 0.01\cos 2t$ という方程式が与えられたとき，この解は $\ddot{x} + 4x = 0$ という方程式の解で十分よく近似できそうに思わないかい？」

学生「思います．$0.01\cos 2t$ はものすごく小さいから微分方程式の解にあまり影響を与えないように思えます」

先生「ところが実際には $\ddot{x} + 4x = 0$ の解は周期関数であるのに対し $\ddot{x} + 4x = 0.01\cos 2t$ の解は発散するから，$0.01\cos 2t$ という項はとても無視できないわけだ」

学生「近似解を求めるために方程式のほうを近似したら駄目だってことですか」

先生「そういうこと．このような困難をうまく修正して正しく近似解を求める手法を特異摂動法という．本書の後半では最新の特異摂動法であるくりこみ群の方法を紹介するよ[*2]」

[*2] さまざまな特異摂動法が知られています．キーワードだけ挙げると，マルチスケーリング法 (多重尺度法)，平均化法，ベクトル場の標準形 (本書第 10 章)，位相縮約，幾何学的摂動法など．1990 年代になって考案されたくりこみ群の方法は，これら古くから知られる特異摂動法を統一して扱えることが示されました．

第 4 章　高階の線形微分方程式

4.1　高階の線形微分方程式

3 階以上の線形微分方程式も 2 階の場合と同様にして解くことができます.

◎例題 1◎ 次の微分方程式の一般解を求めよ.

$$\frac{d^3x}{dt^3} - 3\frac{d^2x}{dt^2} - \frac{dx}{dt} + 3x = 0 \tag{4.1}$$

解答　$x = e^{\lambda t}$ とおいて代入すると

$$\begin{aligned} &\lambda^3 e^{\lambda t} - 3\lambda^2 e^{\lambda t} - \lambda e^{\lambda t} + 3e^{\lambda t} = 0 \\ &\Rightarrow \lambda^3 - 3\lambda^2 - \lambda + 3 = 0 \quad (\text{特性方程式}) \qquad (4.2) \\ &\Rightarrow (\lambda+1)(\lambda-1)(\lambda-3) = 0 \\ &\Rightarrow \lambda = 1, -1, 3 \end{aligned}$$

したがって $x(t) = e^t, e^{-t}, e^{3t}$ が式 (4.1) の特殊解を与えます. 線形微分方程式の場合, 特殊解のスカラー倍, および異なる特殊解の和もまた解になります. すなわち特殊解たちの 1 次結合も解になるので, 求める一般解は A_1, A_2, A_3 を任意定数として

$$x(t) = A_1 e^t + A_2 e^{-t} + A_3 e^{3t} \tag{4.3}$$

で与えられます.

◎例題 2◎ 次の微分方程式の一般解を求めよ.

$$\frac{d^3x}{dt^3} - 3\frac{d^2x}{dt^2} + 4x = 0 \tag{4.4}$$

解答　$x = e^{\lambda t}$ とおいて代入すると

$$\begin{aligned} &\lambda^3 e^{\lambda t} - 3\lambda^2 e^{\lambda t} + 4e^{\lambda t} = 0 \\ &\Rightarrow \lambda^3 - 3\lambda^2 + 4 = 0 \quad (\text{特性方程式}) \qquad (4.5) \\ &\Rightarrow (\lambda-2)^2(\lambda+1) = 0 \\ &\Rightarrow \lambda = 2\,(\text{重根}),\ -1 \end{aligned}$$

したがって $x(t) = e^{2t}, e^{-t}$ が式 (4.4) の特殊解になります．ところが 3 階の線形微分方程式の一般解は 3 つの (互いに 1 次独立な) 特殊解の 1 次結合で表されるから，もう 1 つ e^{2t}, e^{-t} とは別の特殊解が必要です．結論から言えば，$x(t) = te^{2t}$ がもう 1 つの特殊解になっています．これは $\lambda = 2$ が重根であることに起因します．実際，$x(t) = te^{2t}$ を式 (4.4) の左辺に代入すると

$$\begin{aligned}&\frac{d^3}{dt^3}(te^{2t}) - 3\frac{d^2}{dt^2}(te^{2t}) + 4te^{2t}\\ &= (12e^{2t} + 8te^{2t}) - 3(4e^{2t} + 4te^{2t}) + 4te^{2t} = 0\end{aligned}$$

となるから確かに $x(t) = te^{2t}$ は式 (4.4) の解になっています．以上より式 (4.4) の一般解は A_1, A_2, A_3 を任意定数として

$$x(t) = A_1e^{2t} + A_2te^{2t} + A_3e^{-t} \tag{4.6}$$

で与えられます．

このように，一般に線形微分方程式に対する特性方程式が重根 $\lambda = \lambda_1$ を持つときには，$e^{\lambda_1 t}$ に加えてこれに多項式を乗じたものも特殊解になります．特に $\lambda = \lambda_1$ が k 重根の場合には

$$e^{\lambda_1 t},\ te^{\lambda_1 t},\ t^2e^{\lambda_1 t}, \cdots, t^{k-1}e^{\lambda_1 t} \tag{4.7}$$

の k 個が特殊解を与えます (定理 5.7 で厳密に示されます)．章末の問 1 も参照してください．

一般に，1 次元の n 階定数係数線形微分方程式は $a_{n-1}, a_{n-2}, \cdots, a_0$ を定数として

$$\frac{d^nx}{dt^n} + a_{n-1}\frac{d^{n-1}x}{dt^{n-1}} + \cdots + a_1\frac{dx}{dt} + a_0x = 0 \tag{4.8}$$

なる形をしています．このとき次の定理が成り立ちます．

定理 4.1

式 (4.8) に対する n 個の互いに 1 次独立な特殊解を $x_1(t), \cdots, x_n(t)$ とする．このとき，式 (4.8) の一般解は $A_1, \cdots, A_n$ を任意定数として

$$x(t) = A_1 x_1(t) + A_2 x_2(t) + \cdots + A_n x_n(t) \tag{4.9}$$

で与えられる．

ここで $x_1(t), \cdots, x_n(t)$ が互いに 1 次独立であるとは，

$$c_1 x_1(t) + c_2 x_2(t) + \cdots + c_n x_n(t) = 0 \tag{4.10}$$

を満たす定数 c_i は $c_1 = c_2 = \cdots = c_n = 0$ に限ることを言いますが，ここでは $x_1(t), \cdots, x_n(t)$ たちは全て異なる関数形をしている，という理解の仕方で十分です．

したがって，式 (4.8) を解く問題は異なる n 個の特殊解を求める問題に帰着されます．実際にこれを求めるには，上の例題で見たように，まず $x(t) = e^{\lambda t}$ とおいて方程式に代入します．すると

$$\lambda^n + a_{n-1}\lambda^{n-1} + \cdots + a_1\lambda + a_0 = 0 \tag{4.11}$$

なる特性方程式が得られるのでこれを解きましょう．もしこれが n 個の異なる根 $\lambda = \lambda_1, \lambda_2, \cdots, \lambda_n$ を持つならば

$$x(t) = A_1 e^{\lambda_1 t} + A_2 e^{\lambda_2 t} + \cdots + A_n e^{\lambda_n t} \tag{4.12}$$

が式 (4.8) の一般解になります．一方，例えばもし λ_1 が 3 重根，λ_2 が 2 重根で，他の根 $\lambda_3, \cdots, \lambda_{n-3}$ が重根でないならば，式 (4.7) の規則を思い出すと，

$$\begin{aligned} x(t) = A_1 e^{\lambda_1 t} &+ A_2 t e^{\lambda_1 t} + A_3 t^2 e^{\lambda_1 t} \\ &+ A_4 e^{\lambda_2 t} + A_5 t e^{\lambda_2 t} \\ &\quad + A_6 e^{\lambda_3 t} + A_7 e^{\lambda_4 t} + \cdots + A_n e^{\lambda_{n-3} t} \end{aligned}$$

が一般解になります．

次に非同次形の高階の線形微分方程式，すなわち

$$\frac{d^n x}{dt^n} + a_{n-1}\frac{d^{n-1}x}{dt^{n-1}} + \cdots + a_1\frac{dx}{dt} + a_0 x = f(t) \tag{4.13}$$

という形をした方程式を考えます．この方程式に対し，$f(t)$ を 0 に置き換えた式 (4.8) を式 (4.13) に対する**同次形** (あるいは**斉次形**) といいます．これに関して次の定理が成り立ちます．

定理 4.2

式 (4.13) に対する同次形 (4.8) の一般解を $x_g(t)$ とおく (これは式 (4.9) の形で与えられる)．式 (4.13) の特殊解の 1 つを $x_s(t)$ とおくとき，式 (4.13) の一般解は

$$x(t) = x_g(t) + x_s(t) \tag{4.14}$$

で与えられる．

なお，定理 4.1 と 4.2 は係数 $a_{n-1}, \cdots, a_0$ が定数でなく t に依存する場合にも成り立つことを注意しておきます．しかし 1 階の方程式 ($n=1$ の場合) や係数 $a_i(t)$ たちがごく特別な形をしている場合を除いて，一般に定数係数でない線形微分方程式の特殊解 $x_1(t), \cdots, x_n(t)$ を求めることはできません．定理 4.1 と 4.2 の証明は，もっと一般の状況も含めて第 5 章で与えます．

◎例題 3◎ 次の微分方程式の一般解を求めよ.

$$\frac{d^3x}{dt^3} - 3\frac{d^2x}{dt^2} - \frac{dx}{dt} + 3x = 2t - 1 \tag{4.15}$$

解答 これは [例題 1] の非同次形ですから, 同次形の一般解 $x_g(t)$ は式 (4.3) で与えられます. 特殊解 $x_s(t)$ を未定係数法で求めましょう. 式 (4.15) の右辺が 1 次関数なので解も 1 次関数をしたものを持つと予想されます. そこで a, b を未定の定数として $x_s(t) = at + b$ とおき, これを式 (4.15) に代入すると

$$\begin{aligned} &-a + 3(at + b) = 2t - 1 \\ &\Rightarrow \begin{cases} 3a = 2 \\ 3b - a = -1 \end{cases} \end{aligned}$$

これを解くと $a = 2/3$, $b = -1/9$ を得るから, 求める一般解は A_1, A_2, A_3 を任意定数として

$$\begin{aligned} x(t) &= x_g(t) + x_s(t) \\ &= A_1e^t + A_2e^{-t} + A_3e^{3t} + \frac{2}{3}t - \frac{1}{9} \end{aligned} \tag{4.16}$$

となります.

[例題 3] と章末の問 2,3 は, いずれも方程式の右辺が簡単な関数形をしているため, 特殊解 $x_s(t)$ の形が簡単に予測できるという事実を用いた解法です. 一般に式 (4.13) において右辺の $f(t)$ が複雑な関数形をしているときでも特殊解 $x_s(t)$ を求めるための公式がありますが, これは行列の指数関数を用いるとすっきりと表現できます (第 5, 6 章).

4.2　簡単な連立微分方程式

連立微分方程式のうち, 高階の線形微分方程式に帰着されるような問題を考えます.

◎例題 4◎ 次の連立微分方程式を解け.

$$\begin{cases} \dot{x} = -4x - 3y \\ \dot{y} = 6x + 5y \end{cases} \tag{4.17}$$

ただし $\dot{x} = dx/dt$, $\dot{y} = dy/dt$.

解答　第 1 式の両辺を t で微分したものに第 2 式を代入すると

$$\begin{aligned}\ddot{x} &= -4\dot{x} - 3\dot{y} \\ &= -4\dot{x} - 3(6x + 5y) \\ &= -4\dot{x} - 18x - 15y\end{aligned}$$

第 1 式より $3y = -\dot{x} - 4x$ ですからこれを上式に代入すると

$$\begin{aligned}\ddot{x} &= -4\dot{x} - 18x - 5(-\dot{x} - 4x) \\ \Rightarrow \ddot{x} - \dot{x} - 2x &= 0\end{aligned} \tag{4.18}$$

このように，線形の連立微分方程式は，ある 1 つの文字 (未知関数) 以外の文字を消去することにより，高階の線形微分方程式に帰着させることができます．式 (4.18) の特性方程式は

$$\lambda^2 - \lambda - 2 = 0 \Rightarrow \lambda = -1, 2$$

ですから式 (4.18) の一般解は A, B を任意定数として

$$x(t) = Ae^{-t} + Be^{2t} \tag{4.19}$$

となります．これを $3y = -\dot{x} - 4x$ に代入すると

$$\begin{aligned}3y &= -(-Ae^{-t} + 2Be^{2t}) - 4(Ae^{-t} + Be^{2t}) \\ &= -3Ae^{-t} - 6Be^{2t}\end{aligned}$$

となるから，

$$\begin{cases} x(t) = Ae^{-t} + Be^{2t} \\ y(t) = -Ae^{-t} - 2Be^{2t} \end{cases} \tag{4.20}$$

が求める式 (4.17) の一般解を与えます．

◎例題 5◎　質量がそれぞれ $m_1, m_2 > 0$ で与えられる 2 つの質点が図のようにバネ定数が $k_1, k_2 > 0$ のバネにつながれている．バネが自然長にあるときから右向きに測った 2 つの質点の変位をそれぞれ x_1, x_2 とし，質点と床との間に摩擦はないものとするとき，x_1, x_2 はニュートンの運動方程式

$$\begin{cases} m_1\ddot{x}_1 = -k_1x_1 - k_2(x_1 - x_2) \\ m_2\ddot{x}_2 = -k_2(x_2 - x_1) \end{cases} \tag{4.21}$$

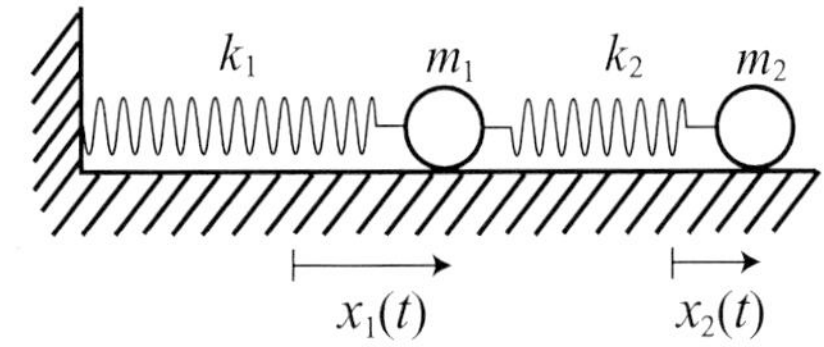

を満たす．この方程式の一般解を求めよ．

解答 第 1 式の両辺を t で 2 回微分し，それから第 2 式を代入すると

$$m_1\frac{d^4x_1}{dt^4} = -(k_1+k_2)\ddot{x}_1 + k_2\ddot{x}_2$$
$$= -(k_1+k_2)\ddot{x}_1 + k_2\cdot -\frac{k_2}{m_2}(x_2-x_1)$$

第 1 式より

$$k_2x_2 = m_1\ddot{x}_1 + (k_1+k_2)x_1 \tag{4.22}$$

であるからこれを上式に代入して整理すると，4 階の線形微分方程式

$$\frac{d^4x_1}{dt^4} + \frac{m_2(k_1+k_2)+m_1k_2}{m_1m_2}\frac{d^2x_1}{dt^2} + \frac{k_1k_2}{m_1m_2}x_1 = 0 \tag{4.23}$$

を得ます．この特性方程式

$$\lambda^4 + \frac{m_2(k_1+k_2)+m_1k_2}{m_1m_2}\lambda^2 + \frac{k_1k_2}{m_1m_2} = 0 \tag{4.24}$$

の根の 2 乗は

$$\lambda^2 = \frac{-m_2(k_1+k_2)-m_1k_2\pm\sqrt{D}}{2m_1m_2}$$
$$D = (m_2(k_1+k_2)+m_1k_2)^2 - 4k_1k_2m_1m_2$$

であり，簡単な計算から $D>0$ であることが確認できます．したがって 2 つの λ^2 は共に負の実数であるから，特性方程式 (4.24) の根は異なる 4 つの純虚数で与えられます．それらをそれぞれ $\lambda = i\lambda_1, -i\lambda_1, i\lambda_2, -i\lambda_2$ ($\lambda_{1,2}$: 実数) とおくと，式 (4.23) の一般解は A_1, A_2, A_3, A_4 を任意定数として

$$x_1(t) = A_1e^{i\lambda_1t} + A_2e^{-i\lambda_1t} + A_3e^{i\lambda_2t} + A_4e^{-i\lambda_2t} \tag{4.25}$$

あるいは $B_1, B_2, \delta_1, \delta_2$ を任意定数として

$$x_1(t) = B_1 \cos(\lambda_1 t + \delta_1) + B_2 \cos(\lambda_2 t + \delta_2) \tag{4.26}$$

と書かれます．この x_1 を式 (4.22) に代入することで $x_2(t)$ も得られます．未定の定数がちょうど 4 つ含まれることに注意しましょう．これらの値は，x_1 と x_2 の初期位置 $x_1(0), x_2(0)$ と初速度 $\dot{x}_1(0), \dot{x}_2(0)$ を指定すれば決まります．

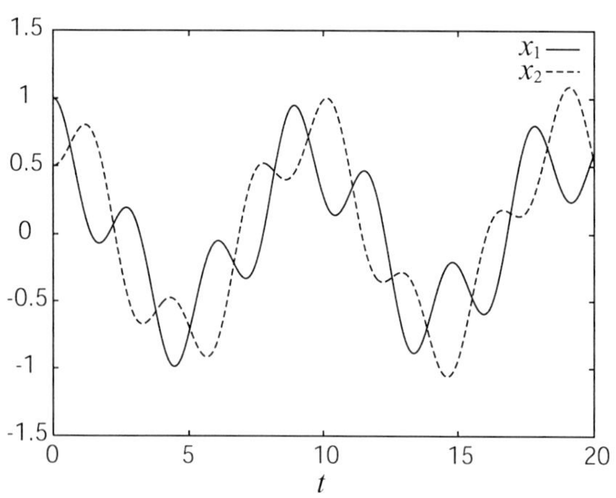

問1　微分方程式

$$\frac{d^3x}{dt^3} + 6\frac{d^2x}{dt^2} + 12\frac{dx}{dt} + 8x = 0 \tag{4.27}$$

について，

(i) 特性方程式を解け．

(ii) $x(t) = e^{-2t}$, te^{-2t}, t^2e^{-2t} がいずれも式 (4.27) の解になっていることを示せ．

(iii) 式 (4.27) の一般解を求めよ．また $x(0) = 1$, $\dot{x}(0) = 0$, $\ddot{x}(0) = 0$ を満たす式 (4.27) の特殊解を求めよ．

問2　微分方程式

$$\frac{d^3x}{dt^3} - 3\frac{d^2x}{dt^2} + 4x = \sin 2t \tag{4.28}$$

について，$x(t) = p\sin 2t + q\cos 2t$ とおいて上式に代入することで p, q を求めよ．対応する同次形の一般解は [例題 2] で求めているから，上式の一般解はここで求めた p, q に対して

$$x(t) = A_1 e^{2t} + A_2 te^{2t} + A_3 e^{-t} + p\sin 2t + q\cos 2t \tag{4.29}$$

で与えられる．

問3 微分方程式

$$\frac{d^3x}{dt^3} - 3\frac{d^2x}{dt^2} + 4x = e^{2t} \tag{4.30}$$

について，

(i) $x = pe^{2t}$ とおく．いかなる定数 p に対してもこれは上式の解とはなりえないことを示せ．

(ii) $x = pte^{2t}$ とおく．いかなる定数 p に対してもこれは上式の解とはなりえないことを示せ．

(iii) $x = pt^2e^{2t}$ とおく．これが上式の解となるような定数 p を求めよ．この p に対し，式 (4.30) の一般解は

$$x(t) = A_1 e^{2t} + A_2 te^{2t} + A_3 e^{-t} + pt^2 e^{2t} \tag{4.31}$$

で与えられる．

問4 次の連立微分方程式

$$\begin{cases} \ddot{x} = -\omega^2 x + \gamma(\dot{y} - \dot{x}) \\ \ddot{y} = -\omega^2 y + \gamma(\dot{x} - \dot{y}) \end{cases} \tag{4.32}$$

について，

(i) $\gamma = 0$ のときの一般解を求めよ．

(ii) $\gamma \neq 0$ のときの一般解を求めよ．（ヒント：[例題 5] のようにして y を消去することにより x についての 4 階の方程式を得ることもできるが，計算が面倒である．この問題の場合，第 1 式と第 2 式の和，および差をとれば $u = x + y$ と $v = x - y$ についての簡単な方程式が得られる）

(iii) $\gamma > 0$ のとき

$$\lim_{t \to \infty} |x(t) - y(t)| = 0 \tag{4.33}$$

が成り立つことを示せ．

放課後談義≫

学生「ニュートンの運動方程式は 2 階の微分方程式なので 2 階の微分方程式が応用上重要なのは分かるんですが，3 階以上の微分方程式に従う物理現象はあるんですか」

先生「例えば弾性体の運動 (厚みのある梁の振動など) は 4 階の微分方程式で記述されることがあるよ．他にも例はあるけど，むしろ [例題 5] のように，連立方程式を考えることによりいくらでも高い階数の微分方程式が現れうる，というのが高階の微分方程式が重要である理由かな」

学生「問 4 の方程式は何かの物理現象を表しているんですか」

先生「$\gamma = 0$ のときの方程式 $\ddot{x} = -\omega^2 x$ はいわゆる**調和振動子**で，例えばバネにつながれた質点の運動 (摩擦なし) を表すが，ここでは振れ幅が小さいときの単振り子の運動を思い浮かべてほしい」

学生「物理の授業で習いました．単振り子の運動は l をひもの長さ，g を重力定数として $\ddot{x} = -\frac{g}{l}\sin x$ に従いますが，振れ角 x が十分小さいときは $\sin x \sim x$ と近似できて $\ddot{x} = -\frac{g}{l}x$ と書けるんですよね」

先生「その通り．ではまったく同じ 2 つの振り子時計が壁に掛けてある状況を考えよう．片方の振り子が振れるとその振動が壁に伝わり，その壁の振動がもう一方の振り子の運動に影響を及ぼすね」

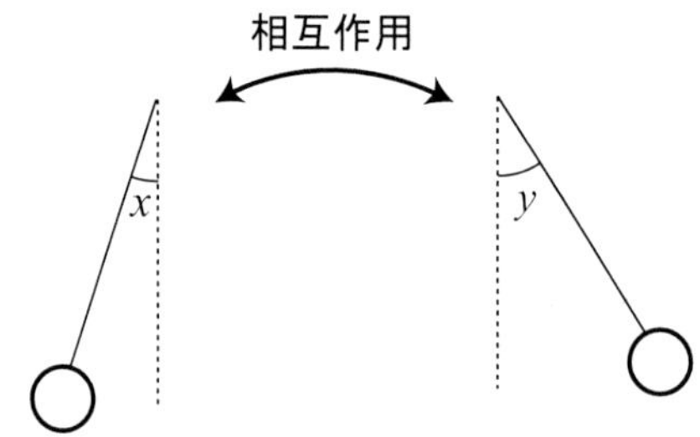

学生「つまり 2 つの振り子は壁の振動を通して互いに相互作用を及ぼし合っているわけですか」

先生「そう．問 4 では簡単のためその相互作用が 2 つの振り子の速度差に比例すると仮定している．γ が比例定数で，つまり相互作用の強さを表しているね」

学生「なるほど．では問の (iii) の結果は何を意味するんでしょうか」

先生「式 (4.33) は，γ が正ならば，時間が十分経てば $x(t)$ と $y(t)$ が十分に近づくということを意味している．つまり，たとえ初期時刻において一方の振り子ともう一方の振り子の振れ角が違っていても，時間が経つといつのまにかこれらの振れ角がそろい，2 つの振り子が足並み揃えて振動する，というわけだ．このような現象は一般に**同期現象**と呼ばれる．レーザービームの原理から人の睡眠周期に至るまで，様々な現象が同期現象を用いて説明できることが知られており，このような問題を解析するときにもやはり微分方程式の知識が役に立つのです[*1]」

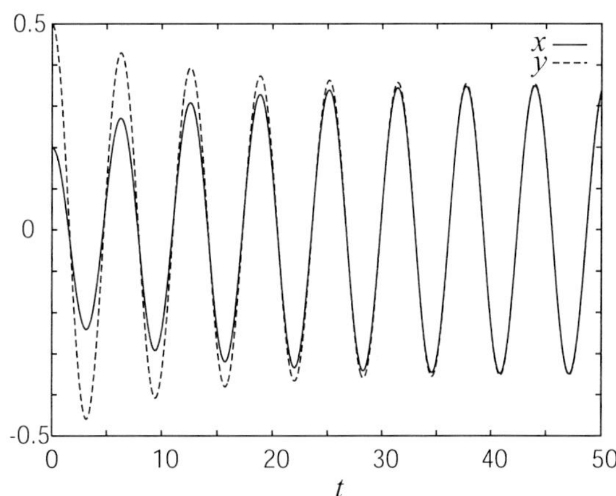

[*1] 2 つの振り子時計の同期現象は 17 世紀の物理学者ホイヘンスによって最初に発見された．なお，振り子時計そのものを発明したのも彼であり，光の屈折に関するホイヘンスの原理でも有名である．同期現象に関する一般向けの書物として

スティーヴン・ストロガッツ『Sync：なぜ自然はシンクロしたがるのか』(早川書房)．

が非常に面白い．

第5章　線形微分方程式系と行列の指数関数

5.1　ベクトル値の微分方程式

前章までで，高階の定数係数線形微分方程式 (4.13) の解法を学びました．一般に微分方程式はその階数 (方程式中に現れる未知関数の微分の回数の最大値) が大きくなるほど複雑になっていきますが，それらを統一的に扱うためにベクトル値の微分方程式を導入しましょう．アイデアは次のようなものです．今，バネにつながれた質点の運動を表すニュートンの運動方程式

$$\ddot{x} + a\dot{x} + bx = 0 \tag{5.1}$$

において質点の速度を $v = \dot{x} = dx/dt$ とおくと，上式は

$$\begin{cases} \dot{x} = v \\ \dot{v} = -bx - av \end{cases} \tag{5.2}$$

となり (x, v) を未知関数とする 1 階微分のみを含む連立微分方程式に帰着されます．一般に，n 個の変数 $(x_1, \cdots, x_n)$ を未知関数とする 1 階の連立微分方程式

$$\begin{cases} \dot{x}_1 = f_1(t, x_1, x_2, \cdots, x_n) \\ \dot{x}_1 = f_2(t, x_1, x_2, \cdots, x_n) \\ \qquad \vdots \\ \dot{x}_n = f_n(t, x_1, x_2, \cdots, x_n) \end{cases}$$

を n **次元ベクトル値微分方程式**といいます．n 次元ベクトル

$$\boldsymbol{x} = (x_1, x_2, \cdots, x_n), \quad \boldsymbol{f} = (f_1, f_2, \cdots, f_n) \tag{5.3}$$

を導入すると

$$\dot{\boldsymbol{x}} = \frac{d\boldsymbol{x}}{dt} = \boldsymbol{f}(t, \boldsymbol{x}), \quad \boldsymbol{x} \in \mathbf{R}^n \tag{5.4}$$

とシンプルに書くことができますね．以下ではスカラーを x のように通常の書体で，ベクトルを $\boldsymbol{x}$ のように太字で書き，$\boldsymbol{x} \in \mathbf{R}^n$ と書けば $\boldsymbol{x}$ が実 n 次元

のベクトルであることを意味します．普通は縦ベクトルですが紙面の都合で横ベクトルで表すこともあります．右辺 $\boldsymbol{f}(t,\boldsymbol{x})$ が t に依存しないとき，方程式 $\dfrac{d\boldsymbol{x}}{dt}=\boldsymbol{f}(\boldsymbol{x})$ は**自励系**であるといい，t に依存するときには**非自励系**であるといいます．

例えば 1 変数 n 階の微分方程式

$$\frac{d^n x}{dt^n}=f(t,x,\frac{dx}{dt},\cdots,\frac{d^{n-1}x}{dt^{n-1}}) \tag{5.5}$$

において，$x(t)=x_0(t)$, $\dfrac{d^i x}{dt^i}(t)=x_i(t)$ とおきましょう．すると上式は

$$\begin{cases} \dot{x}_0=x_1 \\ \dot{x}_1=x_2 \\ \qquad\vdots \\ \dot{x}_{n-2}=x_{n-1} \\ \dot{x}_{n-1}=f(t,x_0,x_1,\cdots,x_{n-1}) \end{cases} \tag{5.6}$$

という，n 次元ベクトル $(x_0,x_1,\cdots,x_{n-1})$ を未知関数とする n 次元ベクトル値微分方程式に帰着されます．

さて，式 (5.5) の形をした任意の高階の微分方程式はベクトル値の方程式 (5.4) に帰着されるわけですから，式 (5.4) の形の方程式を徹底的に調べておけば，高階の微分方程式のことも調べたことになるわけです．特に式 (5.2) のような線形の連立微分方程式，つまり右辺が未知関数についての 1 次式で書かれるような連立微分方程式は行列を用いて表現することができます．例えば行列 A を $A=\begin{pmatrix} 0 & 1 \\ -b & -a \end{pmatrix}$ で定義すると，式 (5.2) は

$$\frac{d}{dt}\begin{pmatrix} x \\ v \end{pmatrix}=A\begin{pmatrix} x \\ v \end{pmatrix}=\begin{pmatrix} 0 & 1 \\ -b & -a \end{pmatrix}\begin{pmatrix} x \\ v \end{pmatrix} \tag{5.7}$$

と書けますね．より一般に，

$$\begin{cases} \dot{x}_1=a_{11}(t)x_1+a_{12}(t)x_2+\cdots+a_{1n}(t)x_n \\ \dot{x}_2=a_{21}(t)x_1+a_{22}(t)x_2+\cdots+a_{2n}(t)x_n \\ \qquad\vdots \\ \dot{x}_n=a_{n1}(t)x_1+a_{n2}(t)x_2+\cdots+a_{nn}(t)x_n \end{cases}$$

という $x_1, \cdots, x_n$ についての連立微分方程式は行列とベクトルを用いると

$$\frac{d}{dt}\begin{pmatrix} x_1 \\ \vdots \\ x_n \end{pmatrix} = \begin{pmatrix} a_{11}(t) & \cdots & a_{1n}(t) \\ \vdots & \ddots & \vdots \\ a_{n1}(t) & \cdots & a_{nn}(t) \end{pmatrix}\begin{pmatrix} x_1 \\ \vdots \\ x_n \end{pmatrix}$$

と表すことができます．そこで記述の簡単のために $\boldsymbol{x} = (x_1, \cdots, x_n) \in \mathbf{R}^n$，および $A(t)$ を (i, j) 成分が $a_{ij}(t)$ である $n \times n$ の（t に依存し得る）行列とすると

$$\dot{\boldsymbol{x}} = \frac{d\boldsymbol{x}}{dt} = A(t)\boldsymbol{x}, \quad x \in \mathbf{R}^n \tag{5.8}$$

と表すことができ，これを n **次元線形微分方程式**といいます．特に行列 $A(t)$ が t に依存しないときには**定数係数の** n **次元線形微分方程式**，あるいは**自励系の** n **次元線形微分方程式**といいます．

5.2 線形微分方程式系の基礎定理

これまで扱ってきた高階の "定数係数" 線形微分方程式は A を "定" 行列として

$$\frac{d\boldsymbol{x}}{dt} = A\boldsymbol{x}, \quad \boldsymbol{x} \in \mathbf{R}^n,\ A : n \times n \text{ 定行列} \tag{5.9}$$

の形に書かれることが分かりました．この形の方程式の構造を理解しておくことは，単に高階の線形微分方程式のみならず，非線形微分方程式の解の振るまいを理解するための第 1 歩になります．そこでしばらくは式 (5.9) について調べることにしましょう．まず，この方程式の解を具体的に書き下すために，**行列の指数関数**を次のように定義します．

定義 5.1

$n \times n$ の行列 A に対し，A の指数関数 e^A(あるいは $\exp A$ とも書く) を

$$e^A = I + \frac{A}{1!} + \frac{A^2}{2!} + \cdots = \sum_{k=0}^{\infty} \frac{A^k}{k!} \tag{5.10}$$

で定義する (I は単位行列).

定義より $t \in \mathbf{R}$ に対して

$$e^{At} = I + \frac{A}{1!}t + \frac{A^2}{2!}t^2 + \cdots = \sum_{k=0}^{\infty} \frac{A^k}{k!}t^k \tag{5.11}$$

となりますが，項別微分可能であることを認めれば

$$\begin{aligned} \frac{d}{dt}e^{At} &= \frac{A}{1!} + \frac{A^2}{2!}2t + \frac{A^3}{3!}3t^2 + \cdots \\ &= A(I + \frac{A}{1!}t + \frac{A^2}{2!}t^2 + \cdots) = Ae^{At} \end{aligned}$$

より

$$\frac{d}{dt}e^{At} = Ae^{At} \tag{5.12}$$

が成り立つことに注意しておきます.

●ワンポイント●

通常の指数関数と同様に，式 (5.10) の右辺の無限級数は任意の行列 A に対して収束することを示すことができます．また式 (5.12) を求めた計算において無限級数の項別微分を行いました．項別微分が許されるには式 (5.11) の右辺の無限級数が t について (広義) 一様収束していなければなりませんが，これもちゃんと示すことができます[*1].

*1 行列の無限級数の収束性や項別微分可能であることなどの厳密な取り扱いについては
千葉逸人『これならわかる工学部で学ぶ数学』(プレアデス出版)
を参照．行列のノルムを定義すれば通常のべき級数と同様に収束性を議論できることが分かりますが，本書では扱いません.

ベクトル値の微分方程式と行列の指数関数を導入したご利益として，以下の一連の定理を示しておきましょう．いずれも線形微分方程式に対する基礎定理で，定理 4.1，4.2 の一般化にあたります．

定理 5.2

$A(t)$ を t について連続な $n \times n$ の行列値関数とする．n 次元線形微分方程式 (5.8) について，

(i) $\boldsymbol{x}_1(t), \boldsymbol{x}_2(t)$ が式 (5.8) の 2 つの解であるとき，任意のスカラー C_1, C_2 に対して $\boldsymbol{x}(t) = C_1\boldsymbol{x}_1(t) + C_2\boldsymbol{x}_2(t)$ もまた式 (5.8) の解である．

(ii) 式 (5.8) の互いに 1 次独立な n 個の解を $\boldsymbol{x}_1(t), \cdots, \boldsymbol{x}_n(t)$ とするとき，式 (5.8) の任意の解 (一般解) は $C_1, \cdots, C_n$ を任意定数として

$$\boldsymbol{x}(t) = C_1\boldsymbol{x}_1(t) + C_2\boldsymbol{x}_2(t) + \cdots + C_n\boldsymbol{x}_n(t) \tag{5.13}$$

と表される．

定理 5.3

$A(t), \boldsymbol{b}(t)$ をそれぞれ t について連続な $n \times n$ 行列値関数，n 次元ベクトル値関数とする．非同次形の線形微分方程式

$$\frac{d\boldsymbol{x}}{dt} = A(t)\boldsymbol{x} + \boldsymbol{b}(t), \quad \boldsymbol{x} \in \mathbf{R}^n \tag{5.14}$$

について，その特殊解の 1 つを $\boldsymbol{x}_s(t)$，式 (5.14) に対応する同次形 (5.8) の一般解を $\boldsymbol{x}_g(t)$ とおくとき，式 (5.14) の任意の解 $\boldsymbol{x}(t)$ は

$$\boldsymbol{x}(t) = \boldsymbol{x}_g(t) + \boldsymbol{x}_s(t) \tag{5.15}$$

で与えられる．

ここで $A(t)$ が t について連続な行列値関数であるとは，行列 $A(t)$ の各成分 $a_{ij}(t)$ が t についての連続関数であることをいいます．ベクトル値関数についても同様．$A(t), \boldsymbol{b}(t)$ が連続関数であることの仮定は解の存在と一意性を保証するために必要です．また，定理 5.2(ii) において，$\boldsymbol{x}_1(t), \cdots, \boldsymbol{x}_n(t)$ が互いに 1

次独立であるとは,

$$k_1\boldsymbol{x}_1(t)+k_2\boldsymbol{x}_2(t)+\cdots+k_n\boldsymbol{x}_n(t)=0$$

を満たす定数 $k_1,\cdots,k_n$ は $k_1=k_2=\cdots=k_n=0$ に限ることをいいます.

定理 5.2 の証明 (i) 仮定より $\boldsymbol{x}_1,\boldsymbol{x}_2$ は $\dot{\boldsymbol{x}}_1=A(t)\boldsymbol{x}_1$, $\dot{\boldsymbol{x}}_2=A(t)\boldsymbol{x}_2$ を満たすので

$$\begin{aligned}\frac{d}{dt}(C_1\boldsymbol{x}_1+C_2\boldsymbol{x}_2)&=C_1\dot{\boldsymbol{x}}_1+C_2\dot{\boldsymbol{x}}_2\\&=C_1A(t)\boldsymbol{x}_1+C_2A(t)\boldsymbol{x}_2\\&=A(t)(C_1\boldsymbol{x}_1+C_2\boldsymbol{x}_2)\end{aligned}$$

よって $C_1\boldsymbol{x}_1+C_2\boldsymbol{x}_2$ は式 (5.8) を満たします.

(ii) 第 i 成分のみが 1 であるような基本ベクトルを $\boldsymbol{e}_i=(0,\cdots,0,1,0,\cdots,0)$ と表すことにします．今，初期条件 $\boldsymbol{x}(0)=\boldsymbol{e}_i$ を満たす式 (5.8) の解を $\boldsymbol{\xi}_i(t)$ とおくと，(i) の結果を繰り返し用いることにより，任意の定数 k_i に対し

$$\boldsymbol{x}(t)=k_1\boldsymbol{\xi}_1(t)+k_2\boldsymbol{\xi}_2(t)+\cdots+k_n\boldsymbol{\xi}_n(t)\tag{5.16}$$

もまた式 (5.8) の解になっていることが分かります．このとき $\boldsymbol{\xi}_1(t),\cdots,\boldsymbol{\xi}_n(t)$ は互いに 1 次独立です．実際，$k_1\boldsymbol{\xi}_1(t)+\cdots+k_n\boldsymbol{\xi}_n(t)=0$ と仮定し，$t=0$ を代入すると

$$\begin{aligned}0&=k_1\boldsymbol{\xi}_1(0)+k_2\boldsymbol{\xi}_2(0)+\cdots+k_n\boldsymbol{\xi}_n(0)\\&=k_1\boldsymbol{e}_1+k_2\boldsymbol{e}_2+\cdots+k_n\boldsymbol{e}_n\\&=(k_1,k_2,\cdots,k_n)\end{aligned}$$

より，$k_1=\cdots=k_n=0$ を得ます．また同じ計算から $\boldsymbol{x}(0)=(k_1,k_2,\cdots,k_n)$ が分かりますが，k_i は任意だったから，任意の初期値に対する解が式 (5.16) の形に表されることになり，よって式 (5.16) は式 (5.8) の一般解です.

今，式 (5.8) の互いに 1 次独立な n 個の特殊解 $\boldsymbol{x}_1(t),\cdots,\boldsymbol{x}_n(t)$ が与えられたとします．仮定より $\boldsymbol{x}_1(0),\cdots,\boldsymbol{x}_n(0)$ は 1 次独立で $\mathbf{R}^n$ 全体を張るので，$j=1,\cdots,n$ に対して $\boldsymbol{\xi}_j(0)=\sum_{k=1}^n d_{jk}\boldsymbol{x}_k(0)$ を満たす定数 d_{jk} が存在します．このとき任意の時刻 t に対して $\boldsymbol{\xi}_j(t)=\sum_{k=1}^n d_{jk}\boldsymbol{x}_k(t)$ が成り立ちます.

実際，両辺とも同じ微分方程式の解であり，同じ初期条件を満たすため，解の一意性定理より両辺は一致します．

任意の解 $\boldsymbol{x}(t)$ が (5.16) の形に書けるので

$$\boldsymbol{x}(t) = \sum_{j=1}^{n} k_j \boldsymbol{\xi}_j(t) = \sum_{k=1}^{n} \left(\sum_{j=1}^{n} k_j d_{jk} \right) \boldsymbol{x}_k(t)$$

より，これは任意の解が $\boldsymbol{x}_1(t), \cdots, \boldsymbol{x}_n(t)$ の 1 次結合で表されることを意味します． ■

定理 5.3 の証明 仮定より $\dot{\boldsymbol{x}}_g = A(t)\boldsymbol{x}_g$, $\dot{\boldsymbol{x}}_s = A(t)\boldsymbol{x}_s + \boldsymbol{b}(t)$ が成り立つので

$$\begin{aligned} \frac{d}{dt}(\boldsymbol{x}_g + \boldsymbol{x}_s) &= A(t)\boldsymbol{x}_g + A(t)\boldsymbol{x}_s + \boldsymbol{b}(t) \\ &= A(t)(\boldsymbol{x}_g + \boldsymbol{x}_s) + \boldsymbol{b}(t) \end{aligned}$$

よって $\boldsymbol{x}(t) = \boldsymbol{x}_g(t) + \boldsymbol{x}_s(t)$ は式 (5.14) を満たします．次に，任意の初期条件 $\boldsymbol{x}(0) = \boldsymbol{v}$ に対してこれを満たす式 (5.14) の解が式 (5.15) の形に書けることを示します．今，任意に与えた定ベクトル $\boldsymbol{v} \in \mathbf{R}^n$ に対し，初期条件 $\boldsymbol{x}_g(0) = \boldsymbol{v} - \boldsymbol{x}_s(0)$ を満たす同次形 (5.8) の解を $\boldsymbol{x}_g(t)$ とおくとき，この $\boldsymbol{x}_g(t)$ に対して式 (5.15) の $\boldsymbol{x}(t)$ は $\boldsymbol{x}(0) = \boldsymbol{x}_g(0) + \boldsymbol{x}_s(0) = \boldsymbol{v}$ を満たします．したがって，式 (5.15) の形の解は全ての解を尽くしており，これが式 (5.14) の一般解を与えます． ■

●ワンポイント●

定理 5.2 は「線形微分方程式の解全体は n 次元ベクトル空間をなす」と言いかえることができます．互いに 1 次独立な n 個の解の和とスカラー倍もまた解であり，逆に任意の解はたかだか n 個の特殊解の線形結合で表されるわけです (これが“線形”微分方程式の特徴！).

定理 5.2, 5.3 は任意の $A(t)$ に対して成り立ちますが，一般には解を求めるための公式は知られていません．ただし $A(t)$ が t に依存しない定行列 A の場合は行列の指数関数を用いて解を具体的に書き下すことができます．次の定理は公式 1.3 の n 次元バージョンにあたります．

定理 5.4

A を $n \times n$ の定行列，$\boldsymbol{b}(t)$ を t について連続な n 次元ベクトル値関数とする．非同次形の線形微分方程式

$$\frac{d\boldsymbol{x}}{dt} = A\boldsymbol{x} + \boldsymbol{b}(t), \quad \boldsymbol{x} \in \mathbf{R}^n \tag{5.17}$$

について，初期条件 $\boldsymbol{x}(t_0) = \boldsymbol{v}$ を満たす解は

$$\boldsymbol{x}(t) = e^{(t-t_0)A}\boldsymbol{v} + e^{tA}\int_{t_0}^{t} e^{-sA}\boldsymbol{b}(s)ds \tag{5.18}$$

で与えられる．特に同次形の線形微分方程式 $\dot{\boldsymbol{x}}(t) = A\boldsymbol{x}$ の初期条件 $\boldsymbol{x}(t_0) = \boldsymbol{v}$ を満たす解は

$$\boldsymbol{x}(t) = e^{(t-t_0)A}\boldsymbol{v} \tag{5.19}$$

で与えられる．

このように，行列の指数関数を用いると，定数係数の線形方程式の解を (したがって高階の線形方程式の解も) 書き下すことができるのです．

証明　行列の指数関数の定義より零行列の指数関数は単位行列である ($e^0 = I$) ことに注意すると，式 (5.18) の $\boldsymbol{x}(t)$ が $\boldsymbol{x}(t_0) = \boldsymbol{v}$ を満たすことは明らか．式 (5.12) に注意してこの $\boldsymbol{x}(t)$ を t について微分すると

$$\begin{aligned}
\frac{d\boldsymbol{x}}{dt} &= Ae^{(t-t_0)A}\boldsymbol{v} + Ae^{tA}\int_{t_0}^{t} e^{-sA}\boldsymbol{b}(s)ds + \boldsymbol{b}(t) \\
&= A\left(e^{(t-t_0)A}\boldsymbol{v} + e^{tA}\int_{t_0}^{t} e^{-sA}\boldsymbol{b}(s)ds\right) + \boldsymbol{b}(t) \\
&= A\boldsymbol{x} + \boldsymbol{b}(t)
\end{aligned}$$

より $\boldsymbol{x}(t)$ は式 (5.17) を満たします．特に $\boldsymbol{b}(t) = 0$ とおけば式 (5.19) を得ます． ■

これで全ての定数係数の線形微分方程式が解けるようになったと思うのはすこし早合点で，我々は線形方程式の解が行列の指数関数 e^{At} を使って書けることを見ましたが，e^{At} が具体的にどのような行列になるのかを調べていませ

ん．e^{At} を得るには，式 (5.10) の右辺の無限級数を計算しなければならないのです．そこでまず，e^{At} を計算するための便利な公式をいくつか準備しておきましょう．

定理 5.5

任意の $n \times n$ 行列 A, B に対して以下が成り立つ．

(i) $AB = BA$ ならば $e^{A+B} = e^A e^B = e^B e^A$.

(ii) e^A は正則行列であり，$(e^A)^{-1} = e^{-A}$.

(iii) 任意の正則行列 P に対し $P^{-1} e^A P = e^{P^{-1}AP}$.

(iv) A の固有値を $\lambda_1, \cdots, \lambda_n$ とすると e^A の固有値は $e^{\lambda_1}, \cdots, e^{\lambda_n}$ で与えられる．

(v) $\det e^A = e^{\mathrm{trace}\, A}$ が成り立つ．

証明 (i) 一般に，$AB \neq BA$ ならば $e^{A+B} \neq e^A e^B$ であることを注意しておきます．これは普通の指数関数とは大きく異なる点ですね．さて，微分方程式

$$\frac{d\boldsymbol{x}}{dt} = (A+B)\boldsymbol{x}, \quad \boldsymbol{x} \in \mathbf{R}^n \tag{5.20}$$

を考えると，定理 5.4 より $\boldsymbol{x}(t) = e^{(A+B)t}\boldsymbol{v}$ は初期条件 $\boldsymbol{x}(0) = \boldsymbol{v}$ を満たす解になっています．一方，$AB = BA$ より

$$e^{At}B = \sum_{k=0}^{\infty} \frac{A^k}{k!} t^k B = B \sum_{k=0}^{\infty} \frac{A^k}{k!} t^k = Be^{At}$$

が成り立つことに注意すると，

$$\begin{aligned}\frac{d}{dt}(e^{At}e^{Bt}\boldsymbol{v}) &= \frac{de^{At}}{dt}e^{Bt}\boldsymbol{v} + e^{At}\frac{de^{Bt}}{dt}\boldsymbol{v} \\ &= Ae^{At}e^{Bt}\boldsymbol{v} + e^{At}Be^{Bt}\boldsymbol{v} \\ &= Ae^{At}e^{Bt}\boldsymbol{v} + Be^{At}e^{Bt}\boldsymbol{v} \\ &= (A+B)e^{At}e^{Bt}\boldsymbol{v}\end{aligned}$$

より $\boldsymbol{x}(t) = e^{At}e^{Bt}\boldsymbol{v}$ も $\boldsymbol{x}(0) = \boldsymbol{v}$ を満たす式 (5.20) の解になっています．同じ初期条件を満たす同じ微分方程式の解は唯 1 つ (解の一意性) であるから $e^{At}e^{Bt}\boldsymbol{v} = e^{(A+B)t}\boldsymbol{v}$ であり，これが任意の $\boldsymbol{v}$ について成り立つから $e^{At}e^{Bt} = e^{(A+B)t}$ を得ます．

(ii) (i) において $B=-A$ とおくと $e^0=e^Ae^{-A}$ であり，定義より $e^0=I$ であるから求める式を得ます.

(iii)

$$e^{P^{-1}AP}=\sum_{k=0}^{\infty}\frac{(P^{-1}AP)^k}{k!}=\sum_{k=0}^{\infty}P^{-1}\frac{A^k}{k!}P=P^{-1}e^AP$$

(iv) 線形代数で知られているように，任意の行列 A に対してある正則行列 P があって $P^{-1}AP$ が上三角行列になるようにできます．特にこの上三角行列 $P^{-1}AP$ の対角成分には A の固有値が並びます.

$$P^{-1}AP=\begin{pmatrix}\lambda_1 & & * \\ & \ddots & \\ 0 & & \lambda_n\end{pmatrix} \tag{5.21}$$

に対して

$$(P^{-1}AP)^k=\begin{pmatrix}\lambda_1^k & & * \\ & \ddots & \\ 0 & & \lambda_n^k\end{pmatrix} \tag{5.22}$$

が成り立つことに注意すると ($*$ には適当な成分が入る),

$$\begin{aligned}e^{P^{-1}AP}=\sum_{k=0}^{\infty}\frac{(P^{-1}AP)^k}{k!}&=\begin{pmatrix}\sum_{k=0}^{\infty}\lambda_1^k/k! & & * \\ & \ddots & \\ 0 & & \sum_{k=0}^{\infty}\lambda_n^k/k!\end{pmatrix}\\&=\begin{pmatrix}e^{\lambda_1} & & * \\ & \ddots & \\ 0 & & e^{\lambda_n}\end{pmatrix}\end{aligned}$$

上三角行列の対角成分はその行列の固有値であるから $e^{P^{-1}AP}$ の固有値は $e^{\lambda_1},\cdots,e^{\lambda_n}$ であることが分かります．(iii) より $e^{P^{-1}AP}=P^{-1}e^AP$ であることに注意すると e^A と $e^{P^{-1}AP}$ の固有値は等しいから結論を得ます.

(v) (iv) の計算より

$$\det e^{P^{-1}AP}=e^{\lambda_1}\cdot e^{\lambda_2}\cdots e^{\lambda_n}=e^{\lambda_1+\cdots+\lambda_n}=e^{\mathrm{trace}\,A}$$

ここで全ての固有値の和は行列のトレースに等しいことを用いました．一方,

$$\begin{aligned}\det e^{P^{-1}AP}&=\det P^{-1}e^AP\\&=(\det P)^{-1}(\det e^A)(\det P)=\det e^A\end{aligned}$$

より結論を得ます. ■

◎例題 1◎ 次の行列

$$\text{(i)}\ A = \begin{pmatrix} -1 & 0 \\ 0 & 2 \end{pmatrix}, \quad \text{(ii)}\ A = \begin{pmatrix} 2 & 1 \\ 0 & 2 \end{pmatrix}$$

に対し, e^{At} を計算せよ.

解答 (i) $A^k = \begin{pmatrix} (-1)^k & 0 \\ 0 & 2^k \end{pmatrix}$ に注意すると

$$\begin{aligned} e^{At} &= \sum_{k=0}^{\infty} \frac{A^k}{k!} t^k = \begin{pmatrix} \sum_{k=0}^{\infty} (-1)^k t^k / k! & 0 \\ 0 & \sum_{k=0}^{\infty} 2^k t^k / k! \end{pmatrix} \\ &= \begin{pmatrix} e^{-t} & 0 \\ 0 & e^{2t} \end{pmatrix}. \end{aligned}$$

(ii) $A = S + N$, $S = \begin{pmatrix} 2 & 0 \\ 0 & 2 \end{pmatrix}$, $N = \begin{pmatrix} 0 & 1 \\ 0 & 0 \end{pmatrix}$ とおきましょう. このとき容易に

$$SN = NS, \ \ N^2 = 0\,(\text{零行列}) \tag{5.23}$$

が成り立つことが確認できます. このとき定理 5.5(i) より

$$e^{At} = e^{(S+N)t} = e^{St} e^{Nt}$$

ここで e^{St} については上の問題 (i) と同様にして $e^{St} = \begin{pmatrix} e^{2t} & 0 \\ 0 & e^{2t} \end{pmatrix}$. 一方, $N^2 = 0$ であるから

$$\begin{aligned} e^{Nt} &= \sum_{k=0}^{\infty} \frac{N^k}{k!} t^k = I + \frac{N}{1!} t + \frac{N^2}{2!} t^2 + \cdots \\ &= I + Nt = \begin{pmatrix} 1 & t \\ 0 & 1 \end{pmatrix} \end{aligned} \tag{5.24}$$

よって

$$e^{At} = \begin{pmatrix} e^{2t} & 0 \\ 0 & e^{2t} \end{pmatrix} \begin{pmatrix} 1 & t \\ 0 & 1 \end{pmatrix} = e^{2t} \begin{pmatrix} 1 & t \\ 0 & 1 \end{pmatrix} \tag{5.25}$$

◎例題 2◎ 行列 $A = \begin{pmatrix} 3 & 1 \\ 2 & 2 \end{pmatrix}$ に対して e^{At} を求めよ.

解答 まずは A を対角化するためにその固有値, 固有ベクトルを求めましょう.

$$\det(\lambda I - A) = \det \begin{pmatrix} \lambda - 3 & -1 \\ -2 & \lambda - 2 \end{pmatrix} = (\lambda - 1)(\lambda - 4)$$

より A の固有値は $\lambda = 1, 4$ で与えられます. $\boldsymbol{u} = (u, v)$ に対し,
$\lambda = 1$ のとき

$$(\lambda I - A)\boldsymbol{u} = \begin{pmatrix} -2 & -1 \\ -2 & -1 \end{pmatrix} \begin{pmatrix} u \\ v \end{pmatrix} = 0$$
$$\Rightarrow \begin{pmatrix} u \\ v \end{pmatrix} = \begin{pmatrix} 1 \\ -2 \end{pmatrix}$$

$\lambda = 4$ のとき

$$(\lambda I - A)\boldsymbol{u} = \begin{pmatrix} 1 & -1 \\ -2 & 2 \end{pmatrix} \begin{pmatrix} u \\ v \end{pmatrix} = 0$$
$$\Rightarrow \begin{pmatrix} u \\ v \end{pmatrix} = \begin{pmatrix} 1 \\ 1 \end{pmatrix}$$

したがって $\lambda = 1, 4$ に従属する固有ベクトルはそれぞれ $(1, -2)$, $(1, 1)$ です.
そこで対角化行列を $P = \begin{pmatrix} 1 & 1 \\ -2 & 1 \end{pmatrix}$ とおくと

$$P^{-1}AP = \begin{pmatrix} 1 & 0 \\ 0 & 4 \end{pmatrix} \tag{5.26}$$

[例題 1] の (i) と同様にして

$$e^{P^{-1}APt} = \begin{pmatrix} e^t & 0 \\ 0 & e^{4t} \end{pmatrix} \tag{5.27}$$

一方, $e^{P^{-1}APt} = P^{-1}e^{At}P$ より

$$\begin{aligned} e^{At} &= Pe^{P^{-1}APt}P^{-1} \\ &= \begin{pmatrix} 1 & 1 \\ -2 & 1 \end{pmatrix} \begin{pmatrix} e^t & 0 \\ 0 & e^{4t} \end{pmatrix} \begin{pmatrix} 1 & 1 \\ -2 & 1 \end{pmatrix}^{-1} \\ &= \frac{1}{3} \begin{pmatrix} e^t + 2e^{4t} & -e^t + e^{4t} \\ -2e^t + 2e^{4t} & 2e^t + e^{4t} \end{pmatrix} \end{aligned} \tag{5.28}$$

5.3 対角化可能な場合

すでにいくつかの例題によって行列の指数関数 e^{At} の計算法を紹介しましたが，あらためて整理しておきます．

A が対角行列

$$A = \begin{pmatrix} \lambda_1 & & & O \\ & \lambda_2 & & \\ & & \ddots & \\ O & & & \lambda_n \end{pmatrix} \tag{5.29}$$

の場合には e^{At} は

$$e^{At} = \begin{pmatrix} e^{\lambda_1 t} & & & O \\ & e^{\lambda_2 t} & & \\ & & \ddots & \\ O & & & e^{\lambda_n t} \end{pmatrix} \tag{5.30}$$

で与えられることは，[例題 1] の計算と同様にしてただちに分かります．A は対角行列ではないが，対角化可能である場合を考えましょう．すなわちある正則行列 P が存在して

$$P^{-1}AP = \begin{pmatrix} \lambda_1 & & & O \\ & \lambda_2 & & \\ & & \ddots & \\ O & & & \lambda_n \end{pmatrix} \tag{5.31}$$

と書けるとします．ここで $\lambda_1, \cdots, \lambda_n$ は A の固有値ですね．このタイプの問題は応用上最も出現頻度の高いものです．

定理 5.5(iii) $e^{P^{-1}APt} = P^{-1}e^{At}P$ と (5.30) を組み合わせれば，e^{At} は

$$e^{At} = Pe^{P^{-1}APt}P^{-1} = P \begin{pmatrix} e^{\lambda_1 t} & & & O \\ & e^{\lambda_2 t} & & \\ & & \ddots & \\ O & & & e^{\lambda_n t} \end{pmatrix} P^{-1}$$

で与えられることが分かります．あるいは元の方程式 $\dot{\boldsymbol{x}} = A\boldsymbol{x}$ に対して $\boldsymbol{x} = P\boldsymbol{y}$ とおいて $\boldsymbol{x}$ から $\boldsymbol{y}$ への変数変換を行うと

$$\begin{aligned} \frac{d}{dt}(P\boldsymbol{y}) = AP\boldsymbol{y} &\Rightarrow P\dot{\boldsymbol{y}} = AP\boldsymbol{y} \\ &\Rightarrow \dot{y} = P^{-1}AP\boldsymbol{y} \end{aligned}$$

となります．$P^{-1}AP$ は対角行列であったから初期値を $\boldsymbol{y}(0)$ とする上式の解が

$$\boldsymbol{y}(t) = e^{P^{-1}APt}\boldsymbol{y}(0) = \begin{pmatrix} e^{\lambda_1 t} & & O \\ & \ddots & \\ O & & e^{\lambda_n t} \end{pmatrix} \boldsymbol{y}(0)$$

で与えられ，ここで $\boldsymbol{y} = P^{-1}\boldsymbol{x}$ により変数を $\boldsymbol{x}$ に戻せば

$$P^{-1}\boldsymbol{x}(t) = \begin{pmatrix} e^{\lambda_1 t} & & O \\ & \ddots & \\ O & & e^{\lambda_n t} \end{pmatrix} P^{-1}\boldsymbol{x}(0)$$
$$\Rightarrow \boldsymbol{x}(t) = P \begin{pmatrix} e^{\lambda_1 t} & & O \\ & \ddots & \\ O & & e^{\lambda_n t} \end{pmatrix} P^{-1}\boldsymbol{x}(0)$$

を得ます．このように，与えられた微分方程式にうまい変数変換を施してより簡単な方程式に帰着させることは常套手段の 1 つです．

◎例題 3◎　運動方程式

$$\ddot{x} + 2k\dot{x} + \omega^2 x = 0 \tag{5.32}$$

を行列の指数関数を用いて解け．ただし k, ω は $k \neq \omega$ なる正の定数とする．

解答　$v = \dot{x}$, $\boldsymbol{x} = \begin{pmatrix} x \\ v \end{pmatrix}$ とおくと式 (5.32) は

$$\begin{cases} \dot{x} = v \\ \dot{v} = -\omega^2 x - 2kv \end{cases} \quad \Rightarrow \quad \dot{\boldsymbol{x}} = A\boldsymbol{x},\ A = \begin{pmatrix} 0 & 1 \\ -\omega^2 & -2k \end{pmatrix} \tag{5.33}$$

とベクトル値の方程式に書き直すことができます．A の特性方程式は

$$\det(\lambda I - A) = \det \begin{pmatrix} \lambda & -1 \\ \omega^2 & \lambda + 2k \end{pmatrix} = \lambda^2 + 2k\lambda + \omega^2 = 0$$

であるから A の固有値は

$$\lambda_{\pm} = -k \pm \sqrt{k^2 - \omega^2} \tag{5.34}$$

で与えられます．λ_+, λ_- に従属する固有ベクトルをそれぞれ $\begin{pmatrix} y_+ \\ z_+ \end{pmatrix}$, $\begin{pmatrix} y_- \\ z_- \end{pmatrix}$ とおくと，

$$\begin{aligned}
&\begin{pmatrix} -k+\sqrt{k^2-\omega^2} & -1 \\ \omega^2 & k+\sqrt{k^2-\omega^2} \end{pmatrix} \begin{pmatrix} y_+ \\ z_+ \end{pmatrix} = 0 \\
&\Rightarrow (-k+\sqrt{k^2-\omega^2})y_+ = z_+
\end{aligned}$$

より λ_+ に従属する固有ベクトルとして

$$\begin{pmatrix} y_+ \\ z_+ \end{pmatrix} = \begin{pmatrix} 1 \\ -k+\sqrt{k^2-\omega^2} \end{pmatrix}$$

がとれ，同様にして λ_- に従属する固有ベクトルとして

$$\begin{pmatrix} y_- \\ z_- \end{pmatrix} = \begin{pmatrix} 1 \\ -k-\sqrt{k^2-\omega^2} \end{pmatrix}$$

がとれます．したがって行列 A に対する対角化行列は

$$P = \begin{pmatrix} 1 & 1 \\ -k+\sqrt{k^2-\omega^2} & -k-\sqrt{k^2-\omega^2} \end{pmatrix} = \begin{pmatrix} 1 & 1 \\ \lambda_+ & \lambda_- \end{pmatrix} \tag{5.35}$$

で与えられます．元の方程式 $\dot{\boldsymbol{x}} = A\boldsymbol{x}$ に対して $\boldsymbol{x} = P\boldsymbol{y}$ とおくと

$$\begin{aligned}
&P\dot{\boldsymbol{y}} = AP\boldsymbol{y} \\
&\Rightarrow \dot{y} = P^{-1}AP\boldsymbol{y} = \begin{pmatrix} \lambda_+ & 0 \\ 0 & \lambda_- \end{pmatrix} \boldsymbol{y}
\end{aligned} \tag{5.36}$$

となり，前節で扱った対角行列の場合の方程式に帰着されますね．$\boldsymbol{y}(0)$ を初期値とするこの解は

$$\boldsymbol{y}(t) = \exp \begin{pmatrix} \lambda_+ & 0 \\ 0 & \lambda_- \end{pmatrix} t \cdot \boldsymbol{y}(0) = \begin{pmatrix} e^{\lambda_+ t} & 0 \\ 0 & e^{\lambda_- t} \end{pmatrix} \boldsymbol{y}(0)$$

であるから変数を元に戻すと

$$\begin{aligned}
\boldsymbol{x}(t) &= P\boldsymbol{y}(t) \\
&= P \begin{pmatrix} e^{\lambda_+ t} & 0 \\ 0 & e^{\lambda_- t} \end{pmatrix} P^{-1} \boldsymbol{x}(0) \\
&= \frac{1}{\lambda_- - \lambda_+} \begin{pmatrix} \lambda_- e^{\lambda_+ t} - \lambda_+ e^{\lambda_- t} & -e^{\lambda_+ t} + e^{\lambda_- t} \\ \lambda_+\lambda_- e^{\lambda_+ t} - \lambda_+\lambda_- e^{\lambda_- t} & -\lambda_+ e^{\lambda_+ t} + \lambda_- e^{\lambda_- t} \end{pmatrix} \boldsymbol{x}(0)
\end{aligned}$$

という解の表示を得ます．解の様子を詳しくみてみましょう．簡単のために $\boldsymbol{x}(0) = \begin{pmatrix} x_0 \\ 0 \end{pmatrix}$ である場合 (つまり初速度は零) を考えることにすると，質点の位置 $x(t)$ は

$$\begin{aligned} x(t) &= \frac{\lambda_-}{\lambda_- - \lambda_+} e^{\lambda_+ t} x_0 - \frac{\lambda_+}{\lambda_- - \lambda_+} e^{\lambda_- t} x_0 \\ &= \frac{k + \sqrt{k^2 - \omega^2}}{2\sqrt{k^2 - \omega^2}} e^{(-k + \sqrt{k^2 - \omega^2})t} x_0 - \frac{k - \sqrt{k^2 - \omega^2}}{2\sqrt{k^2 - \omega^2}} e^{(-k - \sqrt{k^2 - \omega^2})t} x_0 \end{aligned}$$

で与えられます．

(i) $k > \omega$ のとき，$k > 0$ より $-k + \sqrt{k^2 - \omega^2} < 0$ なので $e^{(-k \pm \sqrt{k^2 - \omega^2})t}$ は $t \to \infty$ で 0 に収束し，よって $t \to \infty$ で $x(t)$ は 0 に収束します．

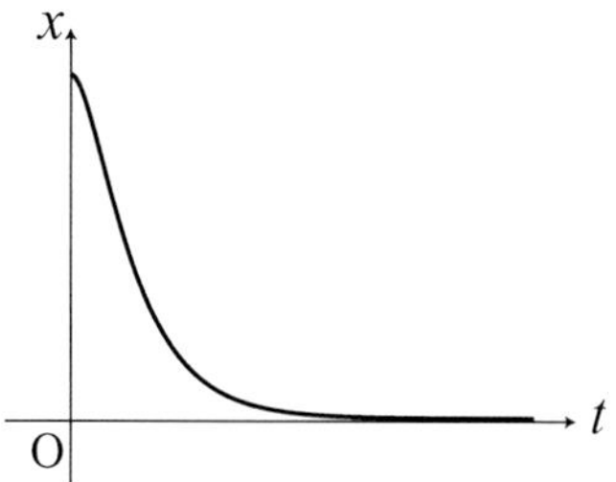

(ii) $\omega > k$ のとき，オイラーの公式 $e^{(-k \pm \sqrt{k^2 - \omega^2})t} = e^{-kt}(\cos\sqrt{\omega^2 - k^2}t \pm i \sin\sqrt{\omega^2 - k^2}t)$ を用いると $x(t)$ は

$$x(t) = \left(\cos\sqrt{\omega^2 - k^2}t + \frac{k}{\sqrt{\omega^2 - k^2}} \sin\sqrt{\omega^2 - k^2}t \right) e^{-kt} x_0 \tag{5.37}$$

と変形されます．$k > 0$ ならば $e^{-kt} \to 0$ $(t \to \infty)$ ですからやはり $x(t)$ は $t \to \infty$ で 0 に収束します．ただし (i) のケースと違い，単調に減少するのではなく振動しながら減少していくことが三角関数の項の存在から読み取れますね．

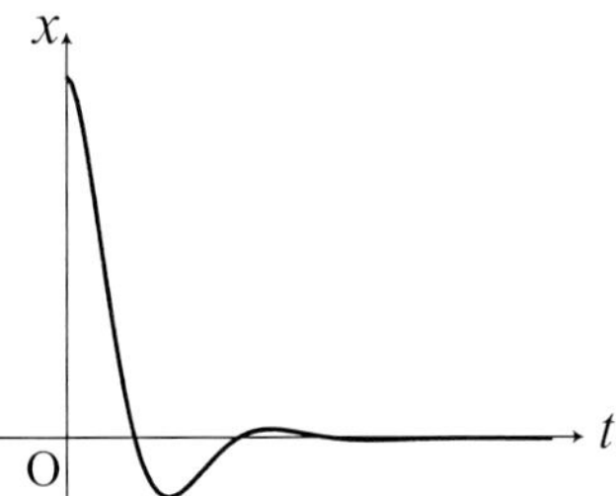

5.4 べき零行列の場合

$\begin{pmatrix} 0 & 1 \\ 0 & 0 \end{pmatrix}$, $\begin{pmatrix} 0 & 1 & 0 \\ 0 & 0 & 1 \\ 0 & 0 & 0 \end{pmatrix}$, $\begin{pmatrix} 0 & 1 & 0 \\ 0 & 0 & 0 \\ 0 & 0 & 0 \end{pmatrix}$ のように，対角成分の 1 つ上は 0 か 1 であり，それ以外の成分は全て 0 である行列を**べき零行列**といいます．べき零行列は何回かべき乗すると零行列になります[*2]．例えば

$$\begin{pmatrix} 0 & 1 & 0 \\ 0 & 0 & 1 \\ 0 & 0 & 0 \end{pmatrix}^3 = O \ (\text{零行列})$$

となることを確認してください．べき零行列 A の指数関数 e^{At} は定義から直接計算できます．例えば $A = \begin{pmatrix} 0 & 1 & 0 \\ 0 & 0 & 1 \\ 0 & 0 & 0 \end{pmatrix}$ の場合は $A^3 = O$ なので

$$e^{At} = I + \frac{At}{1!} + \frac{A^2t^2}{2!} = \begin{pmatrix} 1 & t & t^2/2 \\ 0 & 1 & t \\ 0 & 0 & 1 \end{pmatrix}$$

となります．

[*2] 厳密には，何回かべき乗すると零行列になる行列のことをべき零行列といいます．任意のべき零行列のジョルダン標準形はここで挙げた例のような形をしていることが知られています．

5.5　ジョルダン標準形の場合

$\begin{pmatrix} \lambda & 1 \\ 0 & \lambda \end{pmatrix}$, $\begin{pmatrix} \lambda & 1 & 0 \\ 0 & \lambda & 1 \\ 0 & 0 & \lambda \end{pmatrix}$ のように対角成分の 1 つ上は全て 1，かつ対角成分は全て同じ値をとり，かつそれ以外の成分は全て 0 であるような行列，あるいはこのような行列が対角ブロックに並んだ行列 (例えば

$$\left(\begin{array}{cc|c} \lambda_1 & 1 & 0 \\ 0 & \lambda_1 & 0 \\ \hline 0 & 0 & \lambda_2 \end{array}\right), \quad \left(\begin{array}{cc|ccc} \lambda_1 & 1 & 0 & 0 & 0 \\ 0 & \lambda_1 & 0 & 0 & 0 \\ \hline 0 & 0 & \lambda_2 & 1 & 0 \\ 0 & 0 & 0 & \lambda_2 & 1 \\ 0 & 0 & 0 & 0 & \lambda_2 \end{array}\right)$$

など) を**ジョルダン標準形**といいます．任意のジョルダン標準形は対角行列とべき零行列の和で表すことができます．例えば

$$\begin{pmatrix} \lambda & 1 & 0 \\ 0 & \lambda & 1 \\ 0 & 0 & \lambda \end{pmatrix} = \begin{pmatrix} \lambda & 0 & 0 \\ 0 & \lambda & 0 \\ 0 & 0 & \lambda \end{pmatrix} + \begin{pmatrix} 0 & 1 & 0 \\ 0 & 0 & 1 \\ 0 & 0 & 0 \end{pmatrix}.$$

今，あるジョルダン標準形 A に対して S を対角行列，N をべき零行列として $A = S + N$ と表すとき，$SN = NS$ となることが簡単に証明できます (上の例で確認せよ)．$SN = NS$ より $e^{At} = e^{(S+N)t} = e^{St}e^{Nt}$ ですから e^{St}(対角行列の場合) と e^{Nt}(べき零行列の場合) に分けて計算することで e^{At} を求めることができます．

5.6　一般の行列の場合

任意の正方行列 A に対してある正則行列 P が存在して $P^{-1}AP$ がジョルダン標準形になるようにできることが知られています．その特別な場合として対角化可能な場合を 5.3 節で扱いました．もし与えられた行列 A のジョルダン標準形 $P^{-1}AP$ と変換行列 P が分かっていれば，微分方程式 $\dot{\boldsymbol{x}} = A\boldsymbol{x}$ の解は $e^{At} = Pe^{P^{-1}APt}P^{-1}$ から求まるわけですが，ここでは直接ジョルダン標準形を求めない方法を紹介します．

定理 5.6

$n\times n$ 行列 A の固有値を $\lambda_1,\cdots,\lambda_k$ とし，λ_i $(i=1,\cdots,k)$ の重複度を n_i とする $(n_1+\cdots+n_k=n)$. スカラー値関数 $\beta_0(t),\cdots,\beta_{n-1}(t)$ を係数とする λ についての多項式

$$r(\lambda)=\beta_{n-1}(t)\lambda^{n-1}+\cdots+\beta_1(t)\lambda+\beta_0(t) \tag{5.38}$$

について，これが n 個の関係式

$$\frac{d^j r}{d\lambda^j}(\lambda_i)=t^j e^{\lambda_i t},\quad i=1,\cdots,k;\ \ j=0,\cdots,n_i-1 \tag{5.39}$$

を満たすように $\beta_0(t),\cdots,\beta_{n-1}(t)$ を定めるとき，e^{At} は

$$e^{At}=r(A)=\beta_{n-1}(t)A^{n-1}+\cdots+\beta_1(t)A+\beta_0(t)I \tag{5.40}$$

で与えられる．

証明 条件 (5.39) より

$$\left.\frac{d^j}{d\lambda^j}\right|_{\lambda=\lambda_i}(r(\lambda)-e^{\lambda t})=0,\ i=1,\cdots,k;\ \ j=0,\cdots,n_i-1$$

なので $r(\lambda)-e^{\lambda t}$ は $(\lambda-\lambda_i)^{n_i}$ を因数として持ちます:

$$r(\lambda)-e^{\lambda t}=\prod_{i=1}^{k}(\lambda-\lambda_i)^{n_i}\times(\text{ある関数}).$$

$\prod_{i=1}^{k}(\lambda-\lambda_i)^{n_i}$ は A の固有多項式そのものなのでハミルトン・ケーリーの定理より $\prod_{i=1}^{k}(A-\lambda_i I)^{n_i}=O$，よって $r(A)-e^{At}=0$ を得ます． ■

◎**例題 4**◎ 微分方程式

$$\frac{d\boldsymbol{x}}{dt}=A\boldsymbol{x}=\begin{pmatrix}2&1&1\\1&3&2\\0&-1&1\end{pmatrix}\boldsymbol{x} \tag{5.41}$$

の一般解を求めよ．

解答　A の固有方程式は

$$\det\begin{pmatrix}\lambda-2 & -1 & -1\\ -1 & \lambda-3 & -2\\ 0 & 1 & \lambda-1\end{pmatrix}=(\lambda-2)^3=0$$

であるから $\lambda=2$ が 3 重に縮退した A の固有値です.

$$r(\lambda)=\beta_2(t)\lambda^2+\beta_1(t)\lambda+\beta_0(t)$$

とおくと，式 (5.39) より

$$\begin{aligned}&r(2)=4\beta_2+2\beta_1+\beta_0=e^{2t}\\&\frac{dr}{d\lambda}(2)=4\beta_2+\beta_1=te^{2t}\\&\frac{d^2r}{d\lambda^2}(2)=2\beta_2=t^2e^{2t}\end{aligned}$$

これらを解くと

$$\begin{aligned}&\beta_2(t)=t^2e^{2t}/2\\&\beta_1(t)=-2t^2e^{2t}+te^{2t}\\&\beta_0(t)=2t^2e^{2t}-2te^{2t}+e^{2t}\end{aligned}$$

を得るから，e^{At} は

$$\begin{aligned}e^{At}&=\beta_2(t)A^2+\beta_1(t)A+\beta_0(t)I\\&=\begin{pmatrix}5\beta_2+2\beta_1+\beta_0 & 4\beta_2+\beta_1 & 5\beta_2+\beta_1\\ 5\beta_2+\beta_1 & 8\beta_2+3\beta_1+\beta_0 & 9\beta_2+2\beta_1\\ -\beta_2 & -4\beta_2-\beta_1 & -\beta_2+\beta_1+\beta_0\end{pmatrix}\\&=\begin{pmatrix}t^2/2+1 & t & t^2/2+t\\ t^2/2+t & t+1 & t^2/2+2t\\ -t^2/2 & -t & -t^2/2-t+1\end{pmatrix}e^{2t}\end{aligned}$$

と計算されます．この e^{At} に対し，$\boldsymbol{x}(t_0)=\boldsymbol{x}_0$ を初期値とする式 (5.41) の解は $\boldsymbol{x}(t)=e^{A(t-t_0)}\boldsymbol{x}_0$ で与えられます.

◎例題 5◎　$k=\omega$ の場合について [例題 3] を解け:

$$\frac{d\boldsymbol{x}}{dt}=A\boldsymbol{x}=\begin{pmatrix}0 & 1\\ -k^2 & -2k\end{pmatrix}\boldsymbol{x}\tag{5.42}$$

解答 A の固有値は $\lambda = -k$ (重根) で与えられます．そこで

$$r(\lambda) = \beta_1(t)\lambda + \beta_0(t)$$

とおくと式 (5.39) より

$$\begin{aligned} r(-k) &= -\beta_1 k + \beta_0 = e^{-kt} \\ \frac{dr}{d\lambda}(-k) &= \beta_1 = te^{-kt}. \end{aligned}$$

これを解くと

$$\beta_1(t) = te^{-kt},\ \beta_0(t) = kte^{-kt} + e^{-kt}$$

を得ます．よって

$$\begin{aligned} e^{At} &= \beta_1(t)A + \beta_0(t)I \\ &= \begin{pmatrix} \beta_0 & \beta_1 \\ -k^2\beta_1 & -2k\beta_1 + \beta_0 \end{pmatrix} = \begin{pmatrix} kt+1 & t \\ -k^2 t & -kt+1 \end{pmatrix} e^{-kt} \end{aligned}$$

と計算でき，この e^{At} に対して $\boldsymbol{x}(t_0) = \boldsymbol{x}_0$ を初期値とする式 (5.42) の解は $\boldsymbol{x}(t) = e^{A(t-t_0)}\boldsymbol{x}_0$ で与えられます．

定理 5.6，あるいはその後の例題から分かるように，$\beta_1(t), \cdots, \beta_n(t)$ は (t の多項式) $\times\, e^{\lambda_i t}$ の形の項の 1 次結合になっており，かつ t の多項式部分の次数は高々 $n_i - 1$ です．あとで用いるので定理としてまとめておきましょう．

定理 5.7

$n \times n$ 行列 A の互いに異なる固有値を $\lambda_1, \cdots, \lambda_k$ とする．このとき、任意の $\boldsymbol{v} \in \mathbf{C}^n$ に対して $e^{At}\boldsymbol{v}$ は

$$e^{At}\boldsymbol{v} = \boldsymbol{\alpha}_1(t)e^{\lambda_1 t} + \boldsymbol{\alpha}_2(t)e^{\lambda_2 t} + \cdots + \boldsymbol{\alpha}_k(t)e^{\lambda_k t} \tag{5.43}$$

と書ける．ここで n 次元ベクトル $\boldsymbol{\alpha}_i(t)$ の成分は全て t についての多項式である．特に λ_i の重複度が n_i ならば、$\boldsymbol{\alpha}_i(t)$ の各成分は高々 $n_i - 1$ 次の多項式である．

問1　次の行列に対して e^{At} を求めよ.

$$\text{(i) } A = \begin{pmatrix} -7 & 8 \\ -4 & 5 \end{pmatrix}, \quad \text{(ii) } A = \begin{pmatrix} 2 & 1 & 0 \\ 0 & 2 & 1 \\ 0 & 0 & 2 \end{pmatrix}$$

問2　微分方程式

$$\frac{d\boldsymbol{x}}{dt} = \begin{pmatrix} -2 & -1 \\ -1 & -2 \end{pmatrix} \boldsymbol{x}, \ \boldsymbol{x}(0) = \begin{pmatrix} 1 \\ 1 \end{pmatrix} \tag{5.44}$$

を解け.

問3　2×2 行列 A の固有値を λ_1, λ_2 とする。次を示せ.

(i) $\lambda_1 \neq \lambda_2$ のとき

$$e^{At} = \frac{e^{\lambda_1 t} - e^{\lambda_2 t}}{\lambda_1 - \lambda_2} A + \frac{\lambda_1 e^{\lambda_2 t} - \lambda_2 e^{\lambda_1 t}}{\lambda_1 - \lambda_2} I.$$

(ii) $\lambda_1 = \lambda_2$ のとき

$$e^{At} = t e^{\lambda_1 t} A + (1 - \lambda_1 t) e^{\lambda_1 t} I.$$

(iii) $\lambda_1 = \lambda_2$ かつ A が対角化可能のとき、$e^{At} = e^{\lambda_1 t} I$.

(iv) (i) の右辺において $\lambda_2 \to \lambda_1$ の極限を取ると (ii) の右辺に収束することを示せ。

放課後談義≫

学生「指数関数の肩に行列が乗っかるなんてすごく気持ち悪いんですが・・・」

先生「慣れないうちはそうかもね．$e^{i\pi}$ のような複素数の指数関数も初めは違和感があったんじゃないかな」

学生「確かにそうです．高校生のときにオイラーの公式 $e^{i\pi} = -1$ の話を聞いたことがあったんですが，そのときは虚数の指数関数なんてとても想像できませんでした」

先生「高校流の指数関数の理解の仕方だと複素数の指数関数は定義できないからね．ポイントは，指数関数をべき級数で定義することにある:

$$e^{\alpha} = 1 + \frac{\alpha}{1!} + \frac{\alpha^2}{2!} + \frac{\alpha^3}{3!} + \cdots$$

こうすれば α に複素数を入れても何の問題もないわけだ」

学生「さらに α に行列を入れることも可能だというわけですね．何か他のものを入れることもできますか?」

先生「右辺の無限級数の収束性の問題があるので何でも入れていいってわけじゃないが，例えば α として微分作用素 $\partial/\partial x$ を入れることもあるよ．この場合は $\alpha^k = \partial^k/\partial x^k$ は k 回微分を表します」

学生「α に行列 A を入れたときの指数関数が方程式 $\frac{d\boldsymbol{x}}{dt} = A\boldsymbol{x}$ の解だったから，$\alpha = \partial/\partial x$ を入れたときの指数関数は，A を $\partial/\partial x$ に置き換えて $\frac{\partial \boldsymbol{u}}{\partial t} = \frac{\partial}{\partial x}\boldsymbol{u}$ の解になる？ でもこれは偏微分方程式だ」

先生「そうです，関数解析学を学ぶとこのように指数の肩に微分作用素や積分作用素を乗せたものを考えることがあり，偏微分方程式や積分方程式の研究に用いられます」

第 6 章　変数分離法

これまでは線形の微分方程式を扱ってきました．非線形の微分方程式はほんのごく一部を除いて具体的に解を表示することができません．本章では “ごく一部” の代表格である変数分離形の方程式を考えます．簡単な例題から始めましょう．

◎例題 1◎　非線形の方程式の初期値問題

$$\frac{dx}{dt} = ax^3, \quad x(t_0) = x_0$$

を解きます．両辺を x^3 で割ると

$$\frac{1}{x^3}\frac{dx}{dt} = a.$$

両辺を t_0 から t まで積分して整理すると

$$\begin{aligned}
\int_{t_0}^{t} \frac{1}{x^3}\frac{dx}{dt}dt = \int_{t_0}^{t} adt \quad &\Rightarrow \quad \int_{x_0}^{x} \frac{1}{x^3}dx = \int_{t_0}^{t} adt \\
&\Rightarrow \quad -\frac{1}{2}\left(\frac{1}{x^2} - \frac{1}{x_0^2}\right) = a(t - t_0) \\
&\Rightarrow \quad x = \pm\sqrt{\frac{x_0^2}{1 - 2ax_0^2(t - t_0)}}
\end{aligned}$$

プラスとマイナスの 2 つが現れましたが，初期条件 $x(t_0) = x_0$ を満たすには

$$x(t) = \frac{x_0}{\sqrt{1 - 2ax_0^2(t - t_0)}} \tag{6.1}$$

でなければならないことが分かります．

この例題の解き方を一般化したものが変数分離法です．今，$f(x), g(t)$ を 1 変数の関数として，

$$\frac{dx}{dt} = f(x)g(t) \tag{6.2}$$

という形をした方程式を考えます．右辺が x についてのみの関数と t についてのみの関数の積になっていることがポイントで，このような形の方程式を**変数**

分離形といいます．両辺を $f(x)$ で割ってから t で積分すると

$$\int_{t_0}^{t} \frac{1}{f(x)} \frac{dx}{dt} dt = \int_{t_0}^{t} g(t) dt$$

となり，特に初期条件 $x(t_0) = x_0$ を満たす解は，左辺の積分変数を変換して

$$\int_{x_0}^{x} \frac{1}{f(x)} dx = \int_{t_0}^{t} g(t) dt \tag{6.3}$$

と得られます．ただし以下の例題から分かるように，一般にはこれらの積分が実行できて我々が見慣れている $x = (t\text{ の関数})$ の形に変形できるとは限りません．

◎例題 2◎　方程式 $\dot{x} = -t/x$ の一般解を求めます．$x\dot{x} = -t$ の両辺を t で積分すると

$$\int_{t_0}^{t} x \frac{dx}{dt} dt = -\int_{t_0}^{t} t dt.$$

初期条件が $x(t_0) = x_0$ であるとすると

$$\begin{aligned} \int_{x_0}^{x} x dx = -\int_{t_0}^{t} t dt \quad &\Rightarrow \quad \frac{1}{2}(x^2 - x_0^2) = -\frac{1}{2}(t^2 - t_0^2) \\ &\Rightarrow \quad x^2 + t^2 = x_0^2 + t_0^2 \end{aligned}$$

となり，解は xt 平面上で半径 $\sqrt{x_0^2 + t_0^2}$ の円を描くことが分かります．

さて，与えられた 1 次元方程式が自励系である，すなわち方程式の右辺が t に依存せずに $dx/dt = f(x)$ となっているときは常に変数分離形であり，式 (6.3) は

$$t = t_0 + \int_{x_0}^{x} \frac{1}{f(x)} dx \tag{6.4}$$

と整理できるので，解が $t = (x\text{ の関数})$ の形で構成できたことになります．$x(t)$ はこの逆関数として与えられます．

◎例題 3◎　単振り子の運動を記述するニュートンの運動方程式は，x を振り子が鉛直方向となす角として

$$\frac{dx^2}{dt^2} = -\frac{g}{l} \sin x \tag{6.5}$$

で与えられます．ここで g は重力定数，l はひもの長さです．これを初期条件 $x(0) = x_0$, $dx/dt(0) = 0$ のもと解きましょう．両辺に dx/dt をかけると

$$\frac{dx}{dt} \cdot \frac{dx^2}{dt^2} = -\frac{g}{l}\frac{dx}{dt} \cdot \sin x \quad \Rightarrow \quad \frac{1}{2}\frac{d}{dt}\left(\frac{dx}{dt}\right)^2 = \frac{g}{l}\frac{d}{dt}\cos x$$

$dx/dt(0) = 0$ に注意して両辺を積分すると

$$\frac{1}{2}\left(\frac{dx}{dt}\right)^2 = \frac{g}{l}\left(\cos x(t) - \cos x_0\right) \tag{6.6}$$

であるから，

$$\frac{dx}{dt} = \pm\sqrt{\frac{2g}{l}\left(\cos x - \cos x_0\right)} \tag{6.7}$$

という 1 階の微分方程式に帰着できます[*1]．これは変数分離形です．$0 < x < x_0$ のとき，速度の向きに注意して積分すると

$$-\int_{x_0}^{x}\sqrt{\frac{l}{2g}}\frac{1}{\sqrt{\cos x - \cos x_0}}dx = \int_0^t dt = t$$

もう少し見慣れた形に整理するために

$$\sin\left(\frac{x}{2}\right) = \sin\left(\frac{x_0}{2}\right)\sin z \tag{6.8}$$

とおいて左辺の積分変数を x から z に変換すると，

$$t = \sqrt{\frac{l}{g}}\int_z^{\pi/2}\frac{dz}{\sqrt{1 - \sin^2(x_0/2)\sin^2 z}} \tag{6.9}$$

右辺の積分は第 1 種の楕円積分と呼ばれます．$z = z(t)$ はこの逆関数として与えられますが，それにはヤコビの楕円関数という名前がついていて，その性質はよく研究されています．この $z(t)$ を式 (6.8) に代入することで $x(t)$ を得ます

[*1] このように両辺に dx/dt をかけて積分することで方程式の階数を 1 つ減らす作業は，ニュートンの運動方程式を解析するときにはよく用いられます．式 (6.6) はエネルギー保存則そのものであることに注意しましょう．

が，もはやこれを初等関数で表すことはできません．なお，振り子の周期 T は，x が x_0 から 0 まで運動するのにかかる時間の 4 倍であるから，

$$T = 4\sqrt{\frac{l}{g}}\int_0^{\pi/2}\frac{dz}{\sqrt{1-\sin^2(x_0/2)\sin^2 z}} \tag{6.10}$$

で与えられます．初期の振れ角 x_0 が十分小さければ，被積分関数を x_0 についてテイラー展開すると

$$T = 4\sqrt{\frac{l}{g}}\int_0^{\pi/2}\left(1+\frac{x_0^2}{8}\sin^2 z+\cdots\right)dz = 2\pi\sqrt{\frac{l}{g}}+O(x_0^2)$$

となるから，よく知られた近似公式 $T = 2\pi\sqrt{l/g}$ が得られます[*2]．

うまく変数変換すれば変数分離形に帰着できる問題もあります．

◎例題 4◎ 次の方程式を解け．

(1) $2tx\dfrac{dx}{dt} - x^2 + t^2 = 0.$　　(2) $\dfrac{dx}{dt} = x^2 + 2tx + t^2 - 1.$

解答 (1) 両辺を t^2 で割ると

$$2\left(\frac{x}{t}\right)\frac{dx}{dt} - \left(\frac{x}{t}\right)^2 + 1 = 0$$

となることに注目します．そこで $y = x/t$ とおいて x から y へ変数変換します．$\dfrac{dx}{dt} = \dfrac{d(ty)}{dt} = y + t\dfrac{dy}{dt}$ なので，

$$2y(y+t\frac{dy}{dt}) - y^2 + 1 = 0 \quad \Rightarrow \quad \frac{dy}{dt} = -\frac{y^2+1}{2ty}$$

を得ます．これは変数分離形なので容易に解けて，C を任意定数として $y(t)$ は

$$1 + y^2 = \frac{C}{t}$$

で与えられることが分かります．$y = x/t$ であるから $x(t)$ は $x^2 + t^2 = Ct$ を満たします．

[*2] $O(x^2)$ はランダウの記号で，$x \to 0$ のときのその大きさが x^2 と同程度，あるいはそれより小さい量を表します．

(2) $y = x + t$ とおくと $\dfrac{dy}{dt} = \dfrac{dx}{dt} + 1$ であるから，これらを方程式に代入すると $dy/dt = y^2$ を得ます．これは変数分離形であり，C を任意定数として

$$y(t) = \frac{C}{1 - Ct}$$

したがって $x(t) = C/(1 - Ct) - t$ となります．

◎例題 5◎ 次の形の方程式

$$\frac{dx}{dt} = a(t)x + b(t)x^n \tag{6.11}$$

は**ベルヌーイの方程式**と呼ばれています．これをうまく変数変換して解くために，$y = x^k$ とおいてみましょう．すると

$$\frac{dy}{dt} = kx^{k-1}\frac{dx}{dt} = kx^{k-1}(a(t)x + b(t)x^n) = ka(t)y + kb(t)y^{(n+k-1)/k}$$

という y についての方程式を得ます．そこで $k = 1 - n$ とおけば

$$\frac{dy}{dt} = (1 - n)a(t)y + (1 - n)b(t). \tag{6.12}$$

これは 1 階の線形方程式であるから，公式 1.3 を使って解けます．

問1 n を実数とする．方程式 $\dfrac{dx}{dt} = x^n$ を初期条件 $x(0) = x_0 \neq 0$ のもとで解け．有限の t で解 $x(t)$ が発散するための n に対する条件を求めよ[*3]．

問2 (i) 方程式 $\dfrac{dx}{dt} = x - x^3$ を初期条件 $x(0) = x_0$ のもとで解け．

(ii) $\dfrac{dx}{dt}(t)$ の符号を調べることで，$x_0 > 0$ ならば任意の $t > 0$ に対して $x(t) > 0$ であり，$x_0 < 0$ ならば任意の $t > 0$ に対して $x(t) < 0$ であることを示せ．

(iii) 解 $x(t)$ は $t \to \infty$ で何に収束するか，x_0 の値で分類せよ (この問は第 11 章の力学系理論の考え方を使えば一瞬で解けるので，比較してほしい)．

[*3] 有限時間で発散する解のことを**爆発解**と呼び，そのときの t の値を**特異点**と呼びます．この問 (の答え) から分かるように，爆発が起こるには非線形性が本質的に必要です．もし方程式が何らかの物理現象を表しているならば，有限時間で物理量が発散することは起こりそうもないが，この例が示すように解の爆発はそれほど珍しいことではありません．偏微分方程式においてはなおさらよく起こり，重要な研究対象になっています．爆発が起こる理由としては，モデル化がうまくいっていない (その方程式が対象としている現象をうまく説明していない) 場合もあるし，対象としている系が相転移 (水が氷になるなど) を起こして異なる方程式に支配されるようになる場合もあります．

問3　次の方程式にうまく変数変換を施して，変数分離形に帰着させよ．

(1)　$\dfrac{dx}{dt} = f(x/t)$,　　(2)　$\dfrac{dx}{dt} = \dfrac{x + tf(\sqrt{x^2+t^2})}{t - xf(\sqrt{x^2+t^2})}$.

問4　2 階の線形微分方程式

$$\frac{d^2x}{dt^2} + a(t)\frac{dx}{dt} + b(t)x = 0 \tag{6.13}$$

に対し，$x = e^y$，および $dy/dt = -Y$ とおくと，Y は微分方程式

$$\frac{dY}{dt} = Y^2 - a(t)Y + b(t) \tag{6.14}$$

を満たすことを示せ．この形の方程式を**リッカチの方程式**といいます[*4]．

(ii) $\hat{Y}(t)$ をリッカチ方程式の特殊解とする．$Y = \hat{Y} + 1/u$ とおくと，$u(t)$ は 1 階の線形微分方程式に従うことを示せ．

(iii) $a(t) \equiv 1$, $b(t) \equiv -2$ とする．このとき，リッカチ方程式の特殊解 $\hat{Y}(t)$ で t に依存しないものを 1 つ求めよ (実際には 2 つある)．この $\hat{Y}(t)$ に対し，(ii) で得られた u が満たす方程式を解き，リッカチ方程式の一般解を求めよ．一方，式 (6.13) を直接解くことにより Y を求め，得られた結果が (任意定数の選び方を除いて) 最初に求めたものと一致することを確認せよ．

問5　式 (6.2) の変数分離形に対し，ある独立変数の変換 $\tau = \varphi(t)$ が存在して，いつでも自励系の方程式

$$\frac{dx}{d\tau} = f(x) \tag{6.15}$$

に変換できることを示せ．

放課後談義》》

学生「例題であったようなうまい変数変換を自分で見つける自信がないのですが，何かコツはありますか」

先生「基本的には経験と試行錯誤だね」

---

*4　リッカチの方程式は $a(t)$ と $b(t)$ が特殊な形 (例えば定数など) をしている場合を除いて，解けないことが知られています (つまり，一般には特殊解 $\hat{Y}$ を見つけることができない)．したがって 2 階の線形方程式 (6.13) も一般には解くことができません．

学生「でもリッカチ方程式みたいに，どんなに変数変換しても絶対解けないものをあるんでしょ．せめて解けるか解けないかくらいは判別できませんか」

先生「実はそれをやる一般論があって，Lie(リー) 理論という．大雑把に言うと，もし微分方程式がたくさん対称性を持っていれば，ある変数変換が存在して変数分離形に帰着させることができる[*5]」

学生「タイショウセイって左右対称とかの対称？」

先生「そう，例えば左右対称な図形が x-y 平面上に y 軸に関して対称に置かれているとしよう．この図形が占める領域は，座標変換 $x \mapsto -x$ で変わらないね．このように，対称性とは数学では座標変換による不変性として定義されている」

学生「図形の対称性は分かりますが，微分方程式が対称性を持つとはどういうことですか」

先生「与えられた微分方程式が，ある変数変換でその式の形を不変に保つとき，その方程式は対称性を持つ，という．実はこの節で扱った解ける方程式たちは，皆対称性を持っているよ．例えば自励系の方程式 (6.15) は，a を任意の定数として，時間の平行移動 $t = \tau + a$ で不変だね」

学生「えっと，微分の連鎖律から

$$\frac{d}{dt} = \frac{d\tau}{dt}\frac{d}{d\tau} = \frac{d}{dt}(t-a)\frac{d}{d\tau} = \frac{d}{d\tau}$$

なので，$dx/dt = f(x)$ という方程式は $dx/d\tau = f(x)$ という方程式に変換されますね．確かに式の形は変わっていません」

先生「問 3 の (1) の方程式は，$(t, x) = (a\tau, ay)$ という (t, x) から (τ, y) への変換で不変だね．これをスケール不変性という」

学生「t と x を同時に a 倍すれば，分母と分子で a が打ち消し合って，結局元

[*5] より正確には，n 階 (あるいは n 次元) の常微分方程式が n 次元の可解 Lie 群の作用で不変ならば，有限回の操作でその方程式を変数分離形に帰着させることができる，というのが Lie の定理の主張．対称性が数学において果たす役割については
ドゥージン，チェボタレフスキー『変換群入門』(シュプリンガー・フェアラーク東京)，2000
が予備知識なく読めて面白い．Lie 理論の本格的な教科書としては
P. J. Olver「Applications of Lie Groups to Differential Equations」(Springer), 1998.

の形に戻りますね」

先生「問 3 の (2) がどういう対称性を持つかは分かるかな」

学生「なんとなく極座標に関係しそうだということは予想できますが $\cdots$」

先生「そうだね．(t, x) を平面上の点だと思ったとき，これを原点中心に回転させる変換で不変だよ．これを回転対称性という」

学生「平面上の点を回転させるには，確か回転行列をかければいいんですよね．ということは，新しい点 (τ, y) を

$$\begin{pmatrix} \tau \\ y \end{pmatrix} = \begin{pmatrix} \cos\theta & \sin\theta \\ -\sin\theta & \cos\theta \end{pmatrix} \begin{pmatrix} t \\ x \end{pmatrix}$$

で定義すると，$y(\tau)$ は元の方程式と同じ方程式を満たすってことか．微分方程式が対称性を持つことがあるってのは分かったけど，それと，その方程式が解けるってことがさっぱり結びつきません」

先生「それは次のように説明がつく．解ける方程式の代表格は変数分離形 (6.2) だね．与えれた方程式を，なんとかしてこの形に変換させたい．問 5 の結果を使えば，初めから (6.15) の形に変換することを考えればよい」

学生「(6.15) は先ほど出てきた，時間の平行移動に関する対称性を持つ方程式ですね」

先生「今，ある方程式 $dy/d\tau = g(\tau, y)$ が，ある変数変換 $(t, x) = \phi(\tau, y)$ により，変数分離形 $dx/dt = f(x)$ に帰着できたとする．これは時間の平行移動の対称性を持っているから，元の方程式 $dy/d\tau = g(\tau, y)$ もある対称性を持ってないといけない」

学生「対称性という性質は変数変換で失われないということでしょうか．$dx/dt = f(x)$ が対称性を持つなら，それと座標変換で移り合う $dy/d\tau = g(\tau, y)$ も対称性を持つはずだ，と」

先生「その通り．そのような対称性を見つけることができれば，その対称性を時間の平行移動に変換すれば，方程式のほうは自動的に変数分離形に変換されます．ただ，与えられた方程式が持つ対称性を見破るのはそれほど簡単ではない場合が多い．経験と試行錯誤が必要だと言ったのはそのためです」

A digression 〜閑話休題〜

第6章までは線形微分方程式を中心として具体的な方程式の解法を扱ってきました．次章からは微分方程式の定性理論である力学系理論に話題が移ります．とはいっても微分方程式が主な対象であることに変わりはありません．では微分方程式というときと力学系というときの違いはなんでしょう？ あえて両者の定義や区別する必要もないのですが，少しモノの見方の相違点についてお話しします．

一般に n 階の常微分方程式とは，未知関数 $x(t)$ とその導関数の関係式であり，

$$F(t, x(t), x'(t), x''(t), \cdots, x^{(n)}(t)) = 0$$

という形をしています．とはいってもこれでは一般論を構築するのが難しいため，普通は最高階の導関数について整理して (5.5) や (5.4) のように表しておくことが一般的です．

一方，力学系理論は大きく分けて連続力学系と離散力学系からなります．まず，連続力学系についてははじめから次のような形をした自励系の方程式

$$\frac{d\boldsymbol{x}}{dt} = \boldsymbol{f}(\boldsymbol{x}), \quad \boldsymbol{x} \in X$$

で $\boldsymbol{f}$ が滑らか (十分な回数微分可能) であるものが主な考察と対象となります．X は適当な空間です．これはもちろん微分方程式ではありますが，力学系と呼ぶときには $\boldsymbol{f}$ を関数ではなくベクトル場とみなします．各点 $\boldsymbol{x} \in X$ に接ベクトル $\boldsymbol{f}(\boldsymbol{x})$ を割り当てる写像だという意味です．すると上の方程式は，「t によって媒介変数表示された曲線 $\boldsymbol{x}(t)$ の接ベクトルが $\boldsymbol{f}(\boldsymbol{x}(t))$ で与えられる」という意味になります．点 $\boldsymbol{x}_0$ を初期値とする解曲線は，ベクトル場の矢印の流れに沿って $\boldsymbol{x}_0$ を動かしていった軌跡です．

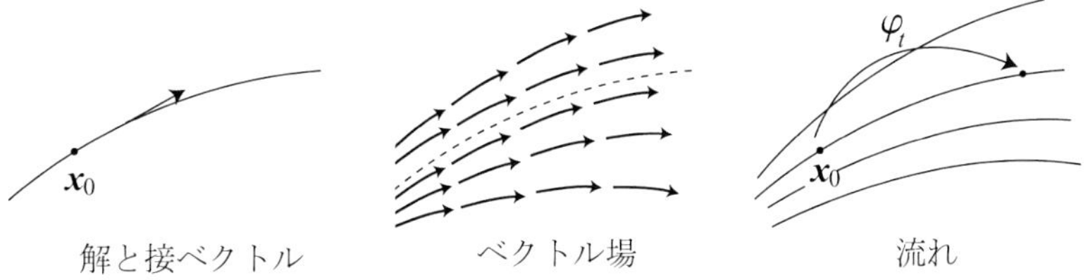

解と接ベクトル　　ベクトル場　　流れ

$\boldsymbol{x}_0$ を初期値とする解を $\varphi_t(\boldsymbol{x}_0)$ と表すことにします．φ_t は，各点 $\boldsymbol{x}_0 \in X$ に対して方程式の解軌道に沿ったその t 秒後の位置 $\varphi_t(\boldsymbol{x}_0)$ を対応付けるので，X から X への写像であり，これをベクトル場 $\boldsymbol{f}$ の**流れ** (flow) といいます．

(連続) 力学系というときには１つ１つの解よりも初期値をいろいろにとって得られる解軌道の族の幾何構造や位相構造に興味があるときが多く，微分方程式だけでなくベクトル場や flow を研究するという視点に立ちます．したがって，微分方程式に言及せずに単に力学系 $\boldsymbol{f}$ とか力学系 φ_t という言い方をすることも多いです．

微分方程式やベクトル場が与えられれば，そこから flow φ_t を定義することができます．逆はどうでしょう．微分方程式や滑らかなベクトル場は微分ができなければ定義できません．一方，flow $\varphi_t(\boldsymbol{x})$ は t や $\boldsymbol{x}$ について微分可能でなくても定義でき (連続性くらいは要求しますが)，その意味では $d\boldsymbol{x}/dt = \boldsymbol{f}(\boldsymbol{x})$ よりもやや広い概念だといえます．解軌道の族の性質のうち，微分構造よりも位相構造が本質的であるものを抽出するときには flow を主役とすべきです．その視点の最も代表的な応用例が 14.4 節で述べるポアンカレ・ベンディクソンの定理でしょう (この節は他の章・節と独立して読めるはずです)．そこでは微分方程式もベクトル場も用いずに，flow のみを用いて周期軌道の存在を示します．また，力学系のある種の分類は位相共役という微分可能性を用いない概念をもってなされます (9.5 節，16.3 節)．

離散力学系というときには，差分方程式のうち

$$\boldsymbol{x}_{n+1} = \boldsymbol{f}(\boldsymbol{x}_n), \quad \boldsymbol{x}_n \in X$$

表されるもの，あるいはこれを定義する写像 $\boldsymbol{f}$ そのものをいいます．$\boldsymbol{f}$ の n 回の反復合成 $\boldsymbol{f} \circ \boldsymbol{f} \circ \cdots \circ \boldsymbol{f}$ を $\boldsymbol{f}^n$ と表す習慣があります．初期点 $\boldsymbol{x}_0$ を与えると解は $\boldsymbol{x}_n = \boldsymbol{f}^n(\boldsymbol{x}_0)$ と書けるので，連続力学系の flow φ_t に対応するのは $\boldsymbol{f}^n$ であり，n は時間 t が離散化されたものとみることもできます．ここでもやはり，方程式を解くことよりも，解軌道 $\{\boldsymbol{x}_0, \boldsymbol{x}_1, \boldsymbol{x}_2, \cdots\}$ やその族の定性的な性質に興味があります．

本書では力学系理論と微分方程式論の両方から話題をセレクトしており，もちろんどちらについても網羅的ではありません．通常，微分方程式を学ぶにあたって是非とも触れておきたい話題も尽きないのですが，割愛せざるを得ませんでした (実は草稿段階でかなり書いたのですが，膨大な頁数になってしまったのでボツにしました)．読者の検索の利便のため，用語のみになりますがいくつか挙げてみます．

次のような 2 階の線形微分方程式を考えましょう.

$$\frac{d^2x}{dt^2} + a(t)\frac{dx}{dt} + b(t)x = 0 \tag{★}$$

第 2, 3 章では係数 $a(t), b(t)$ が定数である場合に限って, その解法を与えました. そこでは時刻 $t = 0$ における初期条件 (初期位置と初速度)$x(0) = x_0$, $\frac{dx}{dt}(0) = v_0$ が与えられた**初期値問題**を念頭においてきました.

境界値問題: 方程式 (★) において, たとえば次の条件 $x(a) = x(b) = 0$ を満たすような解を求める問題を境界値問題といいます. 本書では変数 t は時間を念頭に置いていましたが, 境界値問題を考えるときには空間座標を念頭におくことが多いです (もちろん数学上はどう思っても構いません). 通常は右辺にパラメータ λ を含む

$$\mathcal{L}[x] = \frac{d^2x}{dt^2} + a(t)\frac{dx}{dt} + b(t)x = \lambda x$$

という形で問題が定式化されます. 境界値問題はいつでも解を持つわけではなく, 解が存在するためのパラメータ λ の条件やそのときの解の形状を知ることが問題となります (**スツルム-リウヴィル問題**)[*6]. λ は左辺の微分作用素 $\mathcal{L}$ の固有値とみなされ, とたんに無限次元の線形代数ともいうべき関数解析学の道具立てが必要になってきます. 例題として第 2 章の問 4 を参照してください. そこでは境界条件は「弦が端点において固定されている」ことを表し, パラメータ λ は弦の振動がとることができる振動数と関係しており, 解の存在のためにその値は離散化されていました. 離散化された $\lambda = \lambda_n$ に対する微分方程式の解 $x_n(t)$ を $\mathcal{L}$ の固有関数といい, その性質が数学のいろいろな問題で必要になります.

[*6] スツルム-リウヴィル問題 (境界値問題) について、関数解析を駆使した現代的な取扱いについては

小谷真一, 俣野博『微分方程式と固有関数展開』(岩波書店),

を、関数解析の知識を用いないで詳細な取扱いをした本としては

寺沢寛一『自然科学者のための数学概論』(岩波書店),

を参照.

べき級数法と特殊関数: 方程式 (★) において $a(t), b(t)$ が定数でない場合には厳密解を具体的に表示することが難しくなりますが，$a(t), b(t)$ が解析関数，とくに多項式や有理式の場合には**べき級数法**が使えます．これは解を $x(t) = \sum_{n=0}^{\infty} a_n (t-t_0)^{n+\lambda}$ というべき級数の形で求めるものです．λ は特性指数といって問題を特徴づける量の 1 つです．通常，独立変数 t は実数だけでなく複素数まで拡張してやると理論が豊富になります (**複素領域における微分方程式**)．この場合，主に解の複素関数的な性質，たとえばべき級数の収束性・特異点の構造・べき級数解を解析接続して得られる大域的構造などが問題になります[*7]．

特に理論上も応用上も重要な方程式のいくつかを挙げると

超幾何微分方程式: $t(1-t)x'' + (\gamma - (\alpha+\beta+1)t)\,x' - \alpha\beta x = 0$
合流型超幾何方程式: $tx'' + (\gamma - t)x' - \alpha x = 0$
ルジャンドル方程式: $(1-t^2)x'' - 2tx' + n(n+1)x = 0$
ベッセル方程式: $t^2x'' + tx' + (t^2 - n^2)x = 0$
エルミート方程式: $x'' - 2tx' + 2nx = 0$
エアリー方程式: $x'' - tx = 0$

たとえばベッセル方程式の特殊解はベッセル関数やベッセル多項式のように名前がついており，応用上もよく現れるため**特殊関数**と呼ばれてよく研究されています．なお，ここで挙げた方程式たちは無作為に選んだというわけでもなく，超幾何微分方程式がある意味において universal なもの[*8]であり，他に挙げた方程式は超幾何微分方程式に対する特異点の衝突という操作によって得られます．一方で，次に見るようにこれらの方程式は物理の問題からもよく自然に現れます．

---

*7 複素領域の常微分方程式について基礎的な事項については
高野恭一『常微分方程式』(朝倉書店),
がよい.

*8 確定特異点を 3 つ持つ 2 階の線形常微分方程式は超幾何微分方程式のみである.

偏微分方程式: 偏微分方程式の分野はおそろしく広大で全貌を眺めることは不可能ですが，理論と応用の両面からみて是非知っておくべきなのは

$$\textbf{熱方程式:}\quad \frac{\partial u}{\partial t} = c^2 \Delta u$$

$$\textbf{波動方程式:}\quad \frac{\partial^2 u}{\partial t^2} = c^2 \Delta u$$

$$\textbf{ラプラス方程式:}\quad \Delta u = 0$$

でしょう．ここで Δ はラプラス作用素であり，(x, y, z) 空間なら $\Delta u = \dfrac{\partial^2 u}{\partial x^2} + \dfrac{\partial^2 u}{\partial y^2} + \dfrac{\partial^2 u}{\partial z^2}$ で定義されます．常微分方程式論との関わりをみるために，2 次元の円板において与えられた波動方程式を考えましょう (パラメータは $c = 1$ とします)．ちょうど太鼓の膜の振動 $u = u(t, r, \theta)$ を表す方程式であり，

$$\frac{\partial^2 u}{\partial t^2} = \frac{\partial^2 u}{\partial r^2} + \frac{1}{r}\frac{\partial u}{\partial r} + \frac{1}{r^2}\frac{\partial^2 u}{\partial \theta^2}, \quad u(t, 1, \theta) = 0$$

で与えられます．右辺は極座標における 2 次元のラプラス作用素で，境界条件 $u(t, 1, \theta) = 0$ は膜の半径が 1 でありそこで固定されていることを意味します．ここでは偏角 θ に依存しない解を求めます．また膜の振動は時間について周期的であるはずなので，$u(t, r, \theta) = e^{i\lambda t} F(r)$ という形をした解を求めます．ここで λ は周波数を表す未定の定数です．これを方程式に代入して整理すると

$$\frac{d^2 F}{dr^2} + \frac{1}{r}\frac{dF}{dr} = -\lambda^2 F, \quad F(1) = 0$$

となり，r を t と読みかえればまさにスツルム-リウヴィル問題になります．ここでさらに $\lambda r = s$ と座標変換すると

$$s^2 \frac{d^2 F}{ds^2} + s\frac{dF}{ds} + s^2 F = 0, \quad F(\lambda) = 0$$

となり，これは $n = 0$ の場合のベッセル方程式にほかなりません．したがって解はベッセル関数で表され，境界条件 $F(\lambda) = 0$ より，未定のパラメータ λ はベッセル関数の零点しか取ることができず，離散化されます．そこで前述のようにベッセル関数の性質が問題になるわけです[*9].

[*9] 応用向けにさまざまな偏微分方程式の解法を紹介した本として
千葉逸人『これならわかる 工学部で学ぶ数学』(プレアデス出版)

このように 2 階の線形常微分方程式に限っても魅力的な話題が尽きませんが，それは他書に譲り，本書ではここから力学系理論に話題を移ります．

第7章　線形力学系の相図

前章までは線形微分方程式を中心に具体的な解法を学んできました．本章からは，方程式の厳密解を求めることなく解の定性的な振るまいを調べる分野である力学系理論に入ります．

7.1　相空間

微分方程式の解 $x(t)$ の解の様子を視覚的に理解するには，解曲線 $x = x(t)$ のグラフを (t, x) 平面上にプロットするのが便利です．例えば運動方程式

$$\ddot{x} + 2k\dot{x} + \omega^2 x = 0 \tag{7.1}$$

のパラメータを $\omega = \sqrt{2}$, $k = 1$，初期値を $x(0) = x_0$, $\dot{x}(0) = 0$ とする解 $x(t)$ のグラフは次のようになっており，$t \to \infty$ で $x(t)$ が振動しながら 0 に収束することが一目瞭然です．

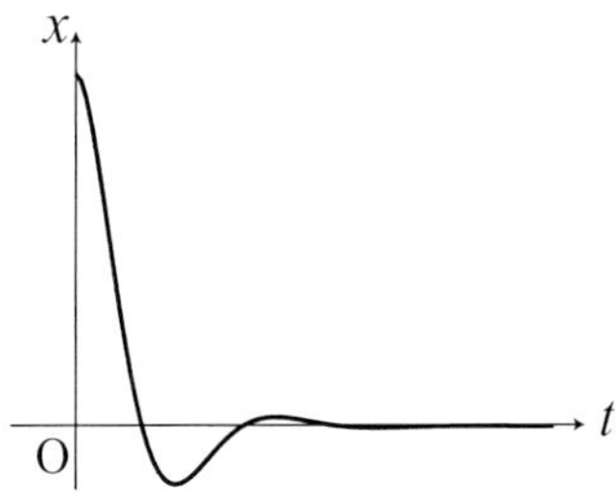

しかしこれでは質点の位置 x の変動は分かるものの，速度 v の変化が分かりません．2次元のベクトル値微分方程式

$$\frac{d\boldsymbol{x}}{dt} = A\boldsymbol{x}, \ \ \boldsymbol{x} \in \mathbf{R}^2, \ A : 2 \times 2 \text{ 行列} \tag{7.2}$$

の解の振舞いを視覚的に捉えるにはどのようにしたらよいでしょうか．そのための1つの手法として，上式の解を $\boldsymbol{x}(t) = (x_1(t), x_2(t))$ とするとき，t を媒介変数として曲線 $x_1 = x_1(t)$, $x_2 = x_2(t)$ を (x_1, x_2) 平面上に描く方法があります．例えば式 (7.1) は速度 $v = \dot{x}$ を導入すれば

$$\frac{d}{dt}\begin{pmatrix} x \\ v \end{pmatrix} = \begin{pmatrix} 0 & 1 \\ -\omega^2 & -2k \end{pmatrix}\begin{pmatrix} x \\ v \end{pmatrix} \tag{7.3}$$

と書けます．$\omega = \sqrt{2}, k = 1$ としましょう．初期値 $(x(0), v(0)) = (1, 0)$ に対する上の方程式の解は

$$x(t) = (\cos t + \sin t)e^{-t}$$
$$v(t) = -2\sin t \cdot e^{-t}$$

で与えられ，t を媒介変数とする曲線 $(x, v) = (x(t), v(t))$ を (x, v) 平面に描くと次のようになります．

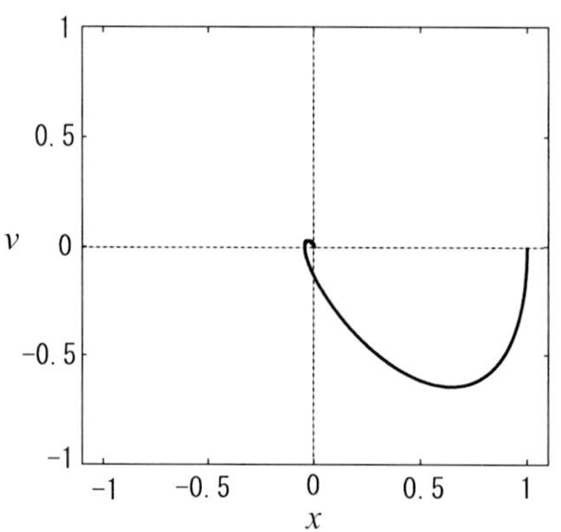

$x(t)$ だけでなく速度 $v(t)$ も共に 0 に収束する様子が分かりますね．

一般に，自励系，すなわち右辺の $\boldsymbol{f}$ が t に依存しないベクトル値の方程式 (5.1 節参照)

$$\frac{d\boldsymbol{x}}{dt} = \boldsymbol{f}(\boldsymbol{x}), \quad \boldsymbol{x} = \boldsymbol{x}(t) \tag{7.4}$$

において，変数 $\boldsymbol{x}(t)$ が定義され動く空間のことを**相空間**といい，相空間上に (必要なだけ多くの) 解軌道，すなわち t が動くときの $\boldsymbol{x}(t)$ の軌跡を描いた図のことを**相図**と言います．式 (7.3) の場合の相空間は実 2 次元ベクトル空間 $\mathbf{R}^2$ です．相図をイメージしているときには $\boldsymbol{x}(t)$ を解ではなく**解軌道**と呼ぶこともあります．また，解軌道の時間変化をはじめとする定性的な性質に興味があるときには式 (7.4) を微分方程式ではなく**力学系**ということもあります．**力学系理論**とは，ある規則にしたがって時々刻々と変化する量を研究する分野です．

7.2 いろいろな相図

いくつかの代表的な 2 次元力学系に対する相図を描いてみましょう．以下では与えられた行列 A に対する式 (7.2) の解軌道を，いろいろな初期値に対して描き，t が増加するときに曲線が進む向きに矢印をつけています．

(i) $A = \begin{pmatrix} -1 & 0 \\ 0 & -2 \end{pmatrix}$，(固有値は $-1, -2$) の場合．全ての解軌道が原点に収束します．

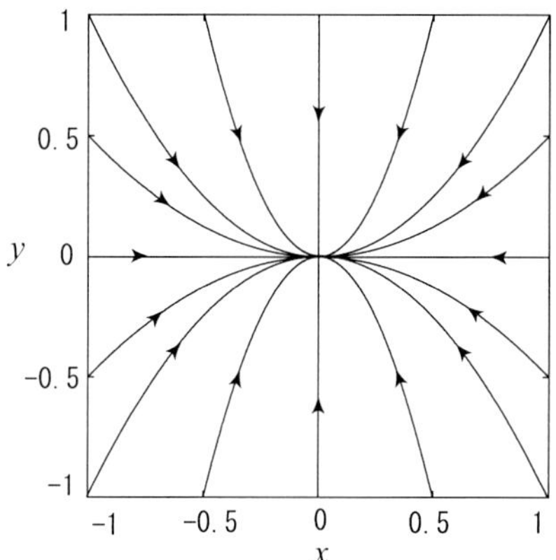

(ii) $A = \begin{pmatrix} 1 & 0 \\ 0 & -2 \end{pmatrix}$，(固有値は $1, -2$) の場合．y 軸上の点を初期値とする解は原点に収束しますが，それ以外の全ての解は発散します．

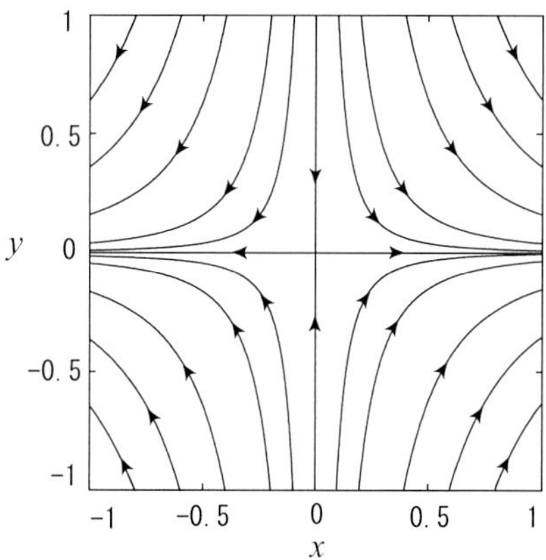

(iii) $A = \begin{pmatrix} 0 & 1 \\ -1 & 0 \end{pmatrix}$, (固有値は $\pm i$) の場合．全ての解は原点を囲む周期軌道になっています．この方程式 $\dot{x} = y$, $\dot{y} = -x$ は y を消去して x についての 2 階の方程式で書くと $\ddot{x} = -x$ となり，これはいわゆる調和振動子です．

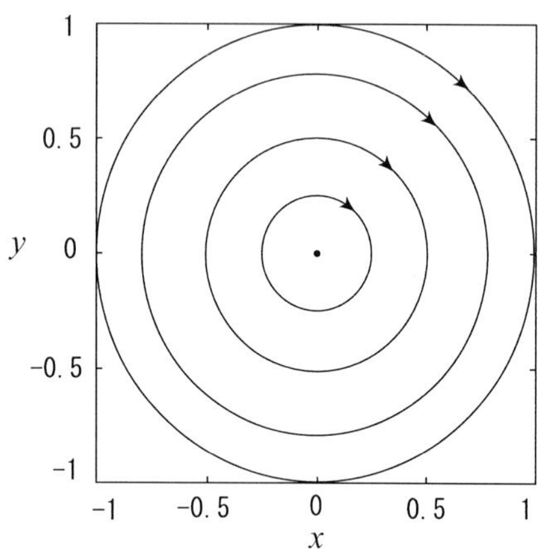

(iv) $A = \begin{pmatrix} -1 & -1 \\ 1 & -1 \end{pmatrix}$, (固有値は $-1 \pm i$) の場合．解軌道は回りながら原点に収束します．式 (7.3) の相図はこのタイプに属します．

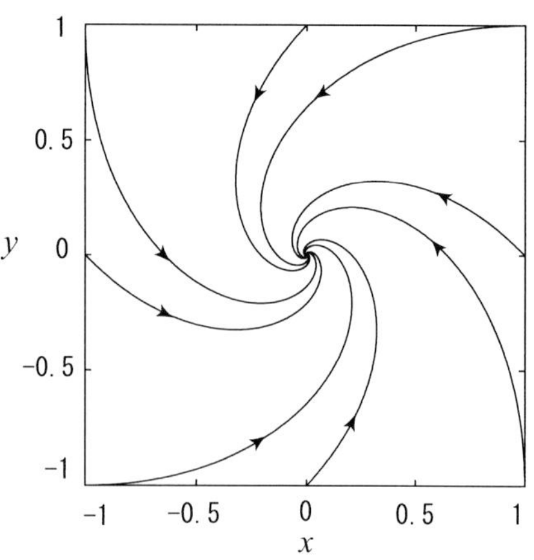

(v) $A = \begin{pmatrix} 0 & 0 \\ 0 & -1 \end{pmatrix}$, (固有値は $0, -1$) の場合．全ての解軌道は x 軸上に漸近していきます．x 軸上の点を初期値とする解は動きません (t に依存しない定数解になります).

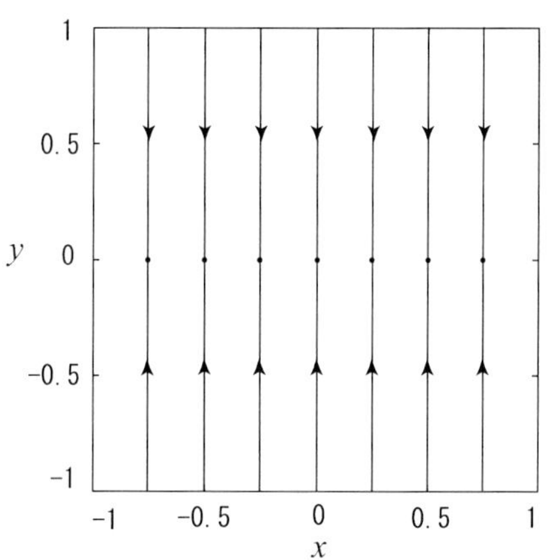

(vi) $A = \begin{pmatrix} -1 & 1 \\ 0 & -1 \end{pmatrix}$, (重複固有値 -1) の場合．対角化できない行列です．

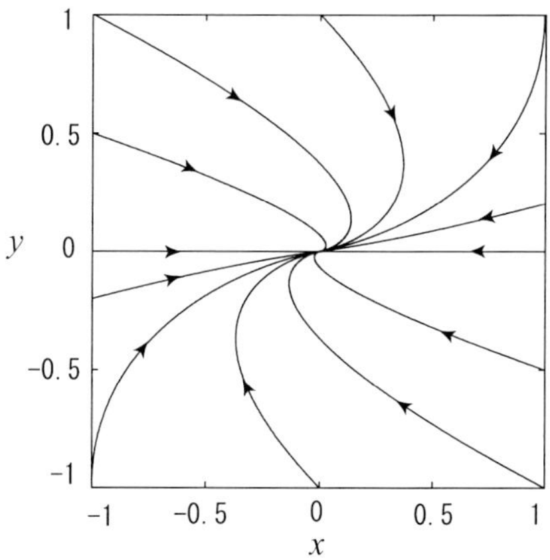

(vii) $A = \begin{pmatrix} 0 & 1 \\ 0 & 0 \end{pmatrix}$, (重複固有値 0) の場合．同じく対角化できない行列です．x 軸上の点を初期値とする解は動かず，それ以外の解はゆっくりと発散します．

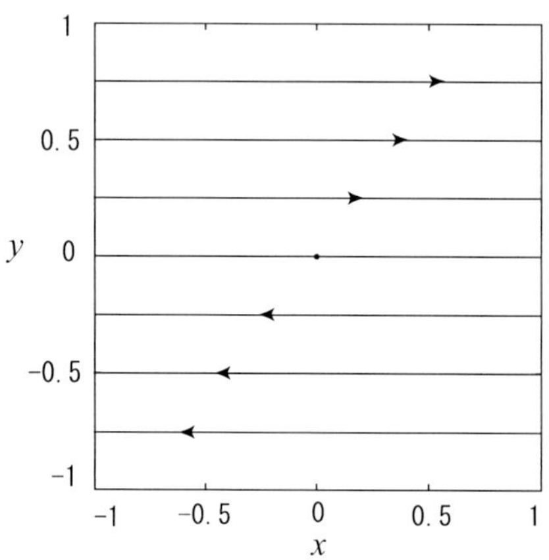

相図を使うと様々な初期値に対する解の振舞いが同時に分かるので便利です．例えば (ii) のように，原点に収束する解もあれば発散する解もある，という事実もすぐに読み取れます．

7.3 線形方程式の解の安定性

上の例を踏まえて，線形方程式の解が原点に収束するための条件を求めましょう．

定理 7.1

$\boldsymbol{x}$ を n 次元ベクトル，A を $n \times n$ 行列とする．n 次元の線形微分方程式 $\dot{\boldsymbol{x}} = A\boldsymbol{x}$ について，以下が成り立つ．

(i) A の全ての固有値の実部が負ならば $\dot{\boldsymbol{x}} = A\boldsymbol{x}$ の全ての解は $t \to \infty$ で $\boldsymbol{x} = 0$ に収束する．

(ii) A が 1 つでも実部が正なる固有値を持つならば，$\dot{\boldsymbol{x}} = A\boldsymbol{x}$ は $t \to \infty$ で発散する解を持つ．

証明 定理 5.7 より解 $\boldsymbol{x}(t)$ は (t の多項式) $\times e^{\lambda_i t}$ の形の項の 1 次結合で与えられることが分かります．$\mathrm{Re}(\lambda_i) \neq 0$ ならば $t \to \infty$ におけるその振舞いは多項式部分ではなく指数関数部分 $e^{\lambda_i t}$ で決まり，特に $\lambda_1, \cdots, \lambda_n$ の実部が負ならば $\boldsymbol{x}(t)$ は $t \to \infty$ で 0 に収束します．一方，もしある j に対して λ_j の実部が正ならば，定理 5.7 の $\boldsymbol{x}(t)$ において $e^{\lambda_j t}$ の係数が 0 とならない初期条件に対して $\boldsymbol{x}(t)$ は $t \to \infty$ で発散します． ■

定理 7.1(ii) は全ての解が発散すると主張しているわけではないことに注意しましょう．実際，上の証明において $e^{\lambda_j t}$ の係数が 0 になるような初期値を選べば，$e^{\lambda_j t}$ からの解への寄与は消えるから解は発散しないかもしれません．前節の相図 (ii) では，正の固有値が存在しますが y 軸上に初期値をとれば解は 0 に収束するのでした．このような状況を詳しく調べるために以下の用語を準備します．

定義 7.2

$n \times n$ 行列 A に対し，A の実部が負である固有値に従属する一般固有空間を $\boldsymbol{E}^s$ と表し，これを**安定部分空間**と呼ぶ．A の実部が正である固有値に従属する一般固有空間を $\boldsymbol{E}^u$ と表し，これを**不安定部分空間**と呼ぶ．A の実部が零である固有値に従属する一般固有空間を $\boldsymbol{E}^c$ と表し，これを**中心部分空間**と呼ぶ：

$$\begin{aligned}
\boldsymbol{E}^s &= \{\boldsymbol{v} \in \mathbf{R}^n \mid \boldsymbol{v} \text{ は } \mathrm{Re}(\lambda) < 0 \text{ である} \\
&\qquad\qquad \text{固有値に従属する一般固有ベクトル} \} \\
\boldsymbol{E}^u &= \{\boldsymbol{v} \in \mathbf{R}^n \mid \boldsymbol{v} \text{ は } \mathrm{Re}(\lambda) > 0 \text{ である} \\
&\qquad\qquad \text{固有値に従属する一般固有ベクトル} \} \\
\boldsymbol{E}^c &= \{\boldsymbol{v} \in \mathbf{R}^n \mid \boldsymbol{v} \text{ は } \mathrm{Re}(\lambda) = 0 \text{ である} \\
&\qquad\qquad \text{固有値に従属する一般固有ベクトル} \}
\end{aligned}$$

特に $\boldsymbol{E}^s, \boldsymbol{E}^u, \boldsymbol{E}^c$ は $\mathbf{R}^n$ の直和分解を与えることに注意しましょう：$\boldsymbol{E}^s \oplus \boldsymbol{E}^u \oplus \boldsymbol{E}^c = \mathbf{R}^n$．一般固有空間，一般固有ベクトルといった用語に不慣れな読者は A が対角化可能な場合を考えてください．このときはこれらは固有空間，固有ベクトルと一致します．

このとき，定理 7.1 の精密化として次の定理が成り立ちます．証明は行列 A をジョルダン標準形にすれば定理 7.1 の証明と同様にしてできます．例えば簡単のため A が対角化可能だとして検証してみてください．

定理 7.3

n 次元線形微分方程式 $\dot{\boldsymbol{x}} = A\boldsymbol{x}$ について，
(i) $\boldsymbol{E}^s$ 上の点を初期値とする解軌道は $\boldsymbol{E}^s$ 上に留まりながら $t \to \infty$ で原点に収束する．
(ii) 直和分解 $\boldsymbol{E}^s \oplus \boldsymbol{E}^u \oplus \boldsymbol{E}^c = \mathbf{R}^n$ に関する $\boldsymbol{E}^u$ への射影が 0 でないような点を初期値とする解は $t \to \infty$ で発散する．

◎例題 1◎ 方程式

$$\frac{d}{dt}\begin{pmatrix} x \\ y \end{pmatrix} = \begin{pmatrix} 1 & 1 \\ 0 & -2 \end{pmatrix}\begin{pmatrix} x \\ y \end{pmatrix} \tag{7.5}$$

について，固有値は

$$\det\begin{pmatrix} \lambda-1 & -1 \\ 0 & \lambda+2 \end{pmatrix} = (\lambda-1)(\lambda+2) = 0$$

より $\lambda = 1, -2$ で与えられます．正の固有値 $\lambda = 1$ に従属する固有ベクトル (u, v) は

$$\begin{pmatrix} 0 & -1 \\ 0 & 3 \end{pmatrix}\begin{pmatrix} u \\ v \end{pmatrix} = 0 \Rightarrow \begin{pmatrix} u \\ v \end{pmatrix} = \begin{pmatrix} 1 \\ 0 \end{pmatrix}$$

であり，負の固有値 $\lambda = -2$ に従属する固有ベクトルは

$$\begin{pmatrix} -3 & -1 \\ 0 & 0 \end{pmatrix}\begin{pmatrix} u \\ v \end{pmatrix} = 0 \Rightarrow \begin{pmatrix} u \\ v \end{pmatrix} = \begin{pmatrix} 1 \\ -3 \end{pmatrix}$$

となります．従って安定部分空間 $\boldsymbol{E}^s$，不安定部分空間 $\boldsymbol{E}^u$ はそれぞれ

$$\boldsymbol{E}^s = \{(s, -3s) \mid s \in \mathbf{R}\} \tag{7.6}$$

$$\boldsymbol{E}^u = \{(s, 0) \mid s \in \mathbf{R}\} = (x \text{ 軸}) \tag{7.7}$$

で与えられ，中心部分空間は零です．ここで定理 7.3 より $\boldsymbol{E}^s$ 上 (直線 $y = -3x$ 上) の点を初期値とする解軌道は原点に収束し，それ以外の点を初期値とする解は発散することが分かります．実際，この方程式に対する相図は次のようになっています．

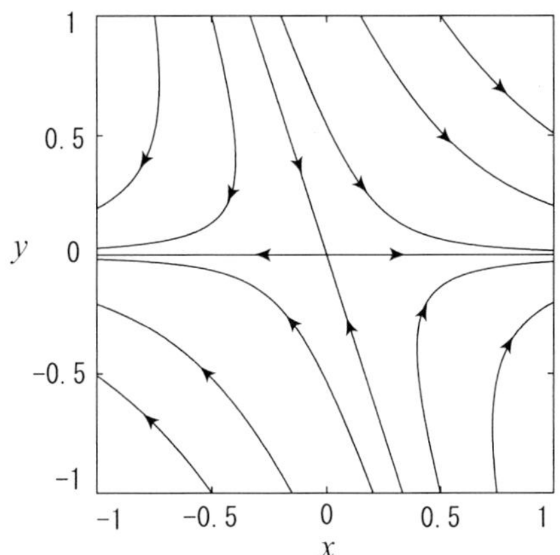

中心部分空間上の点を初期値とする解が原点に収束するか発散するかについては一般には何も言えず，個々の問題に依ります．

◎例題 2◎ 前節の (i),(iv),(vi) については全空間 $\mathbf{R}^2$ が安定部分空間であり，したがって定理 7.3(i) より全ての解が原点に収束します．(iii),(vii) は全空間 $\mathbf{R}^2$ が中心部分空間です．前者の解が周期軌道であり収束も発散もしないのに対し，後者の解は x 軸上の点を除いては発散します．(v) は y 軸が安定部分空間，x 軸が中心部分空間です．定理 7.3(i) より y 軸上の点を初期値とする解軌道は原点に収束しますが，中心部分空間の方向には運動しません．

問1 方程式 $\dfrac{d\boldsymbol{x}}{dt} = \begin{pmatrix} 3 & 2 \\ -4 & -3 \end{pmatrix} \boldsymbol{x}$ について，

(i) 安定部分空間，不安定部分空間，中心部分空間を求めよ．

(ii) 相図の概略図を描け．

(iii) 方程式を具体的に解いて，解が 0 に収束するための条件を求めよ．

問2 この問は，行列 $A(t)$ が t に依存する場合には定理 7.1 が成り立たないことの例を与える．非自励系の線形微分方程式

$$\frac{d\boldsymbol{x}}{dt} = A(t)\boldsymbol{x} = \begin{pmatrix} -1 + \frac{3}{2}\cos^2 t & 1 - \frac{3}{2}\sin t \cos t \\ -1 - \frac{3}{2}\sin t \cos t & -1 + \frac{3}{2}\sin^2 t \end{pmatrix} \boldsymbol{x} \tag{7.8}$$

について，

(i) 行列 $A(t)$ の固有値は t に依存せずに実部が負であることを示せ．

(ii) $\boldsymbol{x}(t) = e^{t/2}(\cos t, -\sin t)$ は方程式の解であることを示せ．

放課後談義≫

学生「3 次元以上の方程式に対しても相図は定義できるのですか」

先生「実際に図を描くのは難しくなるが，定義はできるよ．例えば下の図は 3 次元の方程式

$$\frac{d}{dt}\begin{pmatrix} x \\ y \\ z \end{pmatrix} = \begin{pmatrix} -3 & -1 & -2 \\ 2 & -1 & 1 \\ 4 & 1 & 3 \end{pmatrix}\begin{pmatrix} x \\ y \\ z \end{pmatrix}$$

に対する相図だ．固有値は $-1 \pm i, 1$ で，安定部分空間は $y = (\text{任意}), z = -x$ で定義される 2 次元平面になっている．ちょうど下図の太い枠で囲まれたところだね．この平面の中の点を初期値とする点は全て原点に収束していく．一方，不安定部分空間が 1 次元分あるから，平面の外側の点を初期値とする解は発散する．図では発散する軌道を点線で描いている」

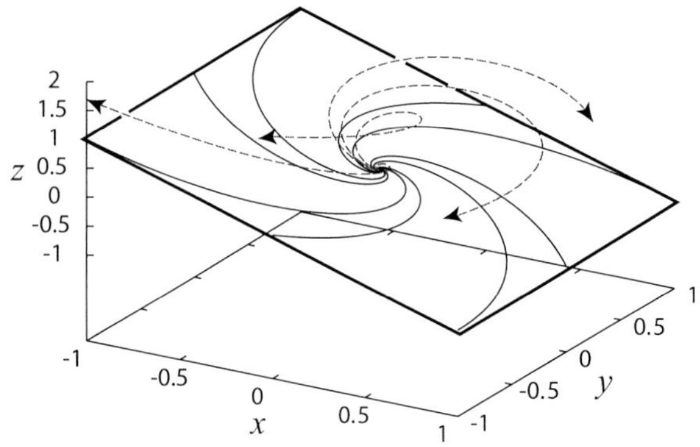

学生「なるほど．高次元の場合でも安定部分空間を求めれば原点に収束する解がどこにあるか分かるわけですね．4 次元以上の場合はどうするんですか」

先生「4 次元以上の場合は直接相図を描くことはできないが，2 次元や 3 次元に射影した図を描くことはよくある．例えば $\boldsymbol{x} = (x_1, x_2, x_3, x_4)$ を変数とする 4 次元の方程式の場合，(x_1, x_2) の動きを平面上に描いたりするわけだ．しかし安定・不安定・中心部分空間が解の漸近挙動を決めていることを理解しておけば，相図を描かなくても解の流れの様子を頭でイメージできるようになるよ」

第 8 章　非線形力学系の相図

8.1　非線形現象

今回からは非線形の微分方程式

$$\frac{d\boldsymbol{x}}{dt} = \dot{\boldsymbol{x}} = \boldsymbol{f}(\boldsymbol{x}), \quad \boldsymbol{x} \in \mathbf{R}^n \tag{8.1}$$

を扱います．ここで $\boldsymbol{x}$ は n 次元ベクトル，$\boldsymbol{f}(\boldsymbol{x})$ は $\mathbf{R}^n$ から $\mathbf{R}^n$ への微分可能な写像です[*1]．上式は成分ごとに書いた次の連立微分方程式

$$\begin{aligned} \dot{x}_1 &= f_1(x_1, x_2, \cdots, x_n) \\ &\vdots \\ \dot{x}_n &= f_n(x_1, x_2, \cdots, x_n) \end{aligned}$$

の省略形でした．一般には上式の右辺が $\boldsymbol{f}(t, \boldsymbol{x})$ のように時間 t に依存する関数であるような微分方程式も考えられますが，ここでは主に $\boldsymbol{f}$ が t に依存しない自励系の方程式のみを考えます (5.1 節参照).

微分方程式の変数 $\boldsymbol{x}$ が定義された空間のことを **相空間** といい，相空間上に，いろいろな初期値に対する方程式の解軌道 $\boldsymbol{x} = \boldsymbol{x}(t)$ を描いた図のことを**相図**というのでした．第 7 章では線形微分方程式 $\dot{\boldsymbol{x}} = A\boldsymbol{x}$ の相図を紹介しました．ここではいくつかの代表的な非線形微分方程式に対してその相図を描いて，非線形方程式に見られる複雑な現象を観察してみましょう．以下の相図では t が増加するときに軌道 $\boldsymbol{x}(t)$ の進む向きに矢印をつけています．

(I) ロトカ-ボルテラ方程式

ある生物 X(捕食者，たとえばきつね) と生物 Y(被食者，たとえばうさぎ) の時刻 t における個体数をそれぞれ $x(t), y(t)$ とします．X は Y をえさとして食べるものとして，$x(t)$ と $y(t)$ が満たす微分方程式を立ててみましょう．

[*1] $\boldsymbol{f}(\boldsymbol{x})$ が微分可能であるという仮定のもと，方程式 (8.1) の解で与えられた初期条件 $\boldsymbol{x}(0) = \boldsymbol{x}_0$ を満たすものがただ 1 つ存在することが保証されます (定理 1.4)．しかし力学系理論においては，第 9 章以降で扱う定性理論を展開するために必要な回数だけ微分可能であると仮定するのが普通です．応用上は無限回微分可能であるとして構いません．

えさや環境に関する理想的な条件下では x は指数的に増大するものと考えられます (少なくともアメーバのような原始生命体に対しては正しいと思われる．第 1 章 [例題 1] 参照)．したがってこのとき，$k > 0$ を定数として x は $\dot{x} = kx$ なる方程式を満たします．ところが実際には x の増加率はえさの数 y に左右されるから，増大率 k が y に依存するものとし，x は

$$\dot{x} = a(y - b)x,\ a, b > 0 \tag{8.2}$$

という微分方程式に従うとしましょう．これはえさの数 y がある定数 b よりも大きければ $a(y - b) > 0$ であるから x は増大し，y が b よりも小さければえさが足りないということで $a(y - b) < 0$ より x は減少することを意味します．y についても同様の考察により，ある定数 $c, d > 0$ に対して

$$\dot{y} = c(d - x)y,\ c, d > 0 \tag{8.3}$$

なる微分方程式を満たすとします．捕食者の数 x がある定数 d よりも大きければ減少し，そうでなければ増大する，という意味ですね．こうして得られた 2 次元の微分方程式

$$\begin{cases} \dot{x} = a(y - b)x, & a, b > 0 \\ \dot{y} = c(d - x)y, & c, d > 0 \end{cases} \tag{8.4}$$

を**ロトカ-ボルテラ方程式**あるいは**捕食者-被食者モデル**といいます．相空間は (x, y) 平面であり，$a = b = c = d = 1$ として $x, y > 0$ の領域で相図を描くと次のようになります．

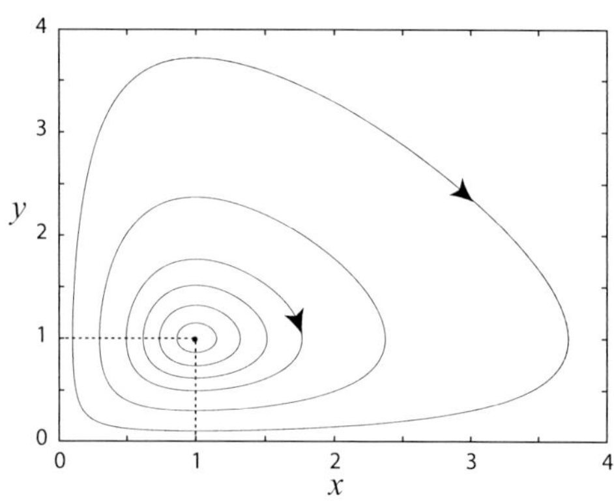

点 $(1,1)$ を初期値とする軌道は永遠にそこから動かず ($x(t) \equiv 1$, $y(t) \equiv 1$), 解軌道がただ 1 点のみから成ることが分かります．これは，捕食者の数とえさの数との間に絶妙なバランスがとれていれば，増加の速度と減少の速度の釣り合いがとれて互いの数が変化しないことを意味します．一方，それ以外の解軌道は点 $(1,1)$ のまわりを周期的にまわり続けます．捕食者の数 x が増加すればえさの数 y が減少し，するとえさがなくなっていくのでまもなく x が減少に転じます．すると天敵が減った y はやがて増加に転じ，それに伴い x も再び増加し始めます．このような状況を周期的に繰り返すわけですね．

ここで力学系理論における最も重要な用語を準備しておきます．

定義 8.1

n 次元微分方程式

$$\frac{d\boldsymbol{x}}{dt} = \boldsymbol{f}(\boldsymbol{x}), \quad \boldsymbol{x} \in \mathbf{R}^n \tag{8.5}$$

について，任意の $t \in \mathbf{R}$ に対して

$$\boldsymbol{x}(t) = \boldsymbol{x}_0 \,(\text{定数}) \tag{8.6}$$

を満たす点 $\boldsymbol{x}_0$ が存在するとき，点 $\boldsymbol{x}_0$ を式 (8.5) の**不動点** (**固定点**, **平衡点**) という．

(8.5) の解 $\boldsymbol{x}(t)$ に対してある定数 $T > 0$ が存在して任意の $t \in \mathbf{R}$ に対して

$$\boldsymbol{x}(t+T) = \boldsymbol{x}(t) \tag{8.7}$$

が成り立つとき，$\boldsymbol{x}(t)$ を**周期** T の**周期解** (**周期軌道**) という．

$a = b = c = d = 1$ のときの式 (8.4) に関しては点 $(1,1)$ が不動点 (すなわち定数解) で，そのまわりの解は周期解ですね．一般に周期解を見つけるのは困難ですが，不動点は比較的簡単に求まります．

定理 8.2

式 (8.5) に対し，点 $\boldsymbol{x}_0 \in \mathbf{R}^n$ が不動点であるための必要十分条件は

$$\boldsymbol{f}(\boldsymbol{x}_0) = 0 \tag{8.8}$$

が成り立つことである．

証明 $\boldsymbol{x}_0$ が不動点ならば式 (8.6) より $\dot{\boldsymbol{x}}(t) = 0$ なので $0 = \dot{\boldsymbol{x}}(t) = \boldsymbol{f}(\boldsymbol{x})$ を得ます．逆も同様． ■

◎例題 1◎ $a = b = c = d = 1$ のとき，式 (8.4) の不動点は連立方程式 $(y-1)x = 0, (1-x)y = 0$ の根として求まり，$(0,0), (1,1)$ の 2 つが不動点であることが分かります．前述のように $(1,1)$ は捕食者-被食者のバランスがとれた状態であり，$(0,0)$ ははじめからどちらも存在しない状態です．

さて，実際には個体数 x, y が増加しすぎると居住地の問題や病気の蔓延などの外的要因により増加の速度が抑えられると考えられます．そこで $\varepsilon_1, \varepsilon_2$ を正の定数として，増加の速度を抑える因子を加えた方程式

$$\begin{cases} \dot{x} = a(y - b - \varepsilon_1 x)x \\ \dot{y} = c(d - x - \varepsilon_2 y)y \end{cases} \tag{8.9}$$

を考えましょう．$a = b = c = d = 1$, $\varepsilon_1 = \varepsilon_2 = 0.1$ に対する相図は次のようになります．式 (8.4) のときには存在していた周期軌道が消失し，その代わり不動

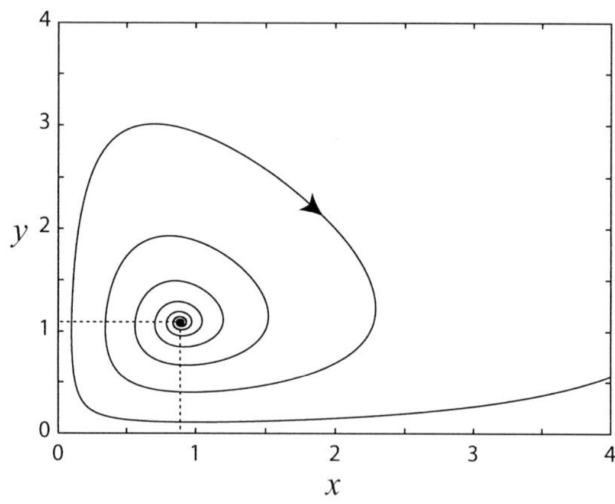

点の近傍を初期値とする解軌道は不動点に巻きつきながら漸近，収束していく様子が分かります．すなわち $x(t)$ と $y(t)$ は十分時間が経てばほとんど一定値になり，こうして食物連鎖のバランスが (少なくとも数式上は) 保たれることが分かります．

問1　上記のパラメータ値に対する式 (8.9) の不動点を 4 つ求めよ．

(II) ファンデルポール方程式

第 1 章で導出した電気回路の微分方程式において抵抗がトンネルダイオードのときは

$$\begin{cases} \dot{x} = y - x^3 + \varepsilon x \\ \dot{y} = -x \end{cases} \tag{8.10}$$

となり (定数は適当にとった), これを**ファンデルポール方程式**と呼びます．ここで ε は回路に含まれる抵抗から決まるある定数です．(i) $\varepsilon = -0.1$, (ii) $\varepsilon = 0.1$ に対する相図はそれぞれ次のようになります．

(i)

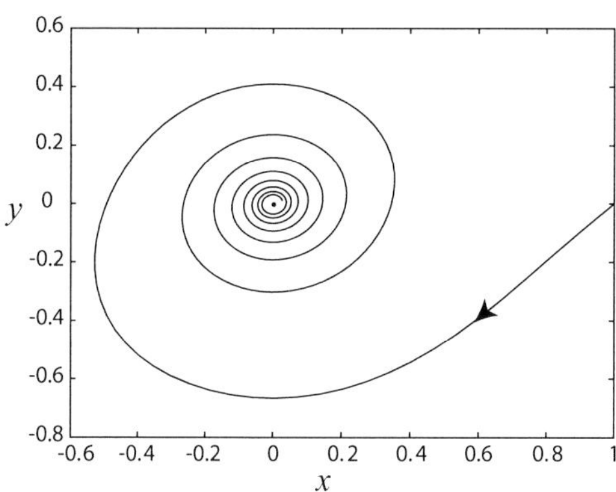

(ii)

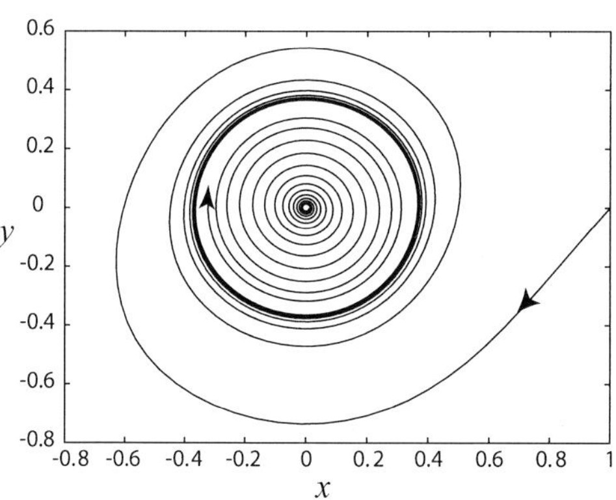

連立方程式 $y - x^3 + \varepsilon x = 0$, $-x = 0$ を解くことにより，ただちに $(x, y) = (0, 0)$ が唯一の不動点であることが分かります．これは回路にまったく電流が流れていない状態です．(i) の場合，不動点 $(0, 0)$ の近傍を初期値とする解軌道は不動点に漸近，収束します．これは，回路に含まれる抵抗におけるエネルギーの散逸が強く，長時間経つと電流が流れなくなってしまうことを意味します．

一方，$\varepsilon > 0$ のときにはまったく異なる現象が見られます．不動点 $(0, 0)$ を囲むある周期軌道 γ が 1 つ存在し，$(0, 0)$ のすぐ近くの点を初期値とする解は $(0, 0)$ から遠ざかって γ に内側から漸近していきます．また γ の外側の点を初期値とする解軌道は γ に外側から漸近していきます．結局，長時間の後には回路を流れる電流が周期的に振動することが分かります．

一般に，微分方程式に含まれるパラメータ (式 (8.10) の場合は ε) を連続的に変化させていく過程で相図の構造ががらりと変わってしまう現象を**分岐**といいます．式 (8.10) の場合は $\varepsilon = 0$ のところで分岐が起きて周期軌道が現れます．このような周期軌道の分岐はホップ分岐といい，第 11〜14 章でたびたび現れます．

(III) 単振り子の運動方程式

単振り子の運動方程式は x を質点の振れ角，v をその角速度とするとき，

$$\begin{cases} \dot{x} = v \\ \dot{v} = -\sin x \end{cases}$$

で与えられ (重力の大きさ等は 1 に正規化した)，その相図は次のようになります． 方程式の右辺は x について周期 2π の周期関数なので，相図も x 方向には周期 2π であることに注意しましょう．不動点は $v = 0$, $-\sin x = 0$ を解くことにより $(x, v) = (\pi n, 0)$; n : 整数 だと分かります．例えば不動点 $\mathrm{A}(0, 0)$ は次図の左下のように振り子が静止している状態を表す解であり，不動点 $\mathrm{B}(\pi, 0)$ は次図中央のように倒立して振り子が静止している状態を表します．周期性より，不動点 $\mathrm{C}(-\pi, 0)$ は点 B と同じ物理的状況を表します．点 A のまわりには周期軌道の族が存在し，これはある振れ幅で質点が周期的に振れている状態に対応します (図右上)．相図に示されている解軌道 D は質点が反時計回りにぐるぐるまわり続ける解を表しており，これは初速度を十分に大きく与えたときに起こります．同様に解軌道 E は質点が時計回りにまわり続ける解です．

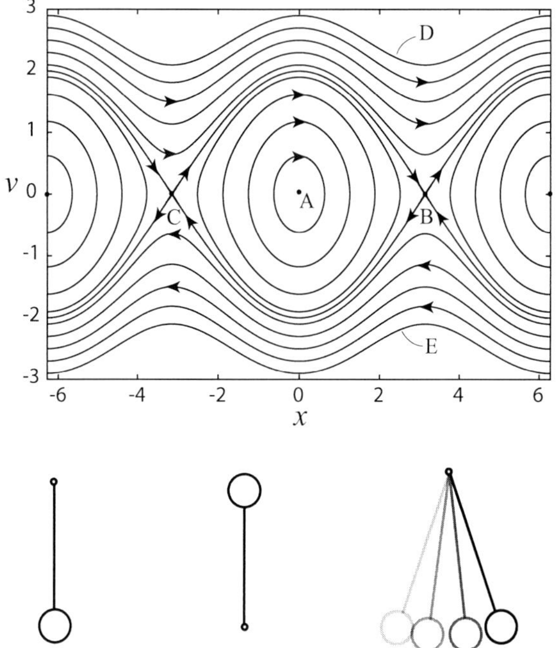

上の相図において，不動点 C から出て不動点 B に流れ込む軌道 γ_1 が存在しますね．一般に，2 つの異なる不動点の間を結ぶ軌道のことを**ヘテロクリニック軌道**といいます．さらに B から出て C へ流れ込むヘテロクリニック軌道 γ_2 も存在します．2 つのヘテロクリニック軌道 $\gamma_1 \cup \gamma_2$ は周期軌道の族からなる目玉形の領域と，D, E のようなぐるぐる回る解が存在する領域を分断しているので**セパラトリックス**と呼ばれます．

●ワンポイント●

点 B と C は不動点なので，これらを初期値とする解軌道は永遠にそこに留まり続けます．C と B を結ぶヘテロクリニック軌道 γ_1 は，ちょうど C から出発して B の真上に辿り着くわけではなく，C に限りなく近いある点から出発して B に限りなく近づく軌道であることに注意しましょう．すなわち，γ_1 は質点が“ほぼ”真上を向いた状態から出発して“ほぼ”真上まで戻ってくる運動に対応します．

(IV) ダフィン方程式

図のように，天井に鉛直に取り付けられた金属製の梁の両脇に等間隔に同じ磁石を置くとき，梁の振動は次の**ダフィン方程式**に従います．

$$\begin{cases} \dot{x} = v \\ \dot{v} = x - x^3 - \varepsilon v \end{cases} \tag{8.11}$$

$\varepsilon > 0$ は摩擦の大きさを表します．

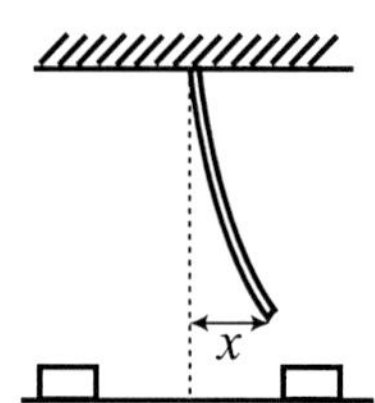

(i) $\varepsilon = 0$ のときと (ii) $\varepsilon = 0.1$ のときの相図はそれぞれ次のようになります．

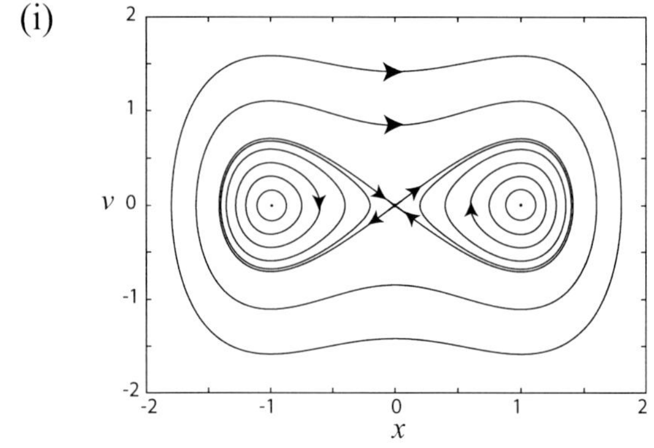

$\varepsilon = 0$ のときの不動点は $(x, v) = (0, 0), (\pm 1, 0)$ です．このとき不動点 $(0, 0)$ から出て再び $(0, 0)$ に流れ込む 2 つの軌道が左右対称に存在しますね．一般に，ある不動点から出て同じ不動点に流れ込む軌道のことを**ホモクリニック軌道**といいます．$\varepsilon > 0$ のときは摩擦の効果で周期軌道とホモクリニック軌道が消失し，多くの解軌道が左側か右側の不動点のいずれかに収束します．

問2　$\varepsilon = 0$ のとき，2 つの不動点 $(\pm 1, 0)$，およびそれぞれの周りを囲んでいる周期軌道がどのような物理的状況に対応する解なのかを考察せよ．

(ii)

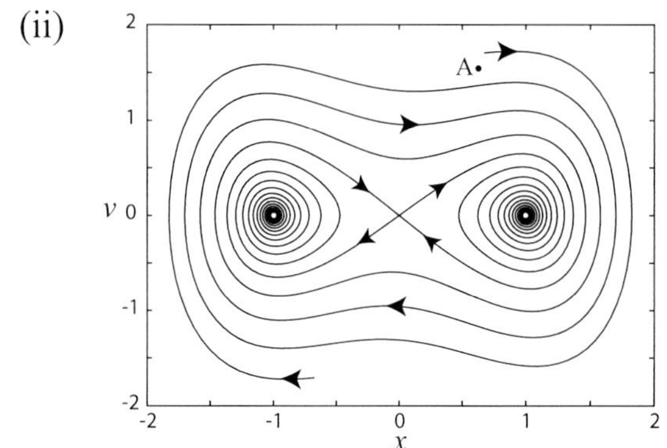

次の定理はシンプルですが，相図を描くときに非常に役に立ちます．

定理 8.3

自励系の方程式 (8.1) に関して，互いに異なる 2 つの解軌道は共有点を持たない．また，1 つの解軌道は自分自身と横断的に交わらない．

これは微分方程式の解の一意性から従います．同じ初期条件を満たす微分方程式の解は唯 1 つしか存在しないので，同じ点を通る異なる解軌道は存在しません．

問3 定理 8.3 を用いて，上の相図 (ii) の点 A を初期値とする解軌道の概略を図に描き入れ，左側の不動点に収束することを確認せよ．

次に，ダフィン方程式に時間について周期的な強制外力 $\delta\cos t$ を加えた方程式

$$\begin{cases} \dot{x} = v \\ \dot{v} = x - x^3 - \varepsilon v + \delta\cos t \end{cases} \tag{8.12}$$

を考えましょう．$\varepsilon = 0.01, \delta = 0.1$ のとき，点 $(x, v) = (-0.1, 0.1)$ を初期値とする "1 本の" 解軌道は次のようになります．

両側の不動点 (があった場所) の周りを一見不規則に運動し続けます．このような現象を**カオス**といい，一般にホモクリニック軌道を持つような方程式に対して弱い周期的外力を加えるとカオスが起こり得ることが知られています．本書では第 16，17 章でカオスを調べ，17.3 節で再びこの問題に戻ってきます．

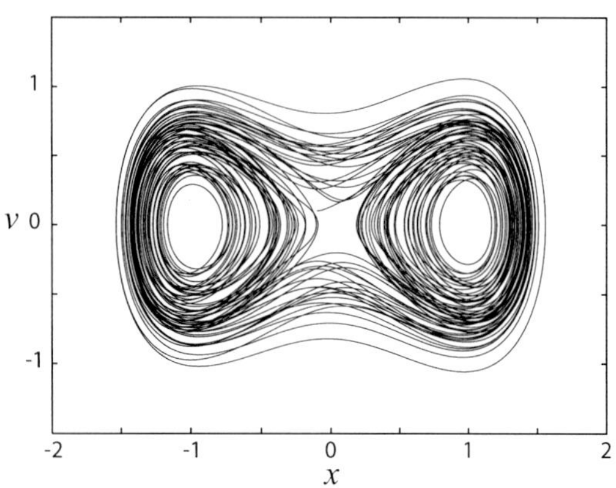

問4　式 (8.12) の右辺は時間に依存するので自励系ではなく，定理 8.3 が成り立たない．すなわち上図のように解軌道が自分自身と交わることがあるが，これは解の一意性とは矛盾しない．なぜか．

(V) 蔵本モデル

$\omega, \varepsilon > 0$ をパラメータとする方程式

$$\begin{cases} \dot{\theta}_1 = \omega + \varepsilon \sin(\theta_2 - \theta_1) \\ \dot{\theta}_2 = \omega + \varepsilon \sin(\theta_1 - \theta_2) \end{cases} \tag{8.13}$$

を蔵本モデルといいます．結合した 2 つのジョセフソン接合がこのタイプの方程式に従うことが知られている他，多くの同期現象のモデルとして広く用いられている方程式です．結合がないとき，すなわち $\varepsilon = 0$ のときの相図は次のようになります．

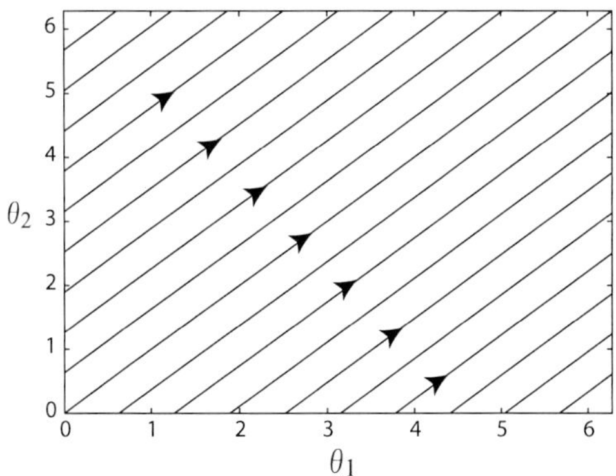

実際，このときは方程式は 2 つの独立な調和振動子であり，それぞれ $\theta_i(t) = \omega t + \theta_i(0)$ と解くことができます．よって θ_1 と θ_2 の関係は $\theta_2 = \theta_1 + \theta_2(0) - \theta_1(0)$ で与えられ，(θ_1, θ_2) 平面上に傾き 1，切片 $\theta_2(0) - \theta_1(0)$ の直線族が得られます．興味深い現象が起こるのは $\varepsilon > 0$ のときです．$\varepsilon = 0.3$ のときの相図は次のようになり，多くの軌道が直線 $\theta_2 = \theta_1$ に漸近していく様子が分かります．これは $t \to \infty$ で $\theta_2(t) - \theta_1(t) \to 0$ となる，すなわち長時間の後には $\theta_1(t)$ と $\theta_2(t)$ が一致することを意味しています (**同期現象**．第 4 章の問 4 と放課後談義も参照)．

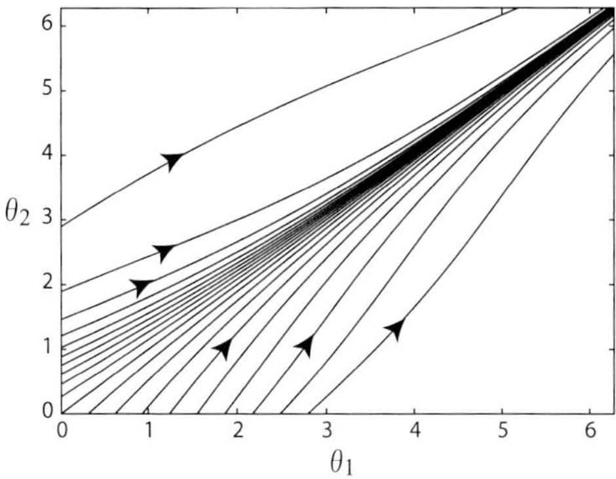

(VI) ローレンツ方程式

ローレンツ方程式

$$\begin{cases} \dot{x} = -10x + 10y \\ \dot{y} = 28x - y - xz \\ \dot{z} = -8/3 \cdot z + xy \end{cases} \tag{8.14}$$

は気象現象のモデルとしてたてられた 3 次元の方程式です．$(x, y, z) = (0.3, 0, 0)$ を初期値とする解軌道は以下のようになります．

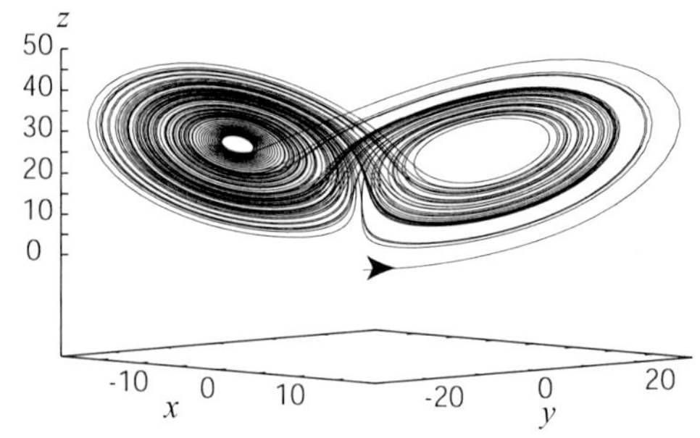

右側の渦と左側の渦の間を複雑な順序で動き回る，典型的なカオスの例です．

放課後談義≫

学生「相図を描くと周期軌道とかカオスとか，非線形方程式の複雑な現象が目に見えて確認できて便利ですね」

先生「“相図を描くと分かる”という言い方にはやや誤解があるからいくつか注意しておこう．まず，今回の相図は全て数値計算により求めたものだが，数値計算で周期軌道やカオス (らしきもの) が見えても，実際にそうなっているかどうかを数学的に保証したことにはならないということだ．というのも数値計算には誤差がつきものだから，数値計算で周期軌道のように見えても実際は微妙にそうなっていなかったり，逆に周期軌道に見えないものが実は周期軌道だったりするかもしれない」

学生「では数値計算は厳密数学の立場からはまったく無力なんですか」

先生「そんなことはない．保証はないにしろある程度の結果を予測できるから証明すべき問題を見つけるのに役に立つし，最近は精度保証付き数値計算という話題もある．さて 2 つ目に，いくら数値計算でもそう簡単に全ての特徴的な軌道を確認できるわけではないということ．例えばホモクリニック軌道なんかは初期値をうまく選ばないと描くことはできないよ．僕は結果を知っていたからそういう初期値を選ぶことができるわけだけど，まぐれで見つけるのは難しいだろう」

学生「例えば振り子の例だったら物理的な考察からホモクリニック軌道が存在しそうだと分かりますね．そういう考察と数学の知識と数値計算をうまく組み合わせるのがよさそうですね」

先生「最後に，4 次元以上だと相図を描くのが困難だということ．まずは 2 次元や 3 次元の親しみやすい例で周期軌道を見つけるための種々の数学的方法を学び，それを高次元の方程式に適用していくのがいいだろう」

第9章　ベクトル場の流れ

9.1　ベクトル場とその流れ

$\boldsymbol{f}$ を $\mathbf{R}^n$ から $\mathbf{R}^n$ への微分可能な写像とし，それによって定義される n 次元力学系

$$\frac{d\boldsymbol{x}}{dt} = \dot{\boldsymbol{x}} = \boldsymbol{f}(\boldsymbol{x}), \quad \boldsymbol{x} \in \mathbf{R}^n \tag{9.1}$$

を考えます．$\boldsymbol{f}$ は $\mathbf{R}^n$ 上の各点 $\boldsymbol{x}$ に対して n 次元ベクトル $\boldsymbol{f}(\boldsymbol{x})$ を対応させるので，これを $\mathbf{R}^n$ 上の**ベクトル場**ともいいます．方程式 (9.1) の解軌道 $\boldsymbol{x}(t)$ の各点における接ベクトルが，ちょうどベクトル $\boldsymbol{f}(\boldsymbol{x})$ になっています (左下図)．ベクトル場が水の "流れ" を表していると思ったとき，ある初期点 $\boldsymbol{x}_0$ に静かに落とした粒子の流れに沿った運動が解軌道になっているわけです．

力学系理論の研究においては，式 (9.1) の解 $\boldsymbol{x}(t)$ が，どの点を初期値とする解なのかを明示しておくと便利です．そこで，式 (9.1) に対して $\boldsymbol{x}(0) = \boldsymbol{x}_0$ を初期値とする解を $\varphi_t(\boldsymbol{x}_0)$ と表すことにします (右下図)[*1]．

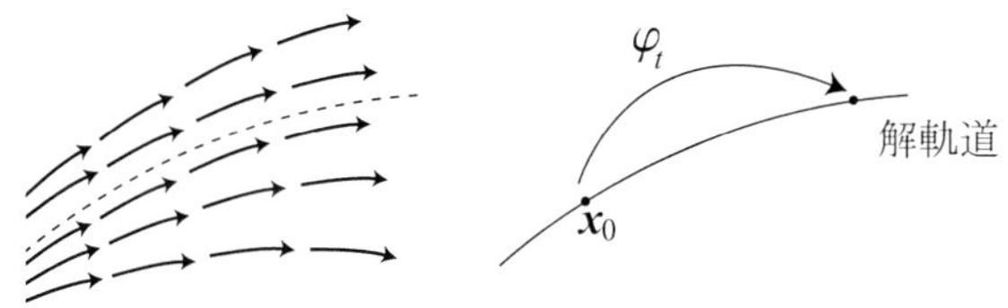

φ_t は，各点 $\boldsymbol{x}_0 \in \mathbf{R}^n$ に対し式 (9.1) の解軌道に沿ったその t 秒後の位置 $\varphi_t(\boldsymbol{x}_0)$ を対応付けるので，$\mathbf{R}^n$ から $\mathbf{R}^n$ への写像だとみなすことができます．この写像 $\varphi_t : \mathbf{R}^n \to \mathbf{R}^n$ をベクトル場 $\boldsymbol{f}$ の**流れ**といいます．我々は，任意の $t \in \mathbf{R}$ と任意の $\boldsymbol{x}_0 \in \mathbf{R}^n$ に対し $\varphi_t(\boldsymbol{x}_0)$ が存在するものと仮定します．有限時間で解が発散したり考えている領域から出ることもあるのですが，その場合も以下の議論は大きな修正なくそのまま成り立つと思っても構いません．

[*1] 自励系の方程式は時間の平行移動 $t \mapsto t + \tau$ で不変なので，初期時刻の選び方にあまり意味はなく，初期時刻は $t = 0$ ととるのが普通です．非自励系の場合はそうではなく，流れ φ の定義に初期時刻も明記する必要があります．

流れ φ_t の基本的性質をまとめておきます.

定理 9.1

(i) φ_t は t について微分可能である.

(ii) 任意の $t, s \in \mathbf{R}$ と $\boldsymbol{x} \in \mathbf{R}^n$ に対して

$$\varphi_{t+s}(\boldsymbol{x}) = \varphi_t \circ \varphi_s(\boldsymbol{x}), \quad \varphi_0(\boldsymbol{x}) = \boldsymbol{x} \tag{9.2}$$

が成り立つ.

(iii) ベクトル場 $\boldsymbol{f}$ が C^r 級ならば $\varphi_t : \mathbf{R}^n \to \mathbf{R}^n$ は C^r 級の微分同相写像である.

一般に，写像 $\boldsymbol{f}$ が C^r 級であるとは r 回微分可能かつ r 回の導関数が連続関数であることをいい，C^r 級微分同相であるとは C^r 級かつ全単射であり，その逆写像 $\boldsymbol{f}^{-1}$ もまた C^r 級の全単射であることをいいます.

定理の (ii) は標語的には「初期点から t 秒進んだのちに s 秒進んだ位置は，初期点から $t+s$ 秒だけ進んだ位置と一致する」といえます.

証明 (i) $\varphi_t(\boldsymbol{x})$ は初期値を $\boldsymbol{x}$ とする式 (9.1) の解なので

$$\frac{d}{dt}\varphi_t(\boldsymbol{x}) = \boldsymbol{f}(\varphi_t(\boldsymbol{x})) \tag{9.3}$$

という等式を満たします．したがって $\varphi_t(\boldsymbol{x})$ は t について微分可能であり，その微分は $\boldsymbol{f}(\varphi_t(\boldsymbol{x}))$ で与えられます.

(ii) $\varphi_0(\boldsymbol{x}) = \boldsymbol{x}$ は φ_t の定義の仕方から明らか．φ_t の定義より $\varphi_t \circ \varphi_s(\boldsymbol{x}) = \varphi_t(\varphi_s(\boldsymbol{x}))$ は $\varphi_s(\boldsymbol{x})$ を初期値とする式 (9.1) の解です．一方，$\varphi_{t+s}(\boldsymbol{x})$ について，

$$\begin{aligned}\frac{d}{dt}\varphi_{t+s}(\boldsymbol{x}) &= \left.\frac{d}{d\tau}\right|_{\tau=t+s}\varphi_\tau(\boldsymbol{x}) \cdot \frac{d}{dt}(t+s) \\ &= \boldsymbol{f}(\varphi_\tau(\boldsymbol{x}))|_{\tau=t+s} = \boldsymbol{f}(\varphi_{t+s}(\boldsymbol{x}))\end{aligned}$$

より $\varphi_{t+s}(\boldsymbol{x})$ は式 (9.1) の解であり，その初期値は $\varphi_{0+s}(\boldsymbol{x}) = \varphi_s(\boldsymbol{x})$ で与えられます．よって解の一意性定理（同じ初期値を持つ解はただ一つであり一致すること）より $\varphi_{t+s}(\boldsymbol{x})$ と $\varphi_t \circ \varphi_s(\boldsymbol{x})$ は一致します.

(iii) 流れ $\varphi_t(\boldsymbol{x})$ が $\boldsymbol{x}$ について C^r 級であることは微分方程式の解の初期値に関

する微分可能性定理から従います（微分方程式の初期条件を滑らかに変化させると解も滑らかに変化すること）．φ_t が微分同相であることを示すために公式 $\varphi_{t+s}(\boldsymbol{x}) = \varphi_t \circ \varphi_s(\boldsymbol{x})$ において $s = -t$ とおくと $\varphi_0(\boldsymbol{x}) = \boldsymbol{x} = \varphi_t \circ \varphi_{-t}(\boldsymbol{x})$ を得ます．同様に $\boldsymbol{x} = \varphi_{-t} \circ \varphi_t(\boldsymbol{x})$ も成り立つので，φ_t は全単射でありその逆写像 φ_t^{-1} は

$$\varphi_t^{-1} = \varphi_{-t} \tag{9.4}$$

で与えられます．特に φ_{-t} が C^r 級なので φ_t^{-1} も C^r 級です． ■

問1 $\boldsymbol{f}, \boldsymbol{g} : \mathbf{R}^n \to \mathbf{R}^n$ とする．任意の $\boldsymbol{x} \in \mathbf{R}^n$ に対し $\boldsymbol{f} \circ \boldsymbol{g}(\boldsymbol{x}) = \boldsymbol{x}$, $\boldsymbol{g} \circ \boldsymbol{f}(\boldsymbol{x}) = \boldsymbol{x}$ が成り立つならば $\boldsymbol{f}$ は全単射であり $\boldsymbol{f}^{-1} = \boldsymbol{g}$ であることを示せ．

問2 A を $n \times n$ 行列とする．線形方程式 $\dot{\boldsymbol{x}} = A\boldsymbol{x}$ の流れは行列の指数関数 e^{At} で与えられることを示せ．

9.2 不動点の安定性

$\mathbf{R}^n$ 上のベクトル場 $\boldsymbol{f}$ の流れ φ_t について，任意の $t \in \mathbf{R}$ に対して $\varphi_t(\boldsymbol{x}_0) = \boldsymbol{x}_0$ を満たす $\boldsymbol{x}_0 \in \mathbf{R}^n$ が存在するとき，$\boldsymbol{x}_0$ を $\boldsymbol{f}$ の**不動点**，あるいは流れ φ_t の**不動点**であるといいます．第 8 章で示したように，$\boldsymbol{x}_0$ が $\boldsymbol{f}$ の不動点であるための必要十分条件は $\boldsymbol{x}_0$ が $\boldsymbol{f}(\boldsymbol{x}_0) = 0$ を満たすことです．

$\boldsymbol{x}_0$ を $\boldsymbol{f}$ の不動点とします．任意の正数 $\varepsilon > 0$ に対してある $\delta > 0$ が存在して $|\boldsymbol{x}_0 - \boldsymbol{y}| < \delta$ ならば任意の $t \geq 0$ に対して $|\boldsymbol{x}_0 - \varphi_t(\boldsymbol{y})| < \varepsilon$ が成り立つとき，$\boldsymbol{x}_0$ はリヤプノフの意味で**安定である**といいます．おおざっぱにいえば，不動点がリヤプノフ安定であるとは，$\boldsymbol{x}_0$ に十分近い点 $\boldsymbol{y}$ を初期値とする式 (9.1) の解軌道が $\boldsymbol{x}_0$ から遠ざからないことをいいます．安定でない不動点を**不安定である**といいます．安定な不動点 $\boldsymbol{x}_0$ について，特にある $\delta > 0$ が存在して $|\boldsymbol{x}_0 - \boldsymbol{y}| < \delta$ ならば $|\boldsymbol{x}_0 - \varphi_t(\boldsymbol{y})| \to 0$ $(t \to \infty)$ が成り立つとき，$\boldsymbol{x}_0$ は**漸近安定である**といいます．いずれも不動点近くの局所的な性質であることに注意[*2]．

[*2] 以後，ベクトルの絶対値は通常のユークリッド空間の距離 $|\boldsymbol{x}| = \sqrt{x_1^2 + x_2^2 + \cdots + x_n^2}$ を表すものとします．

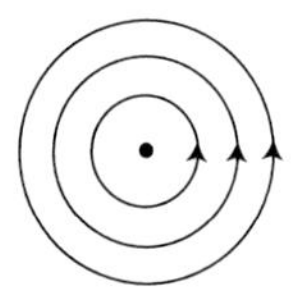
安定な不動点

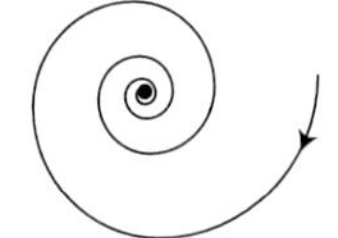
漸近安定な不動点

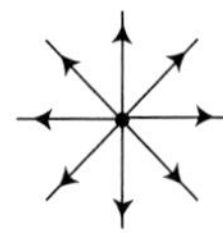
不安定な不動点

例として振り子の運動方程式

$$\begin{cases} \dot{x} = v \\ \dot{v} = -\sin x \end{cases} \tag{9.5}$$

を考えましょう．x は質点の振れ角，v はその角速度を表します．$0 \leq x < 2\pi$ の範囲での不動点は $(x, v) = (0, 0), (\pi, 0)$ の 2 つであり，前者は振り子が下向きに静止した状態，後者は振り子が上向きに静止した状態に対応します．今，

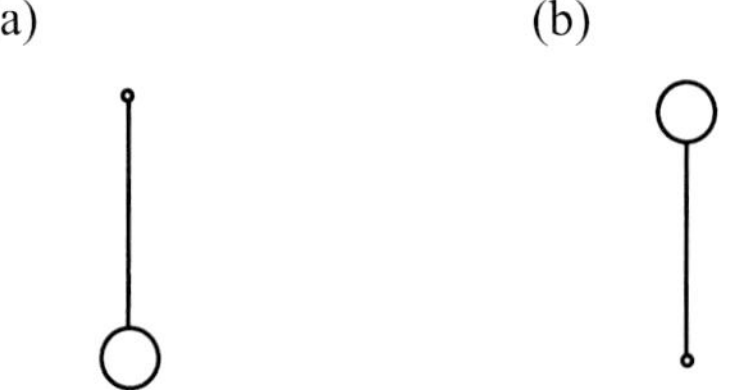

上記のそれぞれの状態に対して (例えば地面の揺れなどにより) 質点の振れ角 x がわずかにずらされたとしましょう．図 (a) の場合には $(x, v) = (0, 0)$ のまわりでの小さな周期的振動が起こります (下図 (a'))．エネルギー保存則によりこの振動は減衰しません．これは，相空間上で $(x, v) = (0, 0)$ の近くを初期値とする解軌道は $(x, v) = (0, 0)$ の十分近くに留まり続け，したがって不動点 $(x, v) = (0, 0)$ はリアプノフ安定であることを意味します．一方，図 (b) に対して小さな擾乱を与えると，質点は落下して点 $(x, v) = (\pi, 0)$ から遠ざかっていきます (図 (b'))．これは不動点 $(x, v) = (\pi, 0)$ が不安定であることを意味します．

次に，摩擦のある振り子の運動方程式

$$\begin{cases} \dot{x} = v \\ \dot{v} = -\sin x - cv, \ c > 0 \end{cases} \tag{9.6}$$

を考えましょう．このときも不動点は $(x, v) = (0, 0), (\pi, 0)$ で与えられます．先ほどと同様に図 (a) の状態に対して小さな擾乱を与えると，初めのうちは振

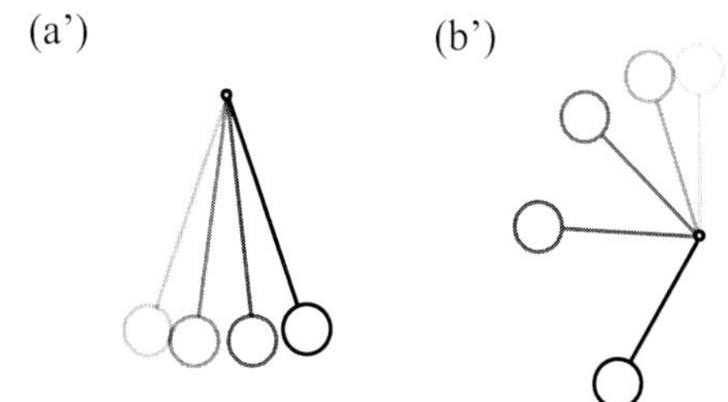

り子は図 (a') のように振動しますが，摩擦の効果でやがて減衰して図 (a) の状態に戻ります．これは，不動点 $(x,v)=(0,0)$ が式 (9.6) に対しては漸近安定であることを意味します．

我々の身の回りで起こる物理現象は，常に風や地面の揺れといった予期せぬ外力にさらされています．安定な不動点に対応する物理現象はこれらの擾乱に対しても生き残る状態であり，不安定な不動点に対応する物理現象はこれらの擾乱によって観測されなくなってしまう状態です．実際，図 (b) のような倒立状態を実験室で作ってみせるのは困難ですね．この意味において普段身の回りで観測される現象は"安定"な状態であり，したがって不動点とその安定性を決定することは重要な問題なのです．

9.3 線形方程式の安定性

まずは線形の微分方程式から始めましょう．

$$\frac{d\boldsymbol{x}}{dt}=A\boldsymbol{x}, \quad \boldsymbol{x}\in\mathbf{R}^n,\ A:n\times n\ \text{行列}. \tag{9.7}$$

原点 $\boldsymbol{x}=0$ は常に線形方程式の不動点です．次の定理は定理 7.1 を言い換えただけですが再掲しておきます．

定理 9.2

行列 A の n 個の固有値を $\lambda_1,\cdots,\lambda_n$ とする．

(i) 全ての $i=1,\cdots,n$ に対して $\mathrm{Re}(\lambda_i)<0$ が成り立つならば $\boldsymbol{x}=0$ は式 (9.7) の漸近安定な不動点である．

(ii) 1 つでも $\mathrm{Re}(\lambda_i)>0$ なる固有値 λ_i が存在するならば $\boldsymbol{x}=0$ は式 (9.7) の不安定な不動点である．

問3　次の行列 A に対し，それぞれ方程式 $\dot{\boldsymbol{x}} = A\boldsymbol{x}$, $\boldsymbol{x} \in \mathbf{R}^2$ の不動点 $\boldsymbol{x} = 0$ の安定性を判定せよ．

$$\textbf{(i)}\ A = \begin{pmatrix} 2 & 0 \\ 3 & -1 \end{pmatrix}, \quad \textbf{(ii)}\ A = \begin{pmatrix} 0 & -2 \\ 1 & -3 \end{pmatrix}$$

定理 9.2 の (i)，あるいは (ii) の条件が満たされないときにはただちに安定性は判定できず，個々のケースに対応する必要があります．

問4　次の行列 A に対し，それぞれ方程式 $\dot{\boldsymbol{x}} = A\boldsymbol{x}$, $\boldsymbol{x} \in \mathbf{R}^2$ を具体的に解くことにより不動点 $\boldsymbol{x} = 0$ の安定性を判定せよ．第 7 章の相図も参照のこと．

$$\textbf{(i)}\ A = \begin{pmatrix} 0 & 1 \\ 0 & 0 \end{pmatrix}, \quad \textbf{(ii)}\ A = \begin{pmatrix} 0 & 1 \\ -1 & 0 \end{pmatrix}$$

線形方程式は具体的に解くことができるので比較的簡単に不動点の安定性を判定できますが，方程式が非線形の場合はそうはいきません．非線形方程式の不動点の安定性について議論するための第 1 ステップとして，双曲性の概念を定義します．

定義 9.3

行列 A の全ての固有値が虚軸上に**ない**とき，A は**双曲型**であるといい，このとき式 (9.7) の不動点 $\boldsymbol{x} = 0$ を**双曲型不動点**という．
特に双曲型の行列 A の全ての固有値が $\mathrm{Re}(\lambda_i) < 0$ を満たすならば $\boldsymbol{x} = 0$ は**双曲安定である**といい，1 つでも $\mathrm{Re}(\lambda_i) > 0$ なる固有値が存在するならば $\boldsymbol{x} = 0$ は**双曲不安定である**という．

◎例題 1◎　不動点 $\boldsymbol{x} = 0$ は問 3 (i) に対しては双曲不安定，問 3 (ii) に対しては双曲安定です．問 4 (i) に対しては不安定であるが双曲不安定ではなく，問 4 (ii) に対してはリヤプノフ安定であるが漸近安定でも双曲安定でもありません．

この例からも分かるように，双曲安定，双曲不安定は漸近安定，不安定よりも強い概念です．漸近安定は多項式程度の速さで不動点に近づく状況もあり得るのに対し，双曲安定なときは指数関数の速さで近づきます．

双曲性の概念が重要である理由の 1 つとして，双曲性は小さな摂動に関してロバストである，すなわち双曲型の行列 A をわずかにずらした行列もまた双曲型であることが挙げられます．

定理 9.4

A を双曲型の $n \times n$ 行列とする．任意の $n \times n$ 行列 B に対してある正数 $\varepsilon_0 > 0$ が存在して，$|\varepsilon| < \varepsilon_0$ なる任意の ε に対して $A+\varepsilon B$ もまた双曲型である．とくに実部が負である A の固有値の個数と実部が負である $A+\varepsilon B$ の固有値の個数は一致する (したがって安定性も一致する)．

証明の概略 A の固有値を λ_i，$A+\varepsilon B$ の固有値を μ_i とするとき，任意の $\delta > 0$ に対して ε を十分小さくとれば

$$|\lambda_i - \mu_i| < \delta$$

とすることができます (厳密な証明は略しますが，行列の固有値は微小な摂動で微小にしか変化しないということです)．よって ε を十分小さくとれば μ_i は λ_i にいくらでも近くできるので，λ_i が虚軸上になければ μ_i も虚軸上にないようにすることができます． ■

9.4 非線形方程式の不動点の安定性

式 (9.1) が点 $\boldsymbol{x}_0 \in \mathbf{R}^n$ を不動点として持つとします：$\boldsymbol{f}(\boldsymbol{x}_0) = 0$．$\boldsymbol{f}$ は十分な回数微分可能であるとして $\boldsymbol{f}(\boldsymbol{x})$ を $\boldsymbol{x}_0$ のまわりでテイラー展開すると

$$\boldsymbol{f}(\boldsymbol{x}) = \boldsymbol{f}(\boldsymbol{x}_0) + \frac{\partial \boldsymbol{f}}{\partial \boldsymbol{x}}(\boldsymbol{x}_0)(\boldsymbol{x} - \boldsymbol{x}_0) + O(|\boldsymbol{x} - \boldsymbol{x}_0|^2) \tag{9.8}$$

ここで $\partial \boldsymbol{f}/\partial \boldsymbol{x} = [\partial f_j/\partial x_i]_{1 \le i,j \le n}$ は $\boldsymbol{f}$ のヤコビ行列であり，$O(|\boldsymbol{x} - \boldsymbol{x}_0|^2)$ は $\boldsymbol{x} - \boldsymbol{x}_0$ について 2 次以上の項を表します．我々は不動点 $\boldsymbol{x}_0$ の近傍での解 $\boldsymbol{x}(t)$ の振舞いに興味があるので，$O(|\boldsymbol{x} - \boldsymbol{x}_0|^2)$ は $\boldsymbol{x} - \boldsymbol{x}_0$ と比べて微小な量であると仮定して無視することにします．また仮定より $\boldsymbol{f}(\boldsymbol{x}_0) = 0$ であるから，方程式 (9.1) は

$$\frac{d\boldsymbol{x}}{dt} = \frac{\partial \boldsymbol{f}}{\partial \boldsymbol{x}}(\boldsymbol{x}_0)(\boldsymbol{x} - \boldsymbol{x}_0) \tag{9.9}$$

なる方程式でうまく近似できそうです．$\boldsymbol{y} = \boldsymbol{x} - \boldsymbol{x}_0$ とおけば上式は

$$\frac{d\boldsymbol{y}}{dt} = \frac{\partial \boldsymbol{f}}{\partial \boldsymbol{x}}(\boldsymbol{x}_0)\boldsymbol{y} \tag{9.10}$$

となってこれは線形方程式なので定理 9.2 より $\boldsymbol{y} = 0$ ($\boldsymbol{x} = \boldsymbol{x}_0$) の安定性が判定できます．この式を式 (9.1) に対する**線形化方程式**と呼ぶことにします．

2 次以上の項 $O(|\boldsymbol{x} - \boldsymbol{x}_0|^2)$ が無視できるという仮定が妥当かどうか吟味しましょう．簡単のため方程式は 2 次元であり，$\boldsymbol{x}_0 = 0$ とします．行列 $\partial \boldsymbol{f}(\boldsymbol{x}_0)/\partial \boldsymbol{x}$ は対角化されているものとすると，$\dot{\boldsymbol{x}} = \boldsymbol{f}(\boldsymbol{x})$ は

$$\dot{\boldsymbol{x}} = \frac{d}{dt}\begin{pmatrix} x_1 \\ x_2 \end{pmatrix} = \begin{pmatrix} \lambda_1 & 0 \\ 0 & \lambda_2 \end{pmatrix}\begin{pmatrix} x_1 \\ x_2 \end{pmatrix} + O(|\boldsymbol{x}|^2) \tag{9.11}$$

と書くことができます．極端な例として $\lambda_1 = \lambda_2 = 0$ の場合，方程式は $\dot{\boldsymbol{x}} = O(|\boldsymbol{x}^2|)$ となるので 2 次以上の項はむしろ重要であり，無視することはできません．また $\lambda_1 = i\alpha$, $\lambda_2 = -i\alpha$ (純虚数) のときは，$O(|\boldsymbol{x}|^2)$ の項を無視した線形化方程式の解は C_1, C_2 を任意定数として

$$x_1(t) = C_1 e^{i\alpha t},\ x_2(t) = C_2 e^{-i\alpha t} \tag{9.12}$$

で与えられます．これは周期軌道の族からなる，不動点に近づきも遠ざかりもしない解です (7.2 節 (iii) の相図を参照)．もし無視していた $O(|\boldsymbol{x}|^2)$ の項を考慮すると，式 (9.12) の解はわずかに修正され，原点に近づく運動や原点から遠ざかる運動が生じるかもしれません．したがってこのときにも $O(|\boldsymbol{x}|^2)$ の項は無視できなさそうです．一方，$\lambda_1 = -1, \lambda_2 = -2$ のときは，$O(|\boldsymbol{x}|^2)$ の項を無視した式 (9.11) の解は

$$x_1(t) = C_1 e^{-t},\ x_2(t) = C_2 e^{-2t} \tag{9.13}$$

であり，これは指数関数の速さで原点に収束していきます．運動の速さが指数的であるため，無視した $O(|\boldsymbol{x}|^2)$ の項を考慮すると上式の解はわずかに修正を受けるものの，原点に収束するという性質は保たれそうです．

以上の観察から，ヤコビ行列 $\partial \boldsymbol{f}(\boldsymbol{x}_0)/\partial \boldsymbol{x}$ が虚軸上に固有値を持たないときには，初期値が不動点 $\boldsymbol{x}_0$ の十分近くに留まる限りにおいて $O(|\boldsymbol{x} - \boldsymbol{x}_0|^2)$ の項を無視できると予測できます．

定理 9.5

ベクトル場 $\boldsymbol{f}$ は C^1 級であるとする．式 (9.1) は点 $\boldsymbol{x}_0$ を不動点として持つとし，ヤコビ行列 $\dfrac{\partial \boldsymbol{f}}{\partial \boldsymbol{x}}(\boldsymbol{x}_0)$ は双曲型であると仮定する．このとき式 (9.1) の不動点 $\boldsymbol{x}_0$ の安定性は線形化方程式 (9.10) の不動点 $\boldsymbol{y}=0$ の安定性と一致する．

すなわち，線形化方程式の不動点が定理 9.2 の意味で漸近安定 (不安定) ならば元の方程式の不動点は 9.2 節冒頭の意味で漸近安定 (不安定) となります．証明はやや長くなるので省略します．

一般にベクトル場 $\boldsymbol{f}$ が $\boldsymbol{x}_0$ を不動点に持ち，かつ $\partial \boldsymbol{f}(\boldsymbol{x}_0)/\partial \boldsymbol{x}$ が双曲型であるとき，$\boldsymbol{x}_0$ を $\boldsymbol{f}$ の**双曲型不動点**であるといいます．特に $\partial \boldsymbol{f}(\boldsymbol{x}_0)/\partial \boldsymbol{x}$ の全ての固有値が実部負ならば $\boldsymbol{x}_0$ は**双曲安定**であるといい，1 つでも実部が正なる固有値を持つならば**双曲不安定**であるといいます．$\partial \boldsymbol{f}(\boldsymbol{x}_0)/\partial \boldsymbol{x}$ が双曲型でない場合や考えている不動点から離れた場所では無視した $O(|\boldsymbol{x}-\boldsymbol{x}_0|^2)$ の項が効いてくるため，上記の議論だけでは安定性を判定できません．

◎例題 2◎ ロトカ-ボルテラ方程式

$$\begin{cases} \dot{x}=(y-x-1)x \\ \dot{y}=(1-x-y)y \end{cases} \tag{9.14}$$

の不動点を全て求め，それらの安定性を議論せよ．

解答 連立方程式

$$\begin{cases} (y-x-1)x=0 \\ (1-x-y)y=0 \end{cases} \tag{9.15}$$

を解くことにより不動点 $(x,y)=(0,0),(0,1),(-1,0)$ を得ます．式 (9.14) の右辺 ($\boldsymbol{f}(\boldsymbol{x})$ とおく) のヤコビ行列は

$$\frac{\partial \boldsymbol{f}}{\partial \boldsymbol{x}}(x,y)=\begin{pmatrix} y-2x-1 & x \\ -y & 1-x-2y \end{pmatrix} \tag{9.16}$$

です．

(i) $(x,y)=(0,0)$ のとき，

$$\frac{\partial \boldsymbol{f}}{\partial \boldsymbol{x}}(0,0)=\begin{pmatrix} -1 & 0 \\ 0 & 1 \end{pmatrix} \tag{9.17}$$

であり，これは双曲型であるから，式 (9.14) の不動点 (0,0) の安定性は線形化方程式

$$\dot{\boldsymbol{x}} = \begin{pmatrix} -1 & 0 \\ 0 & 1 \end{pmatrix} \boldsymbol{x} \tag{9.18}$$

の $\boldsymbol{x} = 0$ の安定性と一致します．正の固有値を持つのでこれは双曲不安定です．ほとんどの解は原点から遠ざかることになります (7.2 節の相図 (ii)).

(ii) $(x, y) = (0, 1)$ のとき，

$$\frac{\partial \boldsymbol{f}}{\partial \boldsymbol{x}}(0,1) = \begin{pmatrix} 0 & 0 \\ -1 & -1 \end{pmatrix} \tag{9.19}$$

であり，この固有値は $\lambda = 0, -1$ です．これは双曲型でないので，定理 9.2 や 9.5 からは安定性が判定できません．

(iii) $(x, y) = (-1, 0)$ のとき，

$$\frac{\partial \boldsymbol{f}}{\partial \boldsymbol{x}}(-1,0) = \begin{pmatrix} 1 & -1 \\ 0 & 2 \end{pmatrix} \tag{9.20}$$

であり，固有値は $\lambda = 1, 2$ なので双曲型です．正の固有値を持つので不動点 $(-1, 0)$ は双曲不安定であることが分かります．

問5　ダフィン方程式

$$\begin{cases} \dot{x} = v \\ \dot{v} = x - x^3 - v \end{cases} \tag{9.21}$$

の不動点を全て求め，それらの安定性について議論せよ．

定理 9.4 と定理 9.5 を組み合わせると次の定理が分かります．

定理 9.6

$\boldsymbol{f}$ を C^1 級ベクトル場，$\boldsymbol{x}_0$ をその双曲型不動点とする．任意の C^1 級ベクトル場 $\boldsymbol{g}$ に対し，ある正数 $\varepsilon_0 > 0$ が存在し，$|\varepsilon| < \varepsilon_0$ なる任意の ε に対してベクトル場 $\boldsymbol{f} + \varepsilon \boldsymbol{g}$ は $\boldsymbol{x}_0$ の近傍に双曲型不動点を持ち，特にその安定性は $\boldsymbol{x}_0$ のそれと一致する．

つまり，ベクトル場に小さな摂動を加えても双曲型不動点の存在とその安定性は変わりません．

証明 $\boldsymbol{x}_0$ は $\boldsymbol{f}$ の不動点なので $\boldsymbol{f}(\boldsymbol{x}_0) = 0$ を満たします．双曲型の仮定よりヤコビ行列 $\partial\boldsymbol{f}(\boldsymbol{x}_0)/\partial\boldsymbol{x}$ は虚軸上に固有値を持たず，特にその行列式は零でないので陰関数定理より点 $\boldsymbol{x}_0$ の近傍に $\boldsymbol{f}(\boldsymbol{x}_1) + \varepsilon\boldsymbol{g}(\boldsymbol{x}_1) = 0$ を満たす点 $\boldsymbol{x}_1$ が存在します．これが $\boldsymbol{f} + \varepsilon\boldsymbol{g}$ の不動点です．その安定性はヤコビ行列 $\dfrac{\partial\boldsymbol{f}}{\partial\boldsymbol{x}}(\boldsymbol{x}_1) + \varepsilon\dfrac{\partial\boldsymbol{g}}{\partial\boldsymbol{x}}(\boldsymbol{x}_1)$ の固有値から決まりますが，ε を十分小さくとっておけばこの行列は行列 $\dfrac{\partial\boldsymbol{f}}{\partial\boldsymbol{x}}(\boldsymbol{x}_0)$ に十分近くでき，定理 9.4 よりこれら 2 つの行列の固有値は十分近くできるので両者の安定性は一致します． ■

9.5 位相共役

式 (9.1) に対して $\boldsymbol{x}_0$ をその不動点とします．不動点の近傍でうまく座標変換を施して方程式を解析しやすい形に変換することがよくあります (第 10 章)．今，$\boldsymbol{x}_0$ の近傍 U で定義された微分同相写像 $\boldsymbol{g} : U \to \mathbf{R}^n$ があるとして，関係式 $\boldsymbol{y} = \boldsymbol{g}(\boldsymbol{x})$ により式 (9.1) を座標変換して $\boldsymbol{y}$ についての方程式に書き直してみましょう．$\boldsymbol{x} = \boldsymbol{g}^{-1}(\boldsymbol{y})$ より

$$
\begin{aligned}
\dot{\boldsymbol{x}} = \boldsymbol{f}(\boldsymbol{x}) &\Rightarrow \frac{d}{dt}\boldsymbol{g}^{-1}(\boldsymbol{y}) = \boldsymbol{f}(\boldsymbol{g}^{-1}(\boldsymbol{y})) \\
&\Rightarrow \frac{\partial\boldsymbol{g}^{-1}}{\partial\boldsymbol{y}}(\boldsymbol{y})\dot{\boldsymbol{y}} = \boldsymbol{f}(\boldsymbol{g}^{-1}(\boldsymbol{y})) \\
&\Rightarrow \dot{\boldsymbol{y}} = \frac{\partial\boldsymbol{g}}{\partial\boldsymbol{y}}(\boldsymbol{g}^{-1}(\boldsymbol{y}))\boldsymbol{f}(\boldsymbol{g}^{-1}(\boldsymbol{y}))
\end{aligned} \tag{9.22}
$$

なる $\boldsymbol{y}$ についての微分方程式を得ます．最後の変形ではヤコビ行列の恒等式

$$
\frac{\partial\boldsymbol{g}}{\partial\boldsymbol{y}}(\boldsymbol{g}^{-1}(\boldsymbol{y})) \cdot \frac{\partial\boldsymbol{g}^{-1}}{\partial\boldsymbol{y}}(\boldsymbol{y}) = I \ (\text{単位行列}) \tag{9.23}
$$

を用いました ($g \circ g^{-1}(\boldsymbol{y}) = \boldsymbol{y}$ の両辺を微分することで得られる)．

定理 9.7

$\boldsymbol{x}_0 \in \mathbf{R}^n$ を式 (9.1) の不動点とし，$\boldsymbol{g} : U \to \mathbf{R}^n$ を $\boldsymbol{x}_0$ の開近傍 U 上で定義された微分同相写像とする．このとき，$\boldsymbol{y}_0 = \boldsymbol{g}(\boldsymbol{x}_0)$ は式 (9.22) の不動点であり，$\boldsymbol{x}_0$ と $\boldsymbol{y}_0$ の安定性は一致する．またそれぞれの不動点におけるヤコビ行列の固有値は一致する．

証明　$\boldsymbol{x}(t)$ が U に含まれる式 (9.1) の解ならば $\boldsymbol{y}(t) = \boldsymbol{g}(\boldsymbol{x}(t))$ が式 (9.22) の解であることに注意すると前半が分かります．後半の固有値の部分を示しましょう．座標変換した方程式 (9.22) の不動点 $\boldsymbol{y}_0 = \boldsymbol{g}(\boldsymbol{x}_0)$ におけるヤコビ行列は

$$\begin{aligned}
&\left.\frac{\partial}{\partial \boldsymbol{y}}\right|_{\boldsymbol{y}=\boldsymbol{y}_0} \frac{\partial \boldsymbol{g}}{\partial \boldsymbol{y}}(\boldsymbol{g}^{-1}(\boldsymbol{y}))\boldsymbol{f}(\boldsymbol{g}^{-1}(\boldsymbol{y})) \\
&= \left.\frac{\partial}{\partial \boldsymbol{y}}\right|_{\boldsymbol{y}=\boldsymbol{y}_0} \left(\frac{\partial \boldsymbol{g}}{\partial \boldsymbol{y}}(\boldsymbol{g}^{-1}(\boldsymbol{y}))\right)\boldsymbol{f}(\boldsymbol{g}^{-1}(\boldsymbol{y}_0)) \\
&\qquad + \frac{\partial \boldsymbol{g}}{\partial \boldsymbol{y}}(\boldsymbol{g}^{-1}(\boldsymbol{y}_0))\left.\frac{\partial}{\partial \boldsymbol{y}}\right|_{\boldsymbol{y}=\boldsymbol{y}_0} \boldsymbol{f}(\boldsymbol{g}^{-1}(\boldsymbol{y})).
\end{aligned}$$

ここで右辺第 1 項は $\boldsymbol{f}(\boldsymbol{g}^{-1}(\boldsymbol{y}_0)) = \boldsymbol{f}(\boldsymbol{x}_0) = 0$ より 0 となり，右辺第 2 項は合成関数の微分と式 (9.23) で整理することにより，

$$\left.\frac{\partial}{\partial \boldsymbol{y}}\right|_{\boldsymbol{y}=\boldsymbol{y}_0} \frac{\partial \boldsymbol{g}}{\partial \boldsymbol{y}}(\boldsymbol{g}^{-1}(\boldsymbol{y}))\boldsymbol{f}(\boldsymbol{g}^{-1}(\boldsymbol{y})) = \frac{\partial \boldsymbol{g}}{\partial \boldsymbol{y}}(\boldsymbol{x}_0)\frac{\partial \boldsymbol{f}}{\partial \boldsymbol{x}}(\boldsymbol{x}_0)\left(\frac{\partial \boldsymbol{g}}{\partial \boldsymbol{y}}(\boldsymbol{x}_0)\right)^{-1}$$

を得ます．右辺の行列 B は行列 $A = \partial \boldsymbol{f}(\boldsymbol{x}_0)/\partial \boldsymbol{x}$ の共役 (相似) であり，したがって B の固有値と A の固有値は一致します．■

この章の残りはやや発展的な話題です．上で示したように，微分同相写像 $\boldsymbol{g}$ を用いた座標変換ではヤコビ行列の固有値が保たれます．逆に言えば，2 つの異なる力学系が不動点を持つとし，もし両者のヤコビ行列の固有値が一致していなければ，この 2 つの力学系は微分同相写像では決して移りあわないことになります．例えば不動点の存在とその安定性など，力学系の挙動の定性的な性質にのみ興味がありそれによって力学系の分類を行うときには，微分同相写像を用いた分類ではやや条件がきついようです．そこで微分可能性の仮定を捨てて，$\boldsymbol{g}$ は位相同型写像である，すなわち $\mathbf{R}^n$ から $\mathbf{R}^n$ への全単射な連続写像で，逆写像も連続であるものとしましょう．ところが微分方程式は微分可能な写像でしか座標変換できません (式 (9.22) に $\boldsymbol{g}$ の微分が含まれることに注意せよ)．そこで微分方程式そのものではなく，ベクトル場から定義される流れを座標変換することを考えます．

定義 9.8

φ_t, ψ_t をそれぞれ $\mathbf{R}^n$ 上のあるベクトル場から定義される流れとする．ある位相同型写像 $\boldsymbol{h}:\mathbf{R}^n \to \mathbf{R}^n$ があって

$$\boldsymbol{h} \circ \varphi_t = \psi_t \circ \boldsymbol{h} \tag{9.24}$$

が成り立つとき，φ_t と ψ_t は互いに**位相共役である**という．

問6 φ_t と ψ_t が互いに位相共役な流れのとき，点 $\boldsymbol{x}_0$ が φ_t の不動点であるための必要十分条件は点 $\boldsymbol{h}(\boldsymbol{x}_0)$ が ψ_t の不動点であることを示せ．

特に φ_t の不動点と対応する ψ_t の不動点の安定性は一致することを示すことができます．以上の準備のもと，次の定理が成り立ちます．[*3]

定理 9.9

ハートマン・グロブマンの定理

$\boldsymbol{f}$ を $\mathbf{R}^n$ 上の C^1 級ベクトル場，φ_t をその流れ，$\boldsymbol{x}_0$ をその双曲型不動点とする．このとき，$\boldsymbol{x}_0$ のある開近傍 U と U 上で定義された位相同型写像 $\boldsymbol{h}: U \to \mathbf{R}^n$ が存在し，$\boldsymbol{h} \circ \varphi_t = e^{At} \circ \boldsymbol{h}$ が成り立つ．ここで $A = \partial \boldsymbol{f}(\boldsymbol{x}_0)/\partial \boldsymbol{x}$ は点 $\boldsymbol{x}_0$ におけるヤコビ行列である．

これは双曲型不動点の近傍においては方程式 $\dot{\boldsymbol{x}} = \boldsymbol{f}(\boldsymbol{x})$ の流れが線形化方程式 $\dot{\boldsymbol{x}} = \dfrac{\partial \boldsymbol{f}}{\partial \boldsymbol{x}}(\boldsymbol{x}_0)\boldsymbol{x}$ の流れと局所的には位相共役であることを意味します．双曲型の不動点の近くの流れの定性的な様子は線形化方程式の流れと一致しているということです．

[*3] 証明はかなり難しいので省略します．たとえば
C. ロビンソン『力学系 (上)』(シュプリンガー・フェアラーク東京)
を参照．

放課後談義≫

学生「定理 9.5 を使うと双曲型の不動点の安定性が分かるわけですが，双曲型のものしか判定できないというのはかなり限定的ではないですか」

先生「そんなことはない．例えば，ある行列の固有値を自分で好き勝手に決めることができるとしよう．複素平面にダーツを投げることによって固有値を決めてもいい．果たして虚軸上の固有値が選ばれることはあるだろうか」

学生「虚軸は全複素平面と比べて圧倒的に小さい集合なので，滅多に虚軸上の固有値が選ばれることはなさそうです」

先生「その通り．実際，ほとんど全ての行列は双曲型なんだよ」

学生「双曲型の不動点に制限しても十分豊富な例がある，ということですね」

先生「双曲型の不動点が重要であるもう 1 つの理由は摂動に関してロバストであることだ．特に物理現象をモデル化して得た微分方程式は，モデル化の際の仮定 (例えば摩擦や風や地面の揺れの無視など) のため，実際の現象との間に常に誤差があると思ってよい．したがって微分方程式の不動点が安定だからといって対応する物理現象も安定だとは限らないが，双曲安定ならば小さな誤差を加えても安定性は変わらないから実際の物理現象のほうも安定だと期待できるわけだ」

学生「でも物理現象には調和振動子のような周期現象がたくさんありますよね．問 4(ii) のような場合には固有値は純虚数になります」

先生「確かに，周期軌道の研究においては虚軸上の固有値が重要になります．次章以降で扱うことにしましょう」

第 10 章　ベクトル場の標準形

不動点に対して定義される安定多様体と不安定多様体は，不動点と合わせて力学系の骨格をなし，相図に描きいれることで流れの全体像が把握できるようになります．本章では不動点近傍の流れの解析手法として安定多様体論とベクトル場の標準形について解説します．

10.1　安定多様体と不安定多様体

$\boldsymbol{f}(\boldsymbol{x})$ を $\mathbf{R}^n$ 上のベクトル場とします．n 次元力学系

$$\frac{d\boldsymbol{x}}{dt} = \boldsymbol{f}(\boldsymbol{x}), \quad \boldsymbol{x} \in \mathbf{R}^n \tag{10.1}$$

が点 $\boldsymbol{x}_0$ を不動点に持つとしましょう．必要ならば ($\boldsymbol{y} = \boldsymbol{x} - \boldsymbol{x}_0$ のように) 座標系を平行移動することにより，はじめから不動点は原点 $\boldsymbol{x} = 0$ であるとして構いません．そこで $\boldsymbol{f}(\boldsymbol{x})$ を $\boldsymbol{x} = 0$ のまわりでテイラー展開すると

$$\dot{\boldsymbol{x}} = A\boldsymbol{x} + \boldsymbol{g}(\boldsymbol{x}), \quad g \sim O(|\boldsymbol{x}|^2) \tag{10.2}$$

ここで $A = \partial\boldsymbol{f}(0)/\partial\boldsymbol{x}$ は $\boldsymbol{f}$ のヤコビ行列であり，$\boldsymbol{g}(\boldsymbol{x})$ は $\boldsymbol{x}$ について 2 次以上の項です．前章までに，もし行列 A が双曲型である，すなわち虚軸上に固有値を持たないならば，式 (10.1) の原点の局所的な安定性は線形化方程式 $\dot{\boldsymbol{x}} = A\boldsymbol{x}$ の安定性と一致することをみました (定理 9.5)．今回は，単に安定性のみならず，もっと詳しい解軌道の様子を近似的に構成することを考えます．

第 7 章で定義した (不) 安定部分空間・中心部分空間の定義を再掲しておきます．式 (10.2) に対し，$\mathbf{R}^n$ の部分ベクトル空間 $\boldsymbol{E}^s, \boldsymbol{E}^u, \boldsymbol{E}^c$ を

$$\begin{aligned}
\boldsymbol{E}^s &= \mathrm{span}\{\boldsymbol{v} \,|\, \boldsymbol{v}\ \text{は実部が負である} \\
&\qquad\qquad A\ \text{の固有値に従属する一般固有ベクトル}\,\} \\
\boldsymbol{E}^u &= \mathrm{span}\{\boldsymbol{v} \,|\, \boldsymbol{v}\ \text{は実部が正である} \\
&\qquad\qquad A\ \text{の固有値に従属する一般固有ベクトル}\,\} \\
\boldsymbol{E}^c &= \mathrm{span}\{\boldsymbol{v} \,|\, \boldsymbol{v}\ \text{は実部が零である} \\
&\qquad\qquad A\ \text{の固有値に従属する一般固有ベクトル}\,\}
\end{aligned}$$

で定義し，それぞれ不動点 $\boldsymbol{x}=0$ における**安定部分空間**，**不安定部分空間**，**中心部分空間**といいます．

定義 10.1

ベクトル場 $\boldsymbol{f}$ の流れを φ_t とする．集合 $S \subset \mathbf{R}^n$ について，$\boldsymbol{x}_0 \in S$ ならば任意の $t \in \mathbf{R}$ について $\varphi_t(\boldsymbol{x}_0) \in S$ が成り立つとき，S をベクトル場 $\boldsymbol{f}$ の**不変集合**という．

すなわち，S 内の点を初期値とする微分方程式 (10.1) の解軌道が S 内にすっぽり含まれ，S の外には出ていかないときに S を不変集合といいます．

以下では多様体という言葉がよく現れますが，多様体論に不慣れな読者は，多様体とは n 次元空間中の滑らかな領域 (図形) のことだと思ってください．例えば曲線 (1 次元多様体) や曲面 (2 次元多様体) などがそうです．不変集合は滑らかな多様体になっているときに**不変多様体**ともいいます．例えば不動点はそれ自身が 0 次元不変多様体，周期軌道は 1 次元不変多様体です．線形の方程式に対しては原点における $\boldsymbol{E}^s$, $\boldsymbol{E}^u$, $\boldsymbol{E}^c$ は不変多様体です．以下で述べられる (不) 安定多様体は，(不) 安定部分空間の非線形版にあたります．

定理 10.2

安定多様体定理

$\mathbf{R}^n$ 上の C^k 級ベクトル場 $\boldsymbol{f}$ は $\boldsymbol{x}=0$ を不動点に持つとする $(1 \leq k \leq \infty)$．このとき，$\boldsymbol{f}$ の不変集合 W^s, W^u で以下の条件を満たすものがそれぞれ唯一つ存在する．

(i)　W^s と W^u は C^k 級多様体であってその次元はそれぞれ安定部分空間 $\boldsymbol{E}^s$，不安定部分空間 $\boldsymbol{E}^u$ の次元と等しい．

(ii)　W^s と W^u は原点においてそれぞれ $\boldsymbol{E}^s$, $\boldsymbol{E}^u$ に接する．

(iii) W^s 上の点を初期値とする式 (10.1) の解軌道は $t \to \infty$ で原点に収束する．W^u 上の点を初期値とする式 (10.1) の解軌道は $t \to -\infty$ で原点に収束する．

以上で特徴づけられる W^s, W^u をそれぞれ不動点 $\boldsymbol{x}=0$ における**安定多様体**，**不安定多様体**という．

証明については第 9 章の脚注 3 の本などを参照ください．なお，中心部分空間に接する中心多様体というのもありますが，これはやや性質が異なるので第 13 章で改めて紹介します．

次の図は 2 次元のベクトル場で，$\dim \boldsymbol{E}^s = \dim \boldsymbol{E}^u = 1$ の場合の流れの様子の一例です．

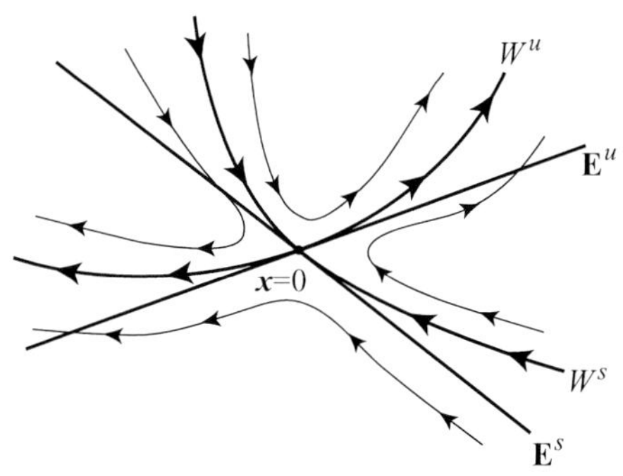

次の図は $\dim \boldsymbol{E}^s = 2, \dim \boldsymbol{E}^u = 1$ の場合の流れの様子の一例です．

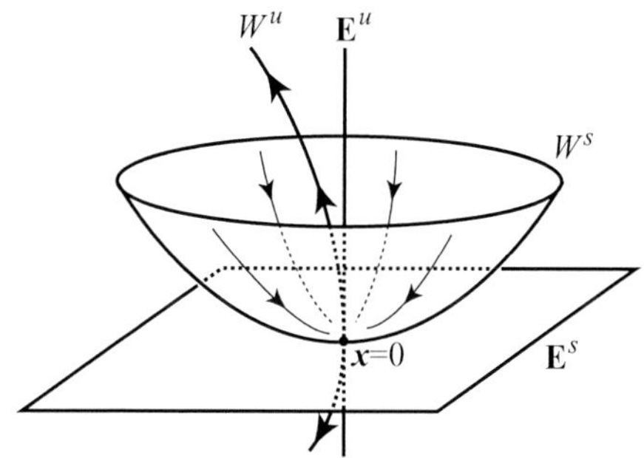

他には，第 8 章 (III) 単振り子の運動方程式の相図において，不動点 B と C はそれぞれ 1 次元の安定多様体と 1 次元の不安定多様体を持っています．点 C の不安定多様体が B に流れ込んでおり (ヘテロクリニック軌道)，したがって同時に B の安定多様体でもあります．不動点 A においてはヤコビ行列の固有値がすべて純虚数なので (不) 安定多様体は存在しません．第 8 章 (IV) のダフィン方程式の相図において，原点は 1 次元の安定多様体と 1 次元の不安定多様体を持っていますが，不安定多様体上の解軌道は再び原点に流れ込むので (ホモクリニック軌道)，安定多様体と不安定多様体が一致しています．

以上より，(不) 安定多様体を具体的に求めることができれば原点の近傍での流れの様子が詳しく分かりそうだと期待できます．一般に (不) 安定多様体を厳密に求めることはできず，特にホモ/ヘテロクリニック軌道のような大域的な構造を知ることは極めて難しい問題ですが，以下のように局所的に多項式で近似したものを求めることはできます．

◎例題 1◎ 次の 2 次元力学系を考えましょう．

$$\begin{cases} \dfrac{dx}{dt} = -x + a_1x^2 + a_2xy + a_3y^2 \\ \dfrac{dy}{dt} = y + b_1x^2 + b_2xy + b_3y^2. \end{cases} \tag{10.3}$$

線形部分の固有値は $-1, 1$ であり，x 軸が安定部分空間，y 軸が不安定部分空間になっています．したがって原点で x 軸に接する安定多様体 W^s が存在するので，これを

$$y = \varphi(x) = c_2x^2 + c_3x^3 + c_4x^4 + \cdots \tag{10.4}$$

のグラフとして求めましょう．(10.4) を方程式 (10.3) の第 2 式に代入すると

$$\begin{aligned} 2c_2x\dot{x} + 3c_3x^2\dot{x} + \cdots =& (c_2x^2 + c_3x^3) + b_1x^2 + b_2x(c_2x^2 + c_3x^3) \\ &+ b_3(c_2x^2 + c_3x^3)^2 + O(x^4) \\ =& (c_2 + b_1)x^2 + (c_3 + c_2b_2)x^3 + O(x^4). \end{aligned}$$

左辺の $\dot{x}$ に (10.3) の第 1 式を代入すると

$$\begin{aligned} &2c_2x\dot{x} + 3c_3x^2\dot{x} + \cdots \\ =& (2c_2x + 3c_3x^2)(-x + a_1x^2 + a_2xy + a_3y^2) + O(x^4). \end{aligned}$$

この右辺の y にさらに (10.4) を代入して x の多項式として整理します．

$$= -2c_2x^2 + (2c_2a_1 - 3c_3)x^3 + O(x^4).$$

したがって x についての恒等式として

$$\begin{cases} -2c_2 = c_2 + b_1 \\ 2c_2a_1 - 3c_3 = c_3 + c_2b_2. \end{cases}$$

これより $c_2 = -b_1/3$, $c_3 = b_1(b_2 - 2a_1)/12$ となり，安定多様体の 3 次までの近似式

$$y = \varphi(x) = -\frac{b_1}{3}x^2 + \frac{b_1}{12}(b_2 - 2a_1)x^3 + \cdots$$

が得られました．これを式 (10.3) の第 1 式に代入したもの

$$\begin{aligned}\frac{dx}{dt} &= -x + a_1x^2 + a_2x\varphi(x) + a_3\varphi(x)^2 \\ &= -x + a_1x^2 - \frac{a_2b_1}{3}x^3 + \left(\frac{a_2b_1}{12}(b_2 - 2a_1) + \frac{a_3b_1^2}{9}\right)x^4 + O(x^5)\end{aligned}$$

が安定多様体上の力学系となります．原点近傍では $\dot{x} = -x$ で近似できて，$x(t) \sim e^{-t}$ くらいの速さで原点に収束していくことが分かります．

10.2 ベクトル場の標準形

再びベクトル場 $\boldsymbol{f}$ は $\boldsymbol{x} = 0$ を不動点に持つとし，そのテイラー展開を

$$\dot{\boldsymbol{x}} = A\boldsymbol{x} + \boldsymbol{g}_2(\boldsymbol{x}) + \boldsymbol{g}_3(\boldsymbol{x}) + \cdots \tag{10.5}$$

とします．ここで $\boldsymbol{g}_i$ はテイラー展開における i 次の同次多項式からなる項です．ある座標変換を施すことにより，この方程式をできるだけ簡単な形をした方程式に変換することを試みましょう．そのために，まずある座標変換により線形部分 $A\boldsymbol{x}$ を簡単にし，次に別の座標変換により 2 次多項式部分 $\boldsymbol{g}_2(\boldsymbol{x})$ を簡単にし，さらに別の座標変換により 3 次多項式部分 $\boldsymbol{g}_3(\boldsymbol{x})$ を簡単にし $\cdots$ という具合に，step by step で方程式を簡単にしていくことを試みます．

以下では係数が複素数である n 次元の i 次同次多項式ベクトル場の全体，すなわち各成分が $\boldsymbol{x} = (x_1, \cdots, x_n)$ について i 次の同次多項式であるようなベクトルの全体を $\mathcal{P}^i(\mathbf{C}^n)$ と表します．$\mathcal{P}^i(\mathbf{C}^n)$ は有限次元のベクトル空間です．たとえば $\mathcal{P}^2(\mathbf{C}^2)$ は 2 次元 2 変数の 2 次同次多項式の全体であり，

$$\begin{pmatrix} x^2 \\ 0 \end{pmatrix}, \begin{pmatrix} xy \\ 0 \end{pmatrix}, \begin{pmatrix} y^2 \\ 0 \end{pmatrix}, \begin{pmatrix} 0 \\ x^2 \end{pmatrix}, \begin{pmatrix} 0 \\ xy \end{pmatrix}, \begin{pmatrix} 0 \\ y^2 \end{pmatrix}$$

の 6 つの元を基底とする (複素)6 次元ベクトル空間です．

問1 $\mathcal{P}^i(\mathbf{C}^n)$ は $n \cdot {}_{n+i-1}C_i$ 次元の複素ベクトル空間であることを示せ．

さて，まずは $A\boldsymbol{x}$ の部分を簡単にするために，ある正則行列 P を用いて $\boldsymbol{x} = P\boldsymbol{y}$ とおきましょう．すると式 (10.5) は

$$\dot{\boldsymbol{y}} = P^{-1}AP\boldsymbol{y} + P^{-1}\boldsymbol{g}_2(P\boldsymbol{y}) + P^{-1}\boldsymbol{g}_3(P\boldsymbol{y}) + \cdots$$

となるので，P をうまく選んで $P^{-1}AP$ がジョルダン標準形になるようにします．ここでジョルダン標準形の幾何学的意味について考えてみましょう．座標系を $\boldsymbol{x}$ から $\boldsymbol{y}$ へと線形変換することにより行列 A がジョルダン標準形 J になったとします．A が対角化可能で J が対角行列のときには，J の各固有ベクトルはちょうど各座標軸の方向と一致しています．対角化不可能な場合でも，標準形の形から分かるように $\boldsymbol{y}$ 座標系においては (不) 安定部分空間 $\boldsymbol{E}^s, \boldsymbol{E}^u$ がいくつかの座標軸の張る部分空間と一致します．ではさらに座標系を非線形写像で変換して，(不) 安定多様体 W^s, W^u までもが "まっすぐ" になり $\boldsymbol{E}^s, \boldsymbol{E}^u$ と一致するようにできるでしょうか？

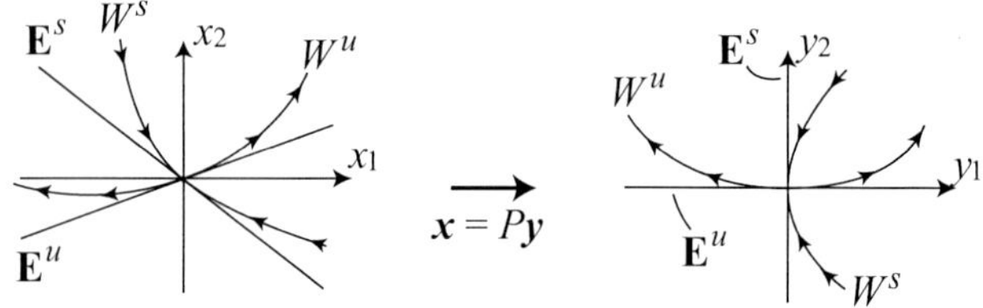

これを近似的に行うのがベクトル場の標準形なのです (定理 10.7)．記号の煩雑さを避けるために，以下では式 (10.5) において A はすでにジョルダン標準形になっているものとします．

次に $\boldsymbol{g}_2(\boldsymbol{x})$ の部分を簡単にするために，ある 2 次多項式ベクトル場 $\boldsymbol{h}_2 \in \mathcal{P}^2(\mathbf{C}^n)$ を用いて

$$\boldsymbol{x} = \boldsymbol{y} + \boldsymbol{h}_2(\boldsymbol{y}) \tag{10.6}$$

という座標変換を施してみましょう．これを式 (10.5) に代入すると左辺は

$$\frac{d}{dt}(\boldsymbol{y} + \boldsymbol{h}_2(\boldsymbol{y})) = (I + \frac{\partial \boldsymbol{h}_2}{\partial \boldsymbol{y}}(\boldsymbol{y}))\dot{\boldsymbol{y}}$$

となり (I は単位行列)，右辺は

$$\begin{aligned} & A(\boldsymbol{y} + \boldsymbol{h}_2(\boldsymbol{y})) + \boldsymbol{g}_2(\boldsymbol{y} + \boldsymbol{h}_2(\boldsymbol{y})) + \boldsymbol{g}_3(\boldsymbol{y} + \boldsymbol{h}_2(\boldsymbol{y})) + \cdots \\ = & A\boldsymbol{y} + A\boldsymbol{h}_2(\boldsymbol{y}) + \boldsymbol{g}_2(\boldsymbol{y}) + O(|\boldsymbol{y}|^3) \end{aligned}$$

となります．ここで $O(|\boldsymbol{y}|^3)$ は $\boldsymbol{y}$ について 3 次以上の項であり，$\boldsymbol{g}_2$ はテイラー展開して高次の項は $O(|\boldsymbol{y}|^3)$ の中に押し込めました．$\boldsymbol{h}_2$ は 2 次多項式であったからヤコビ行列 $\partial\boldsymbol{h}_2(\boldsymbol{y})/\partial\boldsymbol{y}$ は 1 次式であり，よって原点の近傍で $\partial\boldsymbol{h}_2(\boldsymbol{y})/\partial\boldsymbol{y}$ の大きさは十分小さくなります．したがってノイマン級数展開（テイラー展開）[*1]

$$\left(I+\frac{\partial\boldsymbol{h}_2}{\partial\boldsymbol{y}}(\boldsymbol{y})\right)^{-1}=I-\frac{\partial\boldsymbol{h}_2}{\partial\boldsymbol{y}}(\boldsymbol{y})+O(|\boldsymbol{y}|^2) \tag{10.7}$$

が可能であり，式 (10.5) は

$$\begin{aligned}\dot{\boldsymbol{y}}&=\left(I-\frac{\partial\boldsymbol{h}_2}{\partial\boldsymbol{y}}(\boldsymbol{y})+O(|\boldsymbol{y}|^2)\right)\left(A\boldsymbol{y}+A\boldsymbol{h}_2(\boldsymbol{y})+\boldsymbol{g}_2(\boldsymbol{y})+O(|\boldsymbol{y}|^3)\right)\\&=A\boldsymbol{y}+\boldsymbol{g}_2(\boldsymbol{y})-\left(\frac{\partial\boldsymbol{h}_2}{\partial\boldsymbol{y}}(\boldsymbol{y})A\boldsymbol{y}-A\boldsymbol{h}_2(\boldsymbol{y})\right)+O(|\boldsymbol{y}|^3)\\&=A\boldsymbol{y}+\boldsymbol{g}_2(\boldsymbol{y})-\mathcal{L}_A(\boldsymbol{h}_2(\boldsymbol{y}))+O(|\boldsymbol{y}|^3)\end{aligned} \tag{10.8}$$

となります．ここで

$$\mathcal{L}_A(\boldsymbol{h}_2(\boldsymbol{y})):=\frac{\partial\boldsymbol{h}_2}{\partial\boldsymbol{y}}(\boldsymbol{y})A\boldsymbol{y}-A\boldsymbol{h}_2(\boldsymbol{y}) \tag{10.9}$$

とおきました．これをベクトル場 $\boldsymbol{h}_2$ の (A に沿った) **リー微分**といいます．$\mathcal{L}_A(\boldsymbol{h}_2(\boldsymbol{y}))$ を $[A,\boldsymbol{h}_2]$ と書く文献もあります．$\mathcal{L}_A(\boldsymbol{h}_2(\boldsymbol{y}))\in\mathcal{P}^2(\mathbf{C}^n)$ であることに注意すると，我々の目的は“$\boldsymbol{h}_2\in\mathcal{P}^2(\mathbf{C}^n)$ をうまく選んで $\boldsymbol{g}_2(\boldsymbol{y})-\mathcal{L}_A(\boldsymbol{h}_2(\boldsymbol{y}))$ ができるだけ簡単な形になるようにすること”だと言えます．

◎例題 2◎ 次の 2 次元の方程式

$$\begin{pmatrix}\dot{x_1}\\\dot{x_2}\end{pmatrix}=\begin{pmatrix}\lambda_1&0\\0&\lambda_2\end{pmatrix}\begin{pmatrix}x_1\\x_2\end{pmatrix}+\begin{pmatrix}a_1x_1^2+a_2x_1x_2+a_3x_2^2\\b_1x_1^2+b_2x_1x_2+b_3x_2^2\end{pmatrix} \tag{10.10}$$

を考えましょう．これに対して

$$\begin{aligned}\begin{pmatrix}x_1\\x_2\end{pmatrix}&=\begin{pmatrix}y_1\\y_2\end{pmatrix}+\begin{pmatrix}h_1(y_1,y_2)\\h_2(y_1,y_2)\end{pmatrix}\\&=\begin{pmatrix}y_1+(p_1y_1^2+p_2y_1y_2+p_3y_2^2)\\y_2+(q_1y_1^2+q_2y_1y_2+q_3y_2^2)\end{pmatrix}\end{aligned} \tag{10.11}$$

[*1] 行列 X が $||X||<1$ を満たすならば $(I-X)^{-1}=\sum_{k=0}^{\infty}X^k$ と展開できる．ここで $||X||$ は行列のノルムであり，I は単位行列．また，$O(|\boldsymbol{y}|^k)$ は $\boldsymbol{y}=(y_1,\cdots,y_n)$ について k 次以上の項を表す．

という座標変換を施します．$\boldsymbol{g}_2(\boldsymbol{y}) - \mathcal{L}_A(\boldsymbol{h}_2(\boldsymbol{y}))$ を計算して整理すると

$$\begin{pmatrix} (-\lambda_1 p_1 + a_1)y_1^2 \;+\; (-\lambda_2 p_2 + a_2)y_1 y_2 \;+\; (\lambda_1 p_3 - 2\lambda_2 p_3 + a_3)y_2^2 \\ (\lambda_2 q_1 - 2\lambda_1 q_1 + b_1)y_1^2 \;+\; (-\lambda_1 q_2 + b_2)y_1 y_2 \;+\; (-\lambda_2 q_3 + b_3)y_2^2 \end{pmatrix}$$

となります．この式をできるだけ簡単にしたいのだったから

$$\begin{cases} \lambda_1 p_1 = a_1 \\ \lambda_2 p_2 = a_2 \\ (2\lambda_2 - \lambda_1)p_3 = a_3 \\ (2\lambda_1 - \lambda_2)q_1 = b_1 \\ \lambda_1 q_2 = b_2 \\ \lambda_2 q_3 = b_3 \end{cases} \tag{10.12}$$

となるように $p_1, p_2, p_3, q_1, q_2, q_3$ を決定すればよさそうです．上式の p_i, q_i たちの係数が全て 0 でないならばそれは可能ですが，そうでないときには p_i, q_i たちの中のいくつかは未定のまま残ります．

(i) $\lambda_1 \neq 0, \lambda_2 \neq 0, 2\lambda_2 \neq \lambda_1, 2\lambda_1 \neq \lambda_2$ のとき，式 (10.12) は $p_1, p_2, p_3, q_1, q_2, q_3$ について解くことができて，その $p_1, p_2, p_3, q_1, q_2, q_3$ に対して式 (10.11) で定義される座標変換により式 (10.10) は

$$\frac{d}{dt}\begin{pmatrix} y_1 \\ y_2 \end{pmatrix} = \begin{pmatrix} \lambda_1 & 0 \\ 0 & \lambda_2 \end{pmatrix}\begin{pmatrix} y_1 \\ y_2 \end{pmatrix} + O(|\boldsymbol{y}|^3) \tag{10.13}$$

と変換されます．したがって座標変換 (10.11) により 2 次多項式部分を完全に消去できました．“お釣り”の 3 次以上の項が生じることを忘れないように．

(ii) $\lambda_1 = 0, \lambda_2 \neq 0$ のとき, 式 (10.12) を p_1, q_2 以外について解いて p_2, p_3, q_1, q_3 を決めることができて，その p_2, p_3, q_1, q_3 と任意の $p_1, q_2 \in \mathbf{C}$ に対して式 (10.11) で定義される座標変換により式 (10.10) は

$$\frac{d}{dt}\begin{pmatrix} y_1 \\ y_2 \end{pmatrix} = \begin{pmatrix} \lambda_1 & 0 \\ 0 & \lambda_2 \end{pmatrix}\begin{pmatrix} y_1 \\ y_2 \end{pmatrix} + \begin{pmatrix} a_1 y_1^2 \\ b_2 y_1 y_2 \end{pmatrix} + O(|\boldsymbol{y}|^3) \tag{10.14}$$

と変換されます．この場合は a_1 と b_2 を含む項は消去することができません．こうして得られた式 (10.13) や (10.14) を式 (10.10) の (2 次までの) **標準形**といいます．

問2　上の例題において，$\lambda_1 = 2\lambda_2 \neq 0$ の場合の標準形を求めよ．

一般論に戻りましょう．帰納法の仮定として今，式 (10.5) において右辺の第 $k-1$ 項までが (後で定義する) 標準形になっているものとします．第 k 項 $\boldsymbol{g}_k(\boldsymbol{x})$ を標準形にするために

$$\boldsymbol{x} = \boldsymbol{y} + \boldsymbol{h}_k(\boldsymbol{y}), \quad \boldsymbol{h}_k \in \mathcal{P}^k(\mathbf{C}^n) \tag{10.15}$$

とおいてこれを式 (10.5) に代入すると，先ほどと同様の計算により

$$\begin{aligned}\dot{y} = A\boldsymbol{y} + \boldsymbol{g}_2(\boldsymbol{y}) + \cdots + \boldsymbol{g}_{k-1}(\boldsymbol{y})\\ + \boldsymbol{g}_k(\boldsymbol{y}) - \mathcal{L}_A(\boldsymbol{h}_k(\boldsymbol{y})) + O(|\boldsymbol{y}|^{k+1})\end{aligned}$$

を得ます．すでに標準形になっている $\boldsymbol{g}_2, \cdots, \boldsymbol{g}_{k-1}$ はこの座標変換により影響を受けないことに注意しましょう (各自計算して確かめよ)．写像 $\mathcal{L}_A$ の $\mathcal{P}^k(\mathbf{C}^n)$ 上への制限を $\mathcal{L}_A^k$ と書くことにします．$\mathcal{L}_A^k$ はベクトル空間 $\mathcal{P}^k(\mathbf{C}^n)$ から $\mathcal{P}^k(\mathbf{C}^n)$ への線形写像であることに注意すると，$\mathrm{Im}\,(\mathcal{L}_A^k)$ のある補空間 $\mathcal{C}^k$ が存在して

$$\mathcal{P}^k(\mathbf{C}^n) = \mathrm{Im}\,(\mathcal{L}_A^k) \oplus \mathcal{C}^k \tag{10.16}$$

なる直和分解が成り立ちます．よって $\boldsymbol{g}_k(\boldsymbol{y}) - \mathcal{L}_A^k(\boldsymbol{h}_k(\boldsymbol{y})) \in \mathcal{C}^k$ となるように $\boldsymbol{h}_k \in \mathcal{P}^k(\mathbf{C}^n)$ を選ぶことができますね．帰納法により次の定理が証明されたことになります．

定理 10.3

式 (10.5) に対し，$\mathrm{Im}\,(\mathcal{L}_A^i)$ の補空間 $\mathcal{C}^i$ $(i = 1, \cdots, k)$ を 1 つずつ固定する．このとき，原点の近傍で定義されたある座標変換

$$\boldsymbol{x} = \boldsymbol{y} + \boldsymbol{h}_2(\boldsymbol{y}) + \cdots + \boldsymbol{h}_k(\boldsymbol{y}), \quad \boldsymbol{h}_i \in \mathcal{P}^i(\mathbf{C}^n) \tag{10.17}$$

が存在して式 (10.5) を

$$\dot{\boldsymbol{y}} = A\boldsymbol{y} + \widetilde{\boldsymbol{g}}_2(\boldsymbol{y}) + \cdots + \widetilde{\boldsymbol{g}}_k(\boldsymbol{y}) + O(|\boldsymbol{y}|^{k+1}) \tag{10.18}$$

かつ $\widetilde{\boldsymbol{g}}_i \in \mathcal{C}^i$ を満たすものに変換できる．式 (10.18) を式 (10.5) に対する k **次の標準形**という．

一般に $\mathcal{C}^i$ の選び方は一意ではありませんが，A が対角行列の場合には次のように選ぶと便利です．以下，$\boldsymbol{e}_1, \cdots, \boldsymbol{e}_n$ を座標系 $\boldsymbol{x} = (x_1, \cdots, x_n)$ における

$\mathbf{C}^n$ の標準基底とします．例えば $\begin{pmatrix} x_1x_2 \\ 0 \end{pmatrix} = x_1x_2\boldsymbol{e}_1$ のように書くことができます．

定義 10.4

行列 A の固有値を $\lambda_1, \cdots, \lambda_n$ とする．

$$\lambda_j = \sum_{i=1}^{n} \lambda_i \alpha_i \quad \text{かつ} \quad |\alpha| := \sum_{i=1}^{n} \alpha_i \geq 2 \tag{10.19}$$

を満たす自然数 j と 0 以上の整数の組 $(\alpha_1, \cdots, \alpha_n)$ が存在するとき，$x_1^{\alpha_1} x_2^{\alpha_2} \cdots x_n^{\alpha_n} \boldsymbol{e}_j \in \mathcal{P}^{|\alpha|}(\mathbf{C}^n)$ は**共鳴条件**を満たすという．

このとき次の定理が成り立ちます．

定理 10.5

A が対角行列のとき，

$$\mathcal{P}^i(\mathbf{C}^n) = \mathrm{Im}\,(\mathcal{L}_A^i) \oplus \mathrm{Ker}\,(\mathcal{L}_A^i) \tag{10.20}$$

および

$$\mathrm{Ker}\,(\mathcal{L}_A) = \mathrm{span}\{x_1^{\alpha_1} \cdots x_n^{\alpha_n} \boldsymbol{e}_j \mid x_1^{\alpha_1} \cdots x_n^{\alpha_n} \boldsymbol{e}_j \text{は共鳴条件を満たす}\} \tag{10.21}$$

が成り立つ．

証明 A が対角行列

$$A = \begin{pmatrix} \lambda_1 & & O \\ & \ddots & \\ O & & \lambda_n \end{pmatrix}$$

のとき，簡単な計算から

$$\mathcal{L}_A(x_1^{\alpha_1} \cdots x_n^{\alpha_n} \boldsymbol{e}_j) = -\left(\lambda_j - \sum_{i=1}^{n} \lambda_i \alpha_i\right) x_1^{\alpha_1} \cdots x_n^{\alpha_n} \boldsymbol{e}_j$$

となることが分かります．したがって $x_1^{\alpha_1} \cdots x_n^{\alpha_n} \boldsymbol{e}_j$ が共鳴条件を満たすならば

これは $\mathrm{Ker}\,(\mathcal{L}_A)$ の元であり，共鳴条件を満たさないならば

$$x_1^{\alpha_1}\cdots x_n^{\alpha_n}\boldsymbol{e}_j = \mathcal{L}_A\Big(\frac{-1}{\lambda_j - \sum_{i=1}^{n}\lambda_i\alpha_i}x_1^{\alpha_1}\cdots x_n^{\alpha_n}\boldsymbol{e}_j\Big)$$

より $x_1^{\alpha_1}\cdots x_n^{\alpha_n}\boldsymbol{e}_j$ は $\mathrm{Im}\,(\mathcal{L}_A)$ の元となります．よって直和分解 (10.20) が成り立ちます． ■

◎例題 3◎ 定理 10.5 を用いて式 (10.10) の 2 次の標準形を求めましょう．右辺の非線形項は $\mathcal{P}^2(\mathbf{C}^2)$ の元であり，この基底は

$$x_1^2\boldsymbol{e}_1,\ x_1x_2\boldsymbol{e}_1,\ x_2^2\boldsymbol{e}_1,\ x_1^2\boldsymbol{e}_2,\ x_1x_2\boldsymbol{e}_2,\ x_2^2\boldsymbol{e}_2$$

で与えられます．(2 次の) 共鳴条件

$$\lambda_1\alpha_1 + \lambda_2\alpha_2 - \lambda_j = 0, \quad (j = 1, 2,\ \ \alpha_1 + \alpha_2 = 2)$$

を満たす (α_1, α_2, j) の組み合わせは，

(i) $\lambda_1 \neq 0, \lambda_2 \neq 0, 2\lambda_1 \neq \lambda_2, \lambda_1 \neq 2\lambda_2$ のときは存在せず，したがって $\mathrm{Ker}\,(\mathcal{L}_A^2) = \{0\}$ であるから式 (10.13) が 2 次の標準形です．

(ii) $\lambda_1 = 0, \lambda_2 \neq 0$ とします．$j = 1$ のときは $\lambda_2\alpha_2 = 0$ より $\alpha_2 = 0$，$j = 2$ のときは $\lambda_2(\alpha_2 - 1) = 0$ より $\alpha_2 = 1$ を得るので $(\alpha_1, \alpha_2, j) = (2, 0, 1), (1, 1, 2)$ が共鳴条件を満たします．よって $\mathrm{Ker}\,(\mathcal{L}_A^2) = \mathrm{span}\{x_1^2\boldsymbol{e}_1,\ x_1x_2\boldsymbol{e}_2\}$ であるから式 (10.14) が 2 次の標準形です．

◎例題 4◎ 方程式

$$\frac{d}{dt}\begin{pmatrix} x_1 \\ x_2 \end{pmatrix} = \begin{pmatrix} 0 & -1 \\ 1 & 0 \end{pmatrix}\begin{pmatrix} x_1 \\ x_2 \end{pmatrix} + \begin{pmatrix} f_1(x_1, x_2) \\ f_2(x_1, x_2) \end{pmatrix} \tag{10.22}$$

を考えましょう．ただし $f(x)$ は x_1, x_2 について 2 次以上の実係数多項式とします．線形部分が対角になっていないので $\eta_1 = x_1 + ix_2, \eta_2 = x_1 - ix_2$ とおいて

$$\frac{d}{dt}\begin{pmatrix} \eta_1 \\ \eta_2 \end{pmatrix} = \begin{pmatrix} i & 0 \\ 0 & -i \end{pmatrix}\begin{pmatrix} \eta_1 \\ \eta_2 \end{pmatrix} + \begin{pmatrix} g_1(\eta_1, \eta_2) \\ g_2(\eta_1, \eta_2) \end{pmatrix} \tag{10.23}$$

と変換します．$g_1, g_2 = f_1 \pm if_2$ なので f_1, f_2 が実係数で $x_1, x_2 \in \mathbf{R}$ のとき，これは $\overline{g_1(\eta_1, \eta_2)} = g_2(\eta_1, \eta_2)$ を満たします．したがって上式の第 2 式は第 1

式の複素共役です．$\lambda_1 = i, \lambda_2 = -i$ とおくと，共鳴条件 (10.19) は

$$j = 1 \text{ のとき} \quad i\alpha_1 - i\alpha_2 = i$$
$$j = 2 \text{ のとき} \quad i\alpha_1 - i\alpha_2 = -i$$

これを満たす共鳴項は，m を任意の自然数として

$$\begin{aligned} &\mathrm{Ker}\,(\mathcal{L}_A^{2m+1}) = \mathrm{span}\{\eta_1^{m+1}\eta_2^m \boldsymbol{e}_1,\ \eta_1^m\eta_2^{m+1}\boldsymbol{e}_2\} \\ &\mathrm{Ker}\,(\mathcal{L}_A^{2m}) = \{0\} \end{aligned} \tag{10.24}$$

であり，標準形にはこれらの形をした項のみが現れます．すなわち，ある座標変換

$$\eta_i = z_i + h_i(z_1, z_2), \quad h_i \sim O(|\boldsymbol{z}|^2),\ i = 1, 2$$

が存在して式 (10.23) は

$$\begin{cases} \dfrac{dz_1}{dt} = iz_1 + c_3 z_1^2 z_2 + c_5 z_1^3 z_2^2 + \cdots \\ \dfrac{dz_2}{dt} = -iz_2 + d_3 z_1 z_2^2 + d_5 z_1^2 z_2^3 + \cdots \end{cases} \tag{10.25}$$

という形に変換できます．右辺は必要なだけ高い次数 (たとえば k 次) まで標準形にできて最後におまけの $O(|\boldsymbol{z}|^{k+1})$ がつきますが省略しています．定数 c_i, d_i は f_1, f_2 から決まる数ですが，第 2 式は第 1 式の複素共役なので $\overline{d_i} = c_i$ を満たします．そこで $z_1 = \overline{z}_2 = z$ とおくと

$$\frac{dz}{dt} = iz + c_3 z|z|^2 + c_5 z|z|^4 + \cdots \tag{10.26}$$

と複素 1 次元で書けることが分かります．さらにこれを極座標表示します．そのために $z(t) = r(t)e^{i\theta(t)}$ とおいて代入すると

$$\frac{dr}{dt} + ir\frac{d\theta}{dt} = ir + c_3 r^3 + c_5 r^5 + \cdots .$$

実部と虚部を比較することで

$$\begin{cases} \dfrac{dr}{dt} = \mathrm{Re}(c_3) r^3 + \mathrm{Re}(c_5) r^5 + \cdots \\ \dfrac{d\theta}{dt} = 1 + \mathrm{Im}(c_3) r^2 + \mathrm{Im}(c_5) r^4 + \cdots \end{cases}$$

となり，r についての方程式は θ に依存せず 1 次元の力学系に帰着されます．

10.3 対角化できない場合の標準形

方程式 (10.5) において行列 A が対角化できない場合にも定理 10.3 はそのまま成り立ちますが，$\mathrm{Im}(\mathcal{L}_A^i)$ の補空間 $\mathcal{C}^i$ として定理 10.5 のような便利な取り方がなく，ある程度個別に計算する必要があります．

◎例題 5◎ 次の例は線形部分が対角化できません．

$$\frac{d}{dt}\begin{pmatrix} x_1 \\ x_2 \end{pmatrix} = \begin{pmatrix} \lambda & 1 \\ 0 & \lambda \end{pmatrix}\begin{pmatrix} x_1 \\ x_2 \end{pmatrix} + \begin{pmatrix} a_1x_1^2 + a_2x_1x_2 + a_3x_2^2 \\ b_1x_1^2 + b_2x_1x_2 + b_3x_2^2 \end{pmatrix}. \tag{10.27}$$

[例題 2] と同様に式 (10.11) で定義される座標変換を行います．$\boldsymbol{g}_2(\boldsymbol{y}) - \mathcal{L}_A(\boldsymbol{h}_2(\boldsymbol{y}))$ を計算して整理すると

$$\begin{pmatrix} a_1 + q_1 - \lambda p_1 \\ b_1 + \lambda q_1 - 2\lambda q_1 \end{pmatrix} y_1^2 + \begin{pmatrix} a_2 + q_2 - 2p_1 - \lambda p_2 \\ b_2 - 2q_1 - \lambda q_2 \end{pmatrix} y_1y_2 \\ + \begin{pmatrix} a_3 + q_3 - p_2 - \lambda p_3 \\ +b_3 - q_2 - \lambda q_3 \end{pmatrix} y_2^2.$$

となります．上式をできるだけ簡単にするために

$$\begin{cases} \lambda p_1 - q_1 = a_1 \\ 2p_1 + \lambda p_2 - q_2 = a_2 \\ p_2 + \lambda p_3 - q_3 = a_3 \end{cases}, \quad \begin{cases} \lambda q_1 = b_1 \\ 2q_1 + \lambda q_2 = b_2 \\ q_2 + \lambda q_3 = b_3 \end{cases} \tag{10.28}$$

を解きましょう．これは行列を使って

$$\begin{pmatrix} \lambda & 0 & 0 & -1 & 0 & 0 \\ 2 & \lambda & 0 & 0 & -1 & 0 \\ 0 & 1 & \lambda & 0 & 0 & -1 \\ 0 & 0 & 0 & \lambda & 0 & 0 \\ 0 & 0 & 0 & 2 & \lambda & 0 \\ 0 & 0 & 0 & 0 & 1 & \lambda \end{pmatrix}\begin{pmatrix} p_1 \\ p_2 \\ p_3 \\ q_1 \\ q_2 \\ q_3 \end{pmatrix} = \begin{pmatrix} a_1 \\ a_2 \\ a_3 \\ b_1 \\ b_2 \\ b_3 \end{pmatrix} \tag{10.29}$$

と書けます．$\lambda \neq 0$ ならばこの行列は非退化なので上式は $(p_1, \cdots, q_3)$ について解けて，この $(p_1, \cdots, q_3)$ に対して式 (10.11) で定義される変数変換をほどこすことにより式 (10.27) の 2 次の項はすべて消去できて

$$\frac{d}{dt}\begin{pmatrix} y_1 \\ y_2 \end{pmatrix} = \begin{pmatrix} \lambda & 1 \\ 0 & \lambda \end{pmatrix}\begin{pmatrix} y_1 \\ y_2 \end{pmatrix} + O(|\boldsymbol{y}^3|)$$

と変換されます．$\lambda = 0$ のときは上の行列はフルランクでないから式 (10.29) は解を持ちません．このときは，例えば

$$p_1 = (a_2 + b_3)/2,\ p_2 = a_3,\ p_3 = (\text{任意}),$$
$$q_1 = -a_1,\ q_2 = b_3,\ q_3 = 0$$

と選べば (10.28) のうちの 4 つを満たすことができて式 (10.27) は

$$\frac{d}{dt}\begin{pmatrix} y_1 \\ y_2 \end{pmatrix} = \begin{pmatrix} 0 & 1 \\ 0 & 0 \end{pmatrix}\begin{pmatrix} y_1 \\ y_2 \end{pmatrix} + \begin{pmatrix} 0 \\ b_1 y_1^2 + (2a_1 + b_2) y_1 y_2 \end{pmatrix} + O(|\boldsymbol{y}|^3)$$

と変換されます．

10.4　標準形の性質

ベクトル場の標準形は単に式の形がすっきりするというだけでなく，以下で述べるようなよい性質を持っています．この節を通して行列 A は対角行列であるとし，$\mathcal{C}^i$ は定理 10.5 のように共鳴項からなるものをとるとします．式 (10.5) からその k 次の標準形 (10.18) への座標変換を $\boldsymbol{x} = \boldsymbol{y} + \boldsymbol{h}(\boldsymbol{y})$ とし，標準形 (10.18) において $k+1$ 次以上の項を打ち切った方程式

$$\dot{\boldsymbol{y}} = A\boldsymbol{y} + \widetilde{\boldsymbol{g}}_2(\boldsymbol{y}) + \cdots + \widetilde{\boldsymbol{g}}_k(\boldsymbol{y}), \qquad \widetilde{\boldsymbol{g}}_i \in \mathcal{C}^i \tag{10.30}$$

を **(k 次の) 打ち切り形** と呼ぶことにします．

定理 10.6

任意の $i = 2, 3, \cdots$ に対して $\widetilde{\boldsymbol{g}}_i \in \mathcal{C}^i$ は $e^{At}\widetilde{\boldsymbol{g}}_i(\boldsymbol{y}) = \widetilde{\boldsymbol{g}}_i(e^{At}\boldsymbol{y})$ を満たす．

証明　共鳴条件を満たす単項式 $\varphi(\boldsymbol{x}) = x_1^{\alpha_1} \cdots x_n^{\alpha_n} \boldsymbol{e}_j$ に対して示せば十分です．A が対角なので e^{At} は $e^{\lambda_i t}$ が並んだ対角行列であるから

$$\begin{aligned}\varphi(e^{At}\boldsymbol{x}) &= (e^{\lambda_1 t} x_1)^{\alpha_1} \cdots (e^{\lambda_n t} x_n)^{\alpha_n} \boldsymbol{e}_j \\ &= e^{(\lambda_1\alpha_1 + \cdots \lambda_n\alpha_n)t} x_1^{\alpha_1} \cdots x_n^{\alpha_n} \boldsymbol{e}_j = e^{\lambda_j t} x_1^{\alpha_1} \cdots x_n^{\alpha_n} \boldsymbol{e}_j = e^{At}\varphi(\boldsymbol{x}).\end{aligned}$$

■

この定理より，打ち切り形 (10.30) は任意パラメータ $s \in \mathbf{R}$ に対して $\boldsymbol{y} = e^{As}\boldsymbol{z}$ という座標変換で不変であることが分かります ($\boldsymbol{z}$ も同じ微分方程式を満

たす)．このように，任意パラメータを含む座標変換の族で微分方程式が不変であるとき，方程式の変数を 1 つ減らせることがリー理論で知られており，特に 2 次元の方程式の打ち切り形は 1 次元の方程式に帰着されます．リー理論については第 6 章の放課後談義を参照．[例題 4] の標準形が r についての 1 次元力学系に帰着されたのはこのためです．

さらに次の定理が成り立ちます．

定理 10.7

対角行列 A は虚軸上に固有値を持たないとする．このとき，k 次の打ち切り形 (10.30) の (不) 安定部分空間 $\tilde{\boldsymbol{E}}^s, \tilde{\boldsymbol{E}}^u$ は不変集合である．したがって特に $\tilde{\boldsymbol{E}}^s, \tilde{\boldsymbol{E}}^u$ はそれぞれ式 (10.30) の安定多様体，不安定多様体である．

すなわち打ち切り形に対しては安定多様体が安定部分空間と一致しており，安定多様体が局所的に“平面化”できたことになります．これがベクトル場の標準形が行列の標準形の非線形版であるゆえんです．ただし打ち切り形は $O(|\boldsymbol{y}|^{k+1})$ の項を無視しているので，打ち切っていない (10.18) のほうでは原点の ε 近傍で $\boldsymbol{E}^s$ と安定多様体の間に ε^{k+1} 程度の誤差ができます．

●ワンポイント●

標準形 (10.18) を求める計算は次数 k について帰納的に行えます．ではこの操作を無限 $(k \to \infty)$ に行うことはできるでしょうか．すなわち原点の近傍で定義されたある座標変換

$$\boldsymbol{x} = \boldsymbol{y} + \boldsymbol{h}_2(\boldsymbol{y}) + \cdots + \boldsymbol{h}_k(\boldsymbol{y}) + \cdots, \quad \boldsymbol{h}_i \in \mathcal{P}^i(\mathbf{C}^n) \tag{10.31}$$

が存在して式 (10.5) を

$$\dot{\boldsymbol{y}} = A\boldsymbol{y} + \widetilde{\boldsymbol{g}}_2(\boldsymbol{y}) + \cdots + \widetilde{\boldsymbol{g}}_k(\boldsymbol{y}) + \cdots, \quad \widetilde{\boldsymbol{g}}_i \in \mathcal{C}_i \tag{10.32}$$

とできるでしょうか．形式的には計算できますが，残念ながら (10.31), (10.32) の右辺は一般には収束せず発散級数になります．座標変換 (10.31) と方程式 (10.32) の右辺が原点の近傍で収束して厳密に意味を持つためのさまざまな条件が研究されており，十分条件としてポアンカレの線形化定理やジーゲルの定理が知られています[*2]．

[*2] 本書で述べることができなかったベクトル場の標準形とその周辺の話題については

放課後談義≫

学生「異なる方程式が，標準形を求めると同じ方程式になっちゃうこともあるんでしょうか」

先生「もちろんあるよ．ある意味で標準形は，微分方程式の不動点近傍での分類を与えていることになる」

学生「分類？」

先生「行列のジョルダン標準形が行列の分類 (正確に言えば，同値類) を与えることを思い出そう．行列 A のジョルダン標準形 $J_1 = P_1^{-1}AP_1$ と行列 B のジョルダン標準形 $J_2 = P_2^{-1}BP_2$ が一致するとき，A と B は $A = P_1P_2^{-1}BP_2P_1^{-1}$ なる関係式で結ばれるから A と B は互いに共役 (相似) であり，座標変換で移り合うわけだ」

学生「微分方程式の場合も，標準形が同じな方程式たちは座標変換で移り合うわけですか」

先生「その通り．方程式 $\dot{x}_1 = \boldsymbol{f}_1(\boldsymbol{x}_1)$，および $\dot{x}_2 = \boldsymbol{f}_2(\boldsymbol{x}_2)$ の標準化のための座標変換をそれぞれ $\boldsymbol{x}_1 = \boldsymbol{h}_1(\boldsymbol{y})$, $\boldsymbol{x}_2 = \boldsymbol{h}_2(\boldsymbol{y})$ とするとき，もし両者の標準形が一致するならば変換 $\boldsymbol{x}_2 = \boldsymbol{h}_2(\boldsymbol{h}_1^{-1}(\boldsymbol{x}_1))$ により 2 つの方程式は互いに移り合うね」

学生「ということは，ある 1 つの微分方程式のことがよく分かったら，それと標準形を同じくする全ての方程式のことも同時に分かったことになるわけですか」

先生「1 つの不動点の近傍のみ，という注意は必要だが，その通りだよ．次章以降で分岐現象を解析していくが，標準形になっている“代表選手”に対して調べればよいことになります」

S. N. Chow, C. Li, D. Wang「Normal forms and bifurcation of planar vector fields」(Cambridge University Press), 1994
に詳しい．

第 11 章　1 次元力学系の分岐

この章からは力学系の**分岐**と呼ばれる現象について解説します．パラメータ λ を含む 1 次元の力学系

$$\dot{x} = f(x, \lambda) \tag{11.1}$$

を考えましょう．λ を動かすときに相図にどのような定性的な変化が起こるかを観察するのが目的です．

11.1　1 次元力学系の相図

1 次元自励系の方程式 $\dot{x} = f(x)$ の解の振舞いを理解したいとしましょう．これは変数分離形ですから第 6 章の方法で厳密解を導出することができます．しかし第 6 章の例題から分かるように，解を具体的に求めたからといって必ずしも $t \to \infty$ における解の振舞いが容易に分かるわけではありません．1 次元の方程式に限りますが，解の振舞いを見るだけならもっと簡単な方法があります．

例として $f(x) = x^2 - 1$ をとることにします．$y = dx/dt = x^2 - 1$ のグラフは次のようになっています．

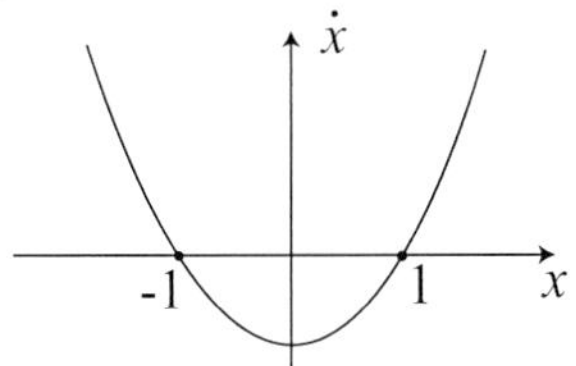

方程式 $\dot{x} = x^2 - 1$ の不動点は $x^2 - 1 = 0 \Rightarrow x = \pm 1$ で与えられますが，これは $y = x^2 - 1$ のグラフと x 軸の交点です．不動点以外での解の様子も $y = f(x)$ のグラフを使って次のように理解できます．$f(x) > 0$ なる点においては $\dot{x} = dx/dt > 0$ であるから，時間 t が増加すると x は増加します．そこでこのような点 x においては x 軸上に右向きの矢印を描くことにします．逆に $f(x) < 0$ なる点においては $dx/dt < 0$ であるから，時間 t が増加すると x は減少します．そこでこのような点 x においては x 軸上に左向きの矢印を描くことにします．$f(x) = x^2 - 1$ の場合には次のような相図が得られます．

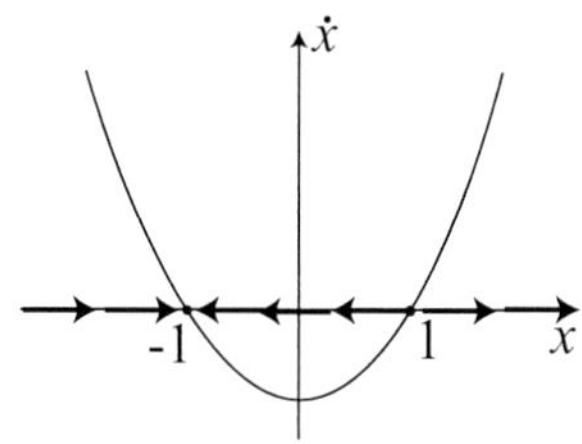

すなわち $-1 < x < 1$ のときは $f(x) = x^2 - 1 < 0$ であるから t が増加すると x は減少し，$x < -1, 1 < x$ のときは $f(x) = x^2 - 1 > 0$ であるから x は増加します．この図を見れば，不動点 $x = -1$ は漸近安定であり，不動点 $x = 1$ は不安定であることが一目瞭然ですね．

問1　方程式 $\dot{x} = x - x^3$ の不動点を求め，それらの安定性を調べよ．

11.2　サドル・ノード分岐

パラメータを含む方程式 (11.1) の例として

$$\frac{dx}{dt} = x^2 - \lambda \tag{11.2}$$

を考えます．前節の手法で相図を描きますが，不動点の存在と安定性がパラメータ λ の値によって以下のように異なってきます．

(i) $\lambda > 0$ のとき，不動点は $x = \pm\sqrt{\lambda}$ で与えられます．相図は前節のものと同様で，$x = -\sqrt{\lambda}$ は漸近安定，$x = +\sqrt{\lambda}$ は不安定となります．

(ii) $\lambda = 0$ のとき，不動点は $x = 0$ のみです．相図は左下のようになります．初期値が正である解軌道は不動点から離れていくので，不動点は不安定です．

(iii) $\lambda < 0$ のとき，不動点は存在しません．相図は右下のようになり，解は初期値に依らず単調増大で発散します．

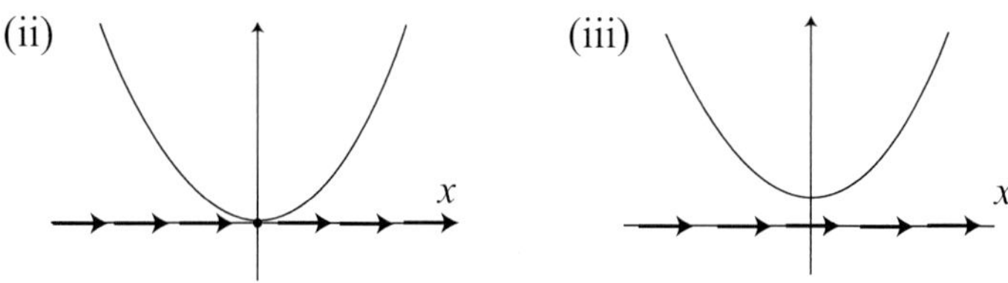

λ が 0 をまたぐときに方程式 $\dot{x} = x^2 - \lambda$ の不動点の個数とその安定性が変

化することに注意しましょう．一般に，方程式に含まれるパラメータを変化させていく過程で，方程式の流れの位相的な性質が変わる現象を**分岐**といいます．特にパラメータを変えていくと (上の例では λ を減らしていくと) 安定な不動点と不安定な不動点が衝突して消えてしまう現象 (あるいはその逆) を**サドル・ノード分岐**といいます．パラメータ λ とそのときの不動点の座標 x の関係を図示した次の図を**分岐図**といいます．

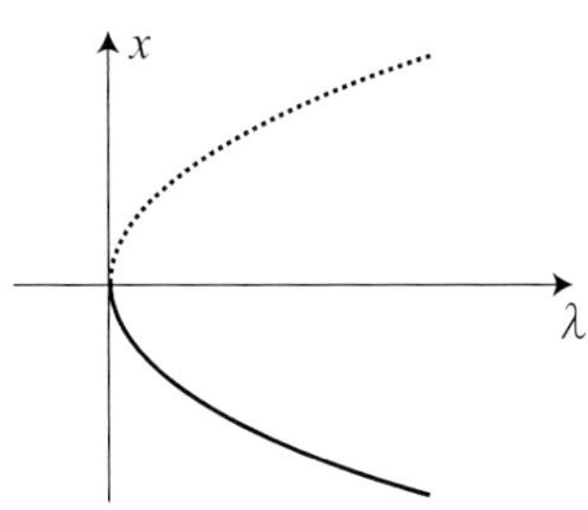

安定な不動点を実線で，不安定な不動点を破線で表す習慣があります．今の例では，$\lambda > 0$ のときに $x = +\sqrt{\lambda}$ が不安定なので，そのグラフを破線で描いているわけです．生じた不動点が $\sqrt{\lambda}$ のオーダーで分岐点 $x = 0$ から遠ざかっていくのがサドル・ノード分岐の特徴です．

不動点の分岐を双曲安定性の立場から眺めてみましょう (第 9 章)．双曲型不動点の安定性は不動点におけるヤコビ行列の固有値の実部の符号から決まるのでした．1 次元力学系の場合は固有値は単に右辺 f の微分係数です．$\lambda > 0$ のとき，方程式 $\dot{x} = f(x, \lambda) = x^2 - \lambda$ は 2 つの不動点 $x = \pm\sqrt{\lambda}$ を持ちます．不動点 $x = \sqrt{\lambda}$ において

$$\frac{\partial f}{\partial x}(\sqrt{\lambda}, \lambda) = 2\sqrt{\lambda} > 0$$

より $x = \sqrt{\lambda}$ は双曲不安定です．一方，不動点 $x = -\sqrt{\lambda}$ においては

$$\frac{\partial f}{\partial x}(-\sqrt{\lambda}, \lambda) = -2\sqrt{\lambda} < 0$$

より $x = -\sqrt{\lambda}$ は双曲安定で，この結果は上図とも一致します．定理 9.4 あるいは 9.6 より，双曲型の不動点はロバストであり，多少パラメータを動かしても安定性は変化しません．

一方，$\lambda = 0$ のときには f の微分係数が零になるから双曲安定性の理論では安定性が判定できません．逆に言えば，パラメータを動かす過程でヤコビ行列の固有値が虚軸をまたぐときに双曲性が破れ，その瞬間に安定性の変化と分岐が起こりえます．

◎例題 1◎　$\dot{x} = f(x) = x^3 - x - \lambda$ の相図と分岐を調べましょう．不動点は $y = x^3 - x$ と $y = \lambda$ の交点であることに注意すると，様々な λ に対する相図を次図のようにまとめて描くことができます．

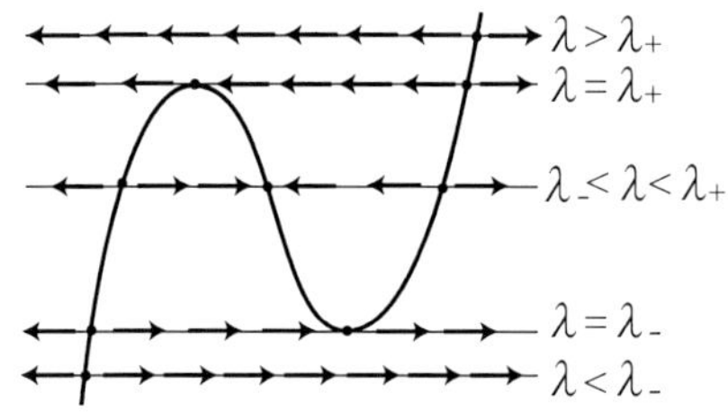

不動点の座標を求めるには $x^3 - x + \lambda = 0$ を解かなければならず，これはかなり面倒ですが，不動点の個数と大雑把な位置，安定性は上の図だけから十分に分かります．$\lambda > \lambda_+$ のときはただ 1 つの不安定な不動点が存在します．λ を減らしていくときの定性的な変化を見てみましょう．$\lambda = \lambda_+$ で $x = -\sqrt{1/3}$ においてサドル・ノード分岐が起き，安定と不安定の不動点のペアが出現します．したがって $\lambda_- < \lambda < \lambda_+$ では 1 つの安定な不動点と 2 つの不安定な不動点が存在します．さらに λ を減らしていくと，$\lambda = \lambda_-$ で $x = \sqrt{1/3}$ においてサドル・ノード分岐により 2 つの不動点が衝突して消滅し，$\lambda < \lambda_-$ では唯一つの不安定不動点が残ります．このように，相図を描くと面倒な計算をすることなく様々なパラメータ値に対する解の挙動を読み取ることができます．

$\lambda_\pm$ の値は次のようにして求めることができます．分岐は方程式が非双曲型の不動点を持つときに起こるのでした．そこで

$$\frac{\partial f}{\partial x}(x, \lambda) = 3x^2 - 1 = 0$$

を解くと，不動点が非双曲型であるとすればその座標は $x = \pm\sqrt{1/3}$ であるこ

とが分かります．これが不動点であるための条件は

$$f(\pm\sqrt{1/3},\lambda) = \mp\frac{2\sqrt{3}}{9} + \lambda = 0$$

ですから分岐が起こるパラメータの値 $\lambda = \lambda_\pm = \pm 2\sqrt{3}/9$ を得ます．

11.3　トランスクリティカル分岐

この節では

$$\dot{x} = f(x,\lambda) = x^2 - \lambda x \tag{11.3}$$

という方程式を考察しましょう．不動点は $x = 0, \lambda$ の 2 つであり，$f'(0,\lambda) = -\lambda$, $f'(\lambda,\lambda) = \lambda$ より (i) $\lambda > 0$ ならば $x = 0$ は漸近安定，$x = \lambda$ は不安定，(ii) $\lambda < 0$ ならば $x = 0$ は不安定，$x = \lambda$ は安定になります．(iii) $\lambda = 0$ のときは不動点は $\lambda = 0$ のみであり，このとき $f'(0,0) = 0$ なので分岐が起こります．それぞれの場合の相図は次のようになります．

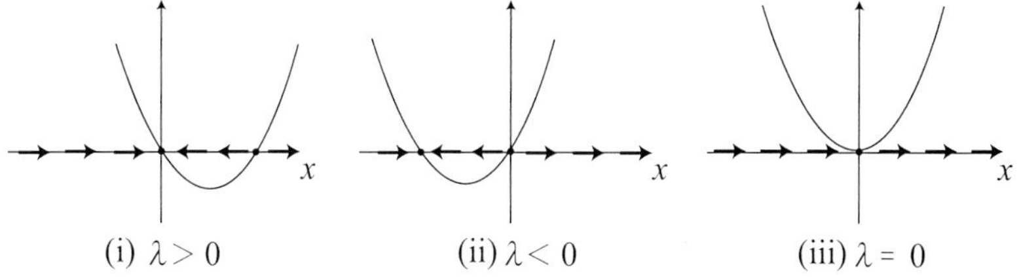

(i) $\lambda > 0$　　(ii) $\lambda < 0$　　(iii) $\lambda = 0$

以上の図をまとめると，次のような分岐図が得られます．

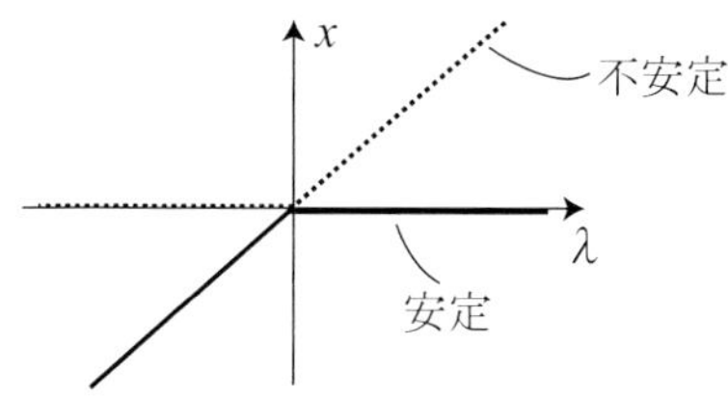

このようにパラメータ λ を動かしていくと安定な不動点と不安定な不動点が λ のオーダーの速さ (1 次関数の速さ) で近づいていって衝突し，そこで安定性が入れ替わって再び λ のオーダーで遠ざかっていくタイプの分岐を**トランスクリティカル分岐**といいます．

11.4　ピッチフォーク分岐

(I) ここでは

$$\dot{x} = f(x, \lambda) = \lambda x - x^3 \tag{11.4}$$

という方程式を考えます．不動点は $\lambda > 0$ のときは $x = 0, \pm\sqrt{\lambda}$ の 3 つ，$\lambda \leq 0$ のときは $x = 0$ のみです．f の微分を調べると $\lambda = 0$ のときに $x = 0$ が非双曲型の不動点になっていることが分かります．それぞれの場合における相図は次のようになります．

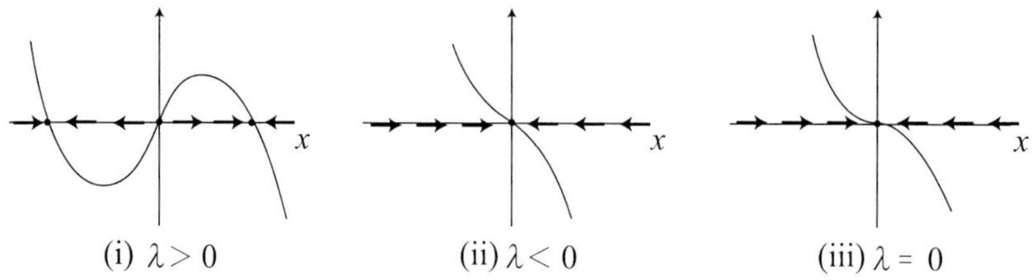

(i) $\lambda > 0$　(ii) $\lambda < 0$　(iii) $\lambda = 0$

以上の図をまとめると，分岐図は次のような“フォーク型”を描くことが分かります．

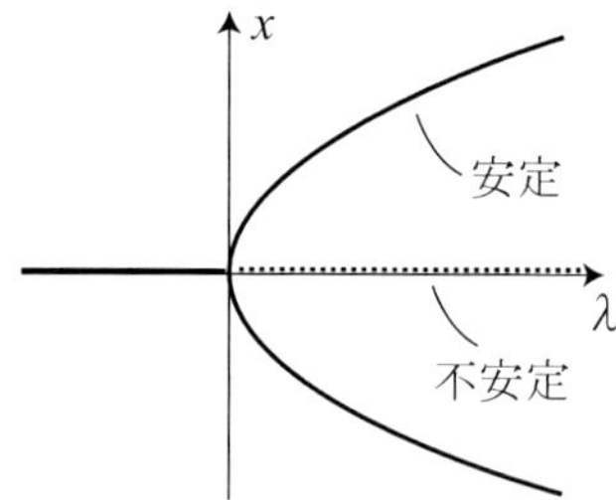

このように，3 つの不動点が $\sqrt{\lambda}$ のオーダーの速さで近づいて衝突し，1 つの不動点が残るタイプの分岐を**ピッチフォーク分岐**といいます．

(II) やや変形した次の方程式も考えてみましょう.

$$\dot{x} = f(x, \lambda) = \lambda x + x^3 - x^5 \tag{11.5}$$

不動点は $x = 0$ と $\lambda = -x^2 + x^4$ の根で与えられます. 相図を描く, あるいは微分係数の符号を見て安定性を調べることで, 分岐図は次のようになることが分かります.

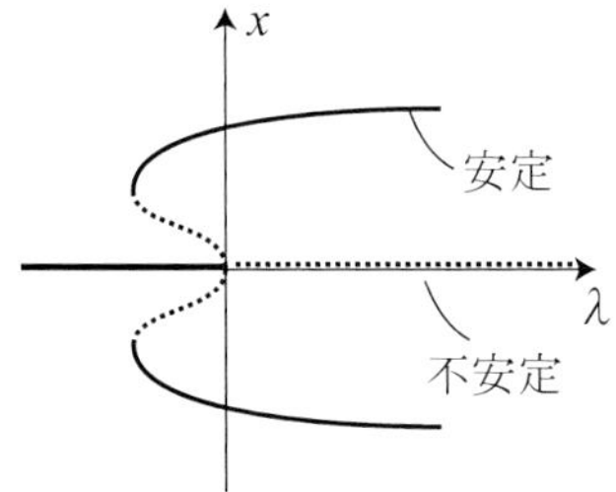

x が十分小さいときは方程式は $\dot{x} \sim \lambda x + x^3$ で近似できます. λ を負から大きくしていくと $\lambda = 0$ でピッチフォーク分岐がおきますが, x^3 の符号が先ほどと異なるので, $\lambda < 0$ の側に不安定な分岐の枝が伸びます. また $\lambda = -1/4$ において 2 箇所でサドル・ノード分岐が起きており, ピッチフォーク分岐で生じた分岐の枝とつながっています. (I) の場合と区別したい場合は, (I) の分岐を**超臨界ピッチフォーク分岐**, (II) のように逆向きに不安定な解が分岐してくる場合は**亜臨界ピッチフォーク分岐**ということもあります.

11.5 ホップ分岐

ε をパラメータとして, 次の 2 次元の力学系を考えます.

$$\begin{cases} \dot{x} = \varepsilon x - y - x(x^2 + y^2) \\ \dot{y} = x + \varepsilon y - y(x^2 + y^2) \end{cases} \tag{11.6}$$

パラメータの値によらず $(x, y) = (0, 0)$ が不動点であり, そこでの右辺のヤコビ行列と固有値は

$$A = \begin{pmatrix} \varepsilon & -1 \\ 1 & \varepsilon \end{pmatrix}, \quad \lambda = \varepsilon \pm i$$

で与えられます. したがって ε を動かすと, $\varepsilon = 0$ において 2 つの互いに複素共役な固有値が $\lambda = \pm i$ において虚軸をまたぐので, ここで分岐が起こると予想されます.

2 次元以上の力学系に対してはこれまでのグラフを描く手法は適用できませんが，この問題は 1 次元力学系に帰着させることができます．実際，$(x, y) = (r\cos\theta, r\sin\theta)$ とおいて変数を極座標 (r, θ) に変換すると，(11.6) は

$$\begin{cases} \dot{r} = \varepsilon r - r^3 \\ \dot{\theta} = 1 \end{cases} \tag{11.7}$$

となることが簡単な計算から分かります．r についての方程式は θ に依存せず 1 次元の力学系で，特にピッチフォーク分岐の方程式 (11.4) で与えられます．したがってその分岐図は前節 (I) と同じものになります．すなわち，$\varepsilon < 0$ のときには原点 $r = 0$ が漸近安定であり，$\varepsilon = 0$ において動径方向にピッチフォーク分岐が起きて，$\varepsilon > 0$ のときには漸近安定な解 $r = \sqrt{\varepsilon}$ が存在します．一方，偏角についての方程式を解くと $\theta = t$ であることに注意すると，(x, y)-平面においては，原点から半径 $\sqrt{\varepsilon}$ の漸近安定な周期軌道

$$(x, y) = (\sqrt{\varepsilon}\cos t,\ \sqrt{\varepsilon}\sin t)$$

が生じたことを意味します (次図)．このようなメカニズムで周期軌道が生じる分岐を**ホップ分岐**といいます．

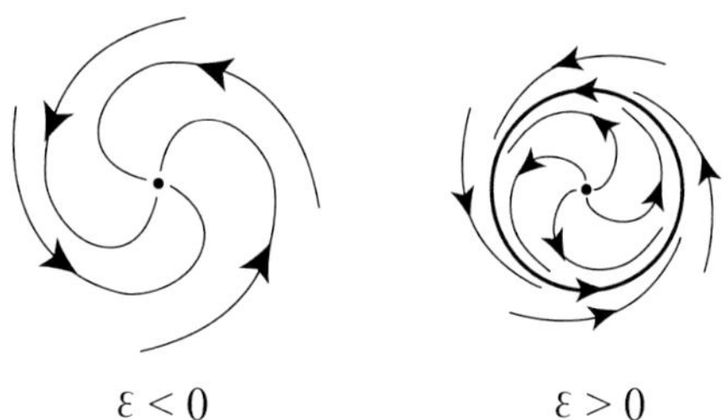

ここでは人為的に 1 次元に帰着される問題を設定しましたが，ベクトル場の標準形を用いると，不動点において固有値 $\lambda = \pm i$ を持つ 2 次元力学系の標準形はいつでも動径方向について 1 次元の力学系に局所的に変換できる (10.2 節 [例題 4]) ので，この問題と同様に分岐解析を行うことができます．次章以降では，ベクトル場の標準形よりも汎用性が高い特異摂動法を用いてより複雑な問題に対する分岐を調べていきます．

放課後談義》》

学生「いろいろな方程式を考えることでいろいろなタイプの分岐が現れそうですね．複雑な方程式になるとどんどん理解するのが難しくなりそうです」

先生「分岐のタイプがここで紹介した以外にもあるのは事実だが，方程式の数と同じだけたくさんあるのではと悲観的になることはないし，複雑な方程式だからといって複雑な分岐が起こるわけでもない．実際，今回紹介した 4 つの分岐で多くの問題をカバーできますよ」

学生「複雑な方程式でも簡単な方程式と同じ分岐が起こるというのが納得いきませんが…」

先生「ベクトル場の標準形の話を覚えているかな」

学生「与えられた方程式に対してうまく座標変換を施して，できるだけ簡単な形の方程式に変換しようって話ですよね」

先生「同じ形の標準形を持つ方程式たちは互いに座標変換で移り合うから，同じタイプの分岐が起こるはずだよね」

学生「そういえば第 10 章で，不動点の個数とその安定性は座標変換しても変わらないということを習った気がします」

先生「つまりはじめから標準形になっている方程式の分岐さえ調べておけばそれで十分なわけだ．例えば $\dot{x} = f(x, \lambda)$ という形の 1 次元方程式を考えよう．我々は不動点の分岐に興味があるから，必要ならば座標系と λ の定義を平行移動することにより $\lambda = 0$ のとき $x = 0$ が非双曲型の不動点であるとしてもよいだろう．$\lambda = 0$ のとき $x = 0$ が不動点であるための条件が

$$f(0, 0) = 0 \tag{11.8}$$

で，非双曲型であるための条件が

$$\frac{\partial f}{\partial x}(0, 0) = 0 \tag{11.9}$$

だね．さらに

$$\frac{\partial^2 f}{\partial x^2}(0,0) \neq 0 \tag{11.10}$$

$$\frac{\partial f}{\partial \lambda}(0,0) \neq 0 \tag{11.11}$$

という条件をつけると，うまく座標系，時間スケールと λ の定義を変換することにより，$\dot{x} = f(x, \lambda)$ が

$$\dot{x} = x^2 - \lambda \tag{11.12}$$

とサドル・ノード分岐の式に帰着できることが証明できる．f のテイラー展開

$$f(x, \lambda) = c_{00} + (c_{10}x + c_{01}\lambda) + (c_{20}x^2 + c_{11}x\lambda + c_{02}\lambda^2) + \cdots$$

において，条件 (11.8),(11.9) より c_{00} と c_{10} は消えて，条件 (11.10),(11.11) より c_{20} と c_{01} は残り，それ以外は高次の項であることを考えると式 (11.12) の形を考えることが妥当であることも納得がいくだろう」

学生「他のタイプの分岐はどういうときに起こるのですか」

先生「式 (11.10),(11.11) を他の条件に置きかえると他のタイプの分岐が起きます．たとえば方程式が x を $-x$ に置き換える変換で不変であるという空間対称性を持っている問題は物理ではよく現れる．このときは f のテイラー展開において x の偶数次数は現れないため (11.10),(11.11) は成り立たずに左辺は自動的に 0 になる．代わりに

$$\frac{\partial^2 f}{\partial x^3}(0,0) \neq 0, \quad \frac{\partial^2 f}{\partial x \partial \lambda}(0,0) \neq 0$$

を仮定すれば，ピッチフォーク分岐の方程式に帰着されます」

第 12 章　くりこみ群の方法

今回はくりこみ群の方法と呼ばれる，常微分方程式に対する強力な特異摂動法を紹介します[*1].

12.1　くりこみ群のアイデア

$\boldsymbol{f}(\boldsymbol{x})$ を $\mathbf{R}^n$ 上の滑らかな (すなわち無限回微分可能な) ベクトル場とします．$\mathbf{R}^n$ 上の力学系 $\dot{\boldsymbol{x}} = \boldsymbol{f}(\boldsymbol{x})$ が $\boldsymbol{f}(0) = 0$ を満たす，すなわち $\boldsymbol{x} = 0$ を不動点に持つとしましょう．$\boldsymbol{f}(\boldsymbol{x})$ のテイラー展開において $\boldsymbol{x} = 0$ におけるヤコビ行列を $A = \dfrac{\partial \boldsymbol{f}}{\partial \boldsymbol{x}}(0)$ とし，2 次以上の部分を $\boldsymbol{g}(\boldsymbol{x})$ と書くと

$$\dot{\boldsymbol{x}} = A\boldsymbol{x} + \boldsymbol{g}(\boldsymbol{x})$$

行列 A が双曲型である，すなわち A の全ての固有値が虚軸上にないときには，原点の安定性は線形方程式 $\dot{\boldsymbol{x}} = A\boldsymbol{x}$ の安定性と一致するのでした (定理 9.5). ところが応用上は A が虚軸上に固有値を持つような問題に出くわすことも少なくありません．このようなときには高次の項 $\boldsymbol{g}(\boldsymbol{x})$ や方程式に対する微小摂動が解の挙動に本質的に効いてくるため，それらも考慮した近似解を構成する必要があります.

◎例題 1◎　(調和振動子の摂動系)

$\ddot{x} + \omega^2 x = 0$ という形をした方程式を**調和振動子**といいます．これは物理において最も頻繁に現れる方程式です．一般解は $C_1, C_2 \in \mathbf{R}$ を任意定数として

$$x(t) = C_1 \cos \omega t + C_2 \sin \omega t \tag{12.1}$$

で与えられ，定常解 $x(t) = 0$ を除く任意の解が周期解です．さて，実際の問題では振動子が (例えば磁場のような) 外場と相互作用し，微弱な外力を受けるよ

[*1] くりこみ群という用語はいくつかの異なる用法があるので注意．ここでは微分方程式に対する特異摂動法の意味であって，統計物理などで用いられるくりこみ群とは理論上の関係はありません.

うな状況がよくあります．例えば ε を十分小さい正の定数として外力が $-\varepsilon x^3$ で与えられるとき，運動方程式は

$$\ddot{x} + \omega^2 x + \varepsilon x^3 = 0 \tag{12.2}$$

となります．ここで $\dot{x} = v$ とおくと上式は

$$\frac{d}{dt}\begin{pmatrix} x \\ v \end{pmatrix} = \begin{pmatrix} 0 & 1 \\ -\omega^2 & 0 \end{pmatrix}\begin{pmatrix} x \\ v \end{pmatrix} - \varepsilon \begin{pmatrix} 0 \\ x^3 \end{pmatrix}$$

となり，$(x, v) = (0, 0)$ を不動点に持ちますが，$(0, 0)$ におけるヤコビ行列の固有値は $\pm i\omega$ であるから双曲型ではありません．したがって ε が十分小さくても，この方程式の解は (12.1) では近似できない可能性があります．そこで εx^3 の項も考慮した近似解を摂動論を用いて構成することを試みます．

素朴な摂動法. まずは単純に，解は ε についてのべき級数で表されるとして $x(t) = x_0(t) + \varepsilon x_1(t) + \varepsilon^2 x_2(t) + \cdots$ とおきます．これを方程式に代入すると

$$(\ddot{x}_0 + \varepsilon \ddot{x}_1 + \cdots) + \omega^2 (x_0 + \varepsilon x_1 + \cdots) + \varepsilon (x_0 + \varepsilon x_1 + \cdots)^3 = 0.$$

ε について展開，整理して，両辺で ε のべきで比較すると $x_0, x_1, \cdots$ が満たす方程式が得られます．ここでは ε の 1 次まで計算します．

$$\begin{aligned} \ddot{x}_0 + \omega^2 x_0 &= 0, \\ \ddot{x}_1 + \omega^2 x_1 &= -x_0^3 \\ &\vdots \end{aligned}$$

x_0 についての方程式は摂動がない方程式そのものであり解は (12.1) で与えられますが，指数関数で表示したほうがのちの計算が楽になるので

$$x_0(t, A) = Ae^{i\omega t} + \overline{A}e^{-i\omega t}, \ \ A \in \mathbf{C}.$$

と複素表示します．ここで A は任意定数．これを x_1 の方程式に代入すると

$$\ddot{x}_1 + \omega^2 x_1 = -(A^3 e^{3\omega i t} + 3|A|^2 A e^{i\omega t} + 3|A|^2 \overline{A} e^{-i\omega t} + \overline{A}^3 e^{-3\omega i t}).$$

これは非同次形の線形方程式なので第 3 章の未定係数法で特殊解を見つけることができます．結果のみ書くと，特殊解として

$$x_1(t; A) = \frac{A^3}{8\omega^2} e^{3\omega i t} + \frac{3i}{2\omega}|A|^2 A \cdot t e^{i\omega t} + \text{c.c.}$$

が得られます．ここで c.c. はそれより前の項の複素共役を表します (実数値を複素表示したときに，式の簡略化のためによく用いられる記法です)．ここまでで，1 次の近似解を構成しました：

$$x(t,A) = Ae^{i\omega t} + \varepsilon\left(\frac{A^3}{8\omega^2}e^{3\omega it} + \frac{3i}{2\omega}|A|^2A\cdot te^{i\omega t}\right) + \text{c.c.} + O(\varepsilon^2) \quad (12.3)$$

このように ε のべき級数として近似解を構成する方法を素朴な摂動法といいます．果たしてこれは精度のよい近似解を与えているでしょうか．実は方程式 (12.2) の厳密解は周期解であることが示せます (エネルギー保存則を用いる) が，上の近似解は $te^{i\omega t}$ という共鳴項のため (x_1 の方程式において同次形 $\ddot{x}_1 + \omega^2 x_1 = 0$ の特殊解 $e^{i\omega t}$ と右辺の $3|A|^2Ae^{i\omega t}$ が共鳴している．第 3 章)，$t\to\infty$ で発散しており，厳密解の定性的性質を捉えることができていません．

●ワンポイント●

関数 $f(t) = \sin(\varepsilon t)$ を ε についてテイラー展開すると

$$x(t) = \varepsilon t - \frac{1}{3!}(\varepsilon t)^3 + \frac{1}{5!}(\varepsilon t)^5 + \cdots$$

を得ます．右辺の無限級数を足し合わせると確かに $\sin(\varepsilon t)$ と一致するのですが，有限で打ち切ると t についての多項式になり，もとの関数が周期関数であるにもかかわらず $t\to\infty$ で発散してしまいます．このように，ε が十分小さいからといって単純なべき級数展開では本質を取り逃がす可能性があることは，微分方程式の解に限らず起こることです．

式 (12.3) の $te^{i\omega t}$ のように，素朴な摂動法において共鳴に起因して現れる発散項を**永年項**ということもあります．何らかの要因によって素朴な摂動法では満足のいく近似解を構成できないときにこれに対処する手法を総称して**特異摂動法**といいます．特異摂動法の歴史は古く，現在までにいろいろな特異摂動法が考案されてきましたが，最近くりこみ群の方法が従来の特異摂動法を統一・拡張することが分かってきました[*2]．

[*2] この章で省略した証明やくりこみ群の方法のさまざまな応用については著者の原論文
H. Chiba, Extension and unification of singular perturbation methods for ODEs based on the renormalization group method, **SIAM j. on Appl. Dyn. Syst.**, Vol.8, 1066-1115 (2009)
を参照してください．

くりこみ群の方法. 上の例題から続きます．永年項をうまく処理するために，人為的に新しいパラメータ τ を導入し，(12.3) を

$$\hat{x}(t, A) = Ae^{i\omega t} + \varepsilon\left(\frac{A^3}{8\omega^2}e^{3\omega it} + \frac{3i}{2\omega}|A|^2 A \cdot (t-\tau)e^{i\omega t}\right) + \text{c.c.} + O(\varepsilon^2) \tag{12.4}$$

と修正します (t を $t-\tau$ に置き換えた)．気持ちとしては，t が大きくなると同時に τ も大きくなると解釈することで発散を抑えています．ただし勝手に導入したパラメータ τ に解が依存してはいけないので，任意定数 A を τ に依存する関数 $A = A(\tau)$ だとみなし，上式の $\hat{x}(t, A(\tau))$ が τ に依存しないための条件

$$\left.\frac{d\hat{x}}{d\tau}\right|_{\tau=t}(t, A(\tau)) = 0 \tag{12.5}$$

を課します．これを**くりこみ群方程式**といいます．これに (12.4) を代入すると

$$0 = \frac{dA}{dt}e^{i\omega t} + \varepsilon\left(\frac{3A^2}{8\omega^2}\frac{dA}{dt}e^{3i\omega t} - \frac{3i}{2\omega}|A|^2 Ae^{i\omega t}\right) + \text{c.c.} + O(\varepsilon^2).$$

これを整理すると A が満たすべき微分方程式

$$\frac{dA}{dt} = \varepsilon\frac{3i}{2\omega}|A|^2 A + O(\varepsilon^2).$$

が得られます ($dA/dt \sim O(\varepsilon)$ であるから $e^{3i\omega t}$ を含む項は $O(\varepsilon^2)$ の中に含まれることに注意)．さらに $O(\varepsilon^2)$ の項を打ち切ったもの

$$\frac{dA}{dt} = \varepsilon\frac{3i}{2\omega}|A|^2 A, \tag{12.6}$$

を 1 次のくりこみ群方程式といいます．これを解くために $A = re^{i\theta}$ と極座標に変換すると r, θ が満たす方程式は $\dot{r} = 0$, $\dot{\theta} = \dfrac{3\varepsilon}{2\omega}r^2$ となるので，C を任意定数として

$$A(t) = C \exp i\left(\frac{3\varepsilon}{2\omega}C^2 t\right)$$

これを (12.4) の $\hat{x}(t, A(\tau))$ に代入します．その際 τ は任意なので $\tau = t$ とおけば

$$\hat{x}(t, A(t)) = A(t)e^{i\omega t} + \varepsilon \cdot \frac{A(t)^3}{8\omega^2}e^{3i\omega} + \text{c.c.} + O(\varepsilon^2)$$

$$= C \exp i \left(\omega t + \frac{3\varepsilon}{2\omega} C^2 t \right) + \varepsilon \cdot \frac{C^3}{8\omega^2} e^{3i(\omega + 9\varepsilon C^2/2\omega)t} + \text{c.c.} + O(\varepsilon^2)$$

$$= 2C \cos \left(\omega t + \frac{3\varepsilon}{2\omega} C^2 t \right) + \varepsilon \frac{C^3}{4\omega^2} \cos \left(3\omega t + \frac{9\varepsilon}{2\omega} C^2 t \right) + O(\varepsilon^2).$$

これが精度のよい近似解を与えており，厳密解 $x(t)$ と上で構成した近似解 $\hat{x}(t) = \hat{x}(t, A(t))$ は，初期条件が等しければ，時間区間 $0 \leq t < 1/\varepsilon$ において

$$|x(t) - \hat{x}(t)| < \varepsilon$$

という評価を満たすことが一般論から示されます (定理 12.2).

$\varepsilon = 0.1$，および適当な初期値に対して式 (12.2) の解を数値計算したもの (実線) と，近似解 $\hat{x}(t)$(破線) をプロットしたものを以下に示します.

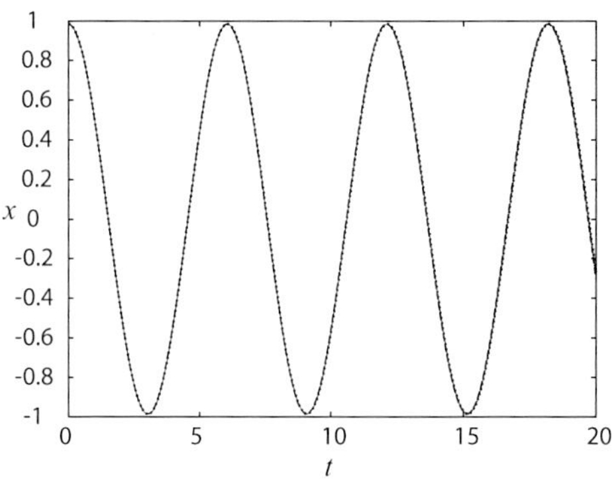

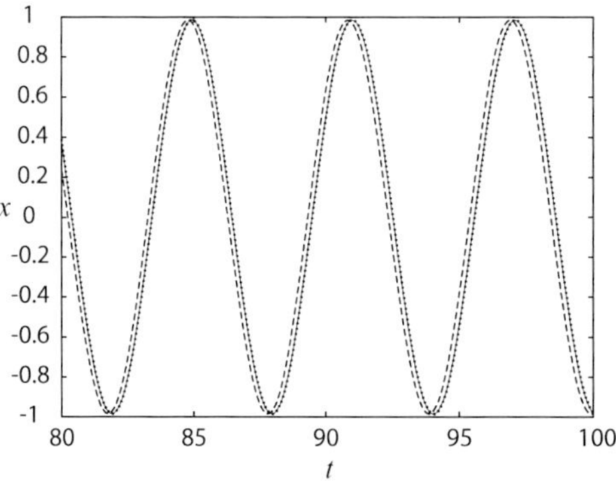

数学的な正当化とは別に，なぜこの操作でうまく近似解が得られるのかは，以下のように説明がつきます．素朴な摂動法によって構成した近似解 (12.4) は t が大きいところではもはやよい近似を与えていませんが，τ も同時に動かすと下図のような軌道の族 $\{\hat{x}(t,A)\}_\tau$ が得られます．このとき，くりこみ群方程式 (12.5) は，この曲線族の包絡線を求めるための方程式にほかなりません (次図)．

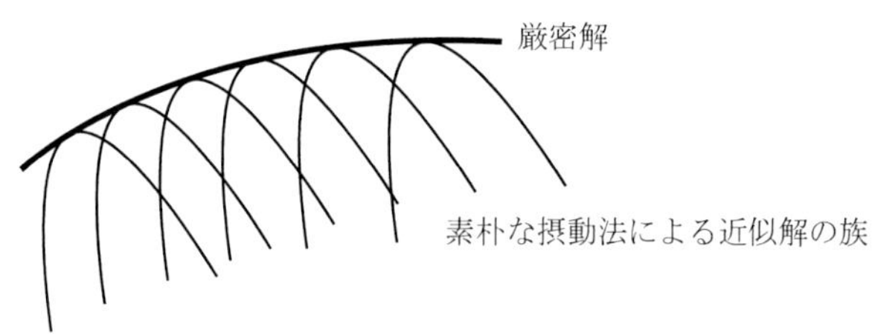

◎例題 2◎　(調和振動子の摂動系 2)

次のファンデルポール方程式を考えます．第 8 章 (II) の相図も参照してください．

$$\begin{cases} \dot{x} = y - x^3 + \varepsilon x, \\ \dot{y} = -x. \end{cases} \tag{12.7}$$

調和振動子の摂動に持ちこむために $(x,y) = (\sqrt{\varepsilon}X, \sqrt{\varepsilon}Y)$ とおくと

$$\begin{cases} \dot{X} = Y + \varepsilon(X - X^3), \\ \dot{Y} = -X. \end{cases}$$

X を消去して Y についての 2 階の微分方程式にし，[例題 1] と同様の計算をしてもよいのですが，一般論を展開するにあたっては 1 階連立のほうが都合がよいです．その場合，線形部分は対角行列にしておいたほうが計算が楽なので，$z = X + iY$, $\overline{z} = X - iY$ とおいて

$$\frac{d}{dt}\begin{pmatrix} z \\ \overline{z} \end{pmatrix} = \begin{pmatrix} -i & 0 \\ 0 & i \end{pmatrix}\begin{pmatrix} z \\ \overline{z} \end{pmatrix} + \frac{\varepsilon}{8}\begin{pmatrix} 4(z+\overline{z}) - (z+\overline{z})^3 \\ 4(z+\overline{z}) - (z+\overline{z})^3 \end{pmatrix}$$

と表しておきます．まずは素朴な摂動法による近似解を構成しましょう．$z = z_0 + \varepsilon z_1 + \cdots$ と展開して代入，整理すると，z_0 と z_1 が満たすべき方程

式は

$$\dot{z}_0 = -iz_0$$
$$\dot{z}_1 = -iz_1 + \frac{1}{8}\left(4(z_0 + \overline{z}_0) - (z_0 + \overline{z}_0)^3\right)$$

0 次の方程式の解は $A \in \mathbf{C}$ を任意定数として $z_0 = Ae^{-it}$ で与えられます．これを 1 次の方程式に代入し，公式 1.3 を用いて解くと

$$\begin{aligned} z_1(t, A) &= \frac{1}{8}e^{-it}\int e^{is}\left(4(Ae^{-is} + \overline{A}e^{is}) - (Ae^{-is} + \overline{A}e^{is})^3\right) ds \\ &= \frac{1}{8}e^{-it}\int \left[(4A - 3A|A|^2) + (4\overline{A} - 3\overline{A}|A|^2)e^{2is} - A^3e^{-2is} - \overline{A}^3e^{4is}\right] ds \\ &= \frac{1}{8}e^{-it}\left[(4A - 3A|A|^2)t + \frac{1}{2i}(4\overline{A} - 3\overline{A}|A|^2)e^{2it} + \frac{1}{2i}A^3e^{-2it} - \frac{1}{4i}\overline{A}^3e^{4it}\right] \end{aligned}$$

ここで，永年項がどこで生じるかよく観察しておくとよいです．1 階の線形微分方程式を解くには公式 1.3 か定理 5.4 を用いるわけですが，公式の被積分関数の中に時間に依存しない定数項 (この場合は $A - 3A|A|^2$) があると，その積分から t の 1 次式が生じます．

ここまでで 1 次までの素朴な摂動解が構成できました．永年項の発散を抑えるために人為的なパラメータ τ を導入して t を $t - \tau$ に置き換えると

$$\begin{aligned} \hat{z}(t, A) = Ae^{-it} + \frac{\varepsilon}{8}\Big((4A - 3A|A|^2)(t - \tau)e^{-it} \\ + \frac{1}{2i}(4\overline{A} - 3\overline{A}|A|^2)e^{it} + \frac{1}{2i}A^3e^{-3it} - \frac{1}{4i}\overline{A}^3e^{3it}\Big) + O(\varepsilon^2) \end{aligned}$$

ここで $A = A(\tau)$ は τ に依存する未定の関数だとし，上式の $\hat{z}(t, A(\tau))$ が人為的パラメータ τ に依存しないための条件であるくりこみ群方程式 (12.5) に代入して整理すると，$A(t)$ が満たすべき方程式

$$\frac{dA}{dt} = \frac{1}{8}\varepsilon(4A - 3A|A|^2) + O(\varepsilon^2)$$

を得ます．$A = re^{i\theta}$ とおいて $O(\varepsilon^2)$ の項を無視すると，1 次のくりこみ群方程式は

$$\begin{cases} \dot{r} = \dfrac{\varepsilon}{8}(4r - 3r^3), \\ \dot{\theta} = 0. \end{cases}$$

この方程式の解を $r(t)$ および $\theta(t) = \theta_0$ (定数) とし，素朴な摂動法による近似解に代入して $\tau = t$ とおくと

$$\hat{z}(t, A(t)) = A(t)e^{-it} + O(\varepsilon) = r(t)e^{-it+i\theta_0} + O(\varepsilon).$$

さらに元の座標に戻すと

$$x(t) = \frac{\sqrt{\varepsilon}}{2}(z + \overline{z}) = \sqrt{\varepsilon} r(t)\cos(t - \theta_0) + O(\varepsilon^{3/2})$$

を得ます．ここで，r についての方程式は不動点 $r = 0$ と $r = \sqrt{4/3} := r_0$ をもち，$\varepsilon > 0$ ならば $r = 0$ が不安定，$r = r_0$ は漸近安定であることに注意しましょう．したがって元の座標系では漸近安定な解

$$x(t) = \sqrt{\frac{4\varepsilon}{3}}\cos(t - \theta_0) + O(\varepsilon^{3/2})$$

が存在することになります．高次の微小量 $O(\varepsilon^{3/2})$ を打ち切ればこれは周期解ですが，果たして厳密解も周期解になっているでしょうか．$O(\varepsilon^{3/2})$ の誤差が周期性を破っているかもしれません (下図).

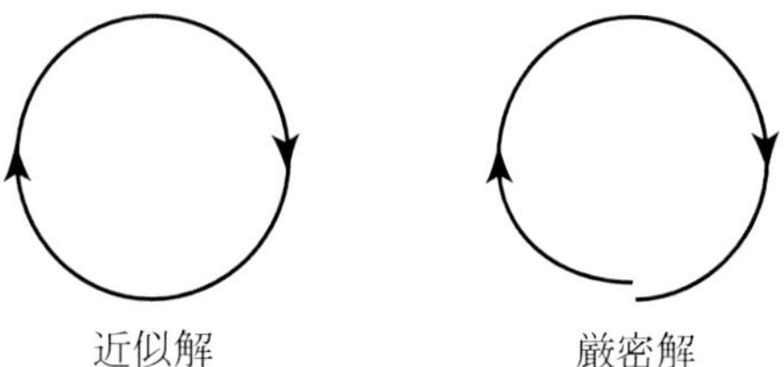

しかしそのような心配はなく，1 次のくりこみ群方程式が漸近安定な周期軌道を持つならば元の方程式も漸近安定な周期軌道を持つことが示せます (定理 12.4)．したがって，以上で与えられた方程式 (12.7) は半径が $\sqrt{4\varepsilon/3} + O(\varepsilon^{3/2})$ の漸近安定な周期解を持つことが証明できました．これは $\varepsilon > 0$ のときのみ存在するので，$\varepsilon = 0$ において原点でホップ分岐 (11.5 節) が生じています．方程式 (12.7) の線形部分の行列の固有値を計算し，確かに $\varepsilon = 0$ において 2 つの複素共役な固有値が虚軸をまたぐことを確認してください．

このように，くりこみ群の方法を用いると分岐も正しくとらえることができます．ここで強調しておきたいのは，古典的な摂動論・微分方程式論の考え方

では近似解を構成するのが主目的でした．ここでは力学系理論の視点にたち，不変多様体を近似的に構成することも目的としています．

12.2　くりこみ群の方法の主定理

それではくりこみ群の方法の一般論について解説します．$\mathbf{R}^n$ 上の次のような方程式を考えます．

$$\frac{d\boldsymbol{x}}{dt} = A\boldsymbol{x} + \varepsilon \boldsymbol{g}_1(t, \boldsymbol{x}) + \varepsilon^2 \boldsymbol{g}_2(t, \boldsymbol{x}) + \cdots \tag{12.8}$$

ここで ε は微小パラメータです．以下の仮定を設けます．

(A1)　行列 A は対角化可能で，その固有値は全て虚軸上にある．

(A2)　$\boldsymbol{g}_i(t, \boldsymbol{x})$ は $\boldsymbol{x}$ について C^∞ 級，t について周期関数である．

仮定 (A1) を満たさない場合は次章で扱います．$\boldsymbol{g}_i$ が t に依存しない場合は (A2) の後半は無視してください．

●ワンポイント●

12.1 節冒頭のように，原点を不動点にもつ自励系の力学系を原点においてテイラー展開すると $\dot{\boldsymbol{x}} = A\boldsymbol{x} + \boldsymbol{g}(\boldsymbol{x})$ と書けます．$\boldsymbol{g}(\boldsymbol{x})$ は $\boldsymbol{x}$ について 2 次以上の項です．ここで $\boldsymbol{x} = \varepsilon \boldsymbol{X}$ という変換を行うと，方程式は

$$\frac{d\boldsymbol{X}}{dt} = A\boldsymbol{X} + \varepsilon \boldsymbol{g}_1(\boldsymbol{X}) + \varepsilon^2 \boldsymbol{g}_2(\boldsymbol{X}) + \cdots$$

となり，式 (12.8) の形に帰着されます．ここで $\boldsymbol{g}_i(\boldsymbol{X})$ は $\boldsymbol{g}(\boldsymbol{x})$ の $i+1$ 次の同次多項式部分です．このとき，実は以下で定義するくりこみ群方程式は第 10 章のベクトル場の標準形と同値になります．

今，方程式 (12.8) に対してその解が ε についてのべき級数で $\boldsymbol{x} = \boldsymbol{x}_0 + \varepsilon \boldsymbol{x}_1 + \varepsilon^2 \boldsymbol{x}_2 + \cdots$ と書けるとして，これを式 (12.8) に代入します．右辺を ε について

展開，整理して得られる式を G_i という記号を用いて

$$\begin{aligned}&A(\boldsymbol{x}_0+\varepsilon\boldsymbol{x}_1+\varepsilon^2\boldsymbol{x}_2+\cdots)\\&+\varepsilon\boldsymbol{g}_1(t,\boldsymbol{x}_0+\varepsilon\boldsymbol{x}_1+\varepsilon^2\boldsymbol{x}_2+\cdots)+\varepsilon^2\boldsymbol{g}_2(t,\boldsymbol{x}_0+\varepsilon\boldsymbol{x}_1+\varepsilon^2\boldsymbol{x}_2+\cdots)+\cdots\\=&A\boldsymbol{x}_0+\varepsilon(A\boldsymbol{x}_1+G_1(t,\boldsymbol{x}_0))\\&\qquad+\varepsilon^2(A\boldsymbol{x}_2+G_2(t,\boldsymbol{x}_0,\boldsymbol{x}_1))\\&\qquad\quad+\varepsilon^3(A\boldsymbol{x}_3+G_3(t,\boldsymbol{x}_0,\boldsymbol{x}_1,\boldsymbol{x}_2))+\cdots\end{aligned}$$

と表します．例えば最初のいくつかは

$$\begin{aligned}G_1(t,\boldsymbol{x}_0)&=\boldsymbol{g}_1(t,\boldsymbol{x}_0),\\G_2(t,\boldsymbol{x}_0,\boldsymbol{x}_1)&=\frac{\partial\boldsymbol{g}_1}{\partial\boldsymbol{x}}(t,\boldsymbol{x}_0)\boldsymbol{x}_1+\boldsymbol{g}_2(t,\boldsymbol{x}_0),\\G_3(t,\boldsymbol{x}_0,\boldsymbol{x}_1,\boldsymbol{x}_2)&=\frac{1}{2}\frac{\partial^2\boldsymbol{g}_1}{\partial\boldsymbol{x}^2}(t,\boldsymbol{x}_0)\boldsymbol{x}_1^2+\frac{\partial\boldsymbol{g}_1}{\partial\boldsymbol{x}}(t,\boldsymbol{x}_0)\boldsymbol{x}_2+\frac{\partial\boldsymbol{g}_2}{\partial\boldsymbol{x}}(t,\boldsymbol{x}_0)\boldsymbol{x}_1+\boldsymbol{g}_3(t,\boldsymbol{x}_0)\end{aligned}$$

で与えられます (計算して確認してください)．方程式の両辺を ε のべきで整理することで，以下の一連の微分方程式を得ます．

$$\begin{aligned}\dot{\boldsymbol{x}}_0&=A\boldsymbol{x}_0\\\dot{\boldsymbol{x}}_1&=A\boldsymbol{x}_1+G_1(t,\boldsymbol{x}_0)\\\dot{\boldsymbol{x}}_2&=A\boldsymbol{x}_2+G_2(t,\boldsymbol{x}_0,\boldsymbol{x}_1)\\&\ \vdots\end{aligned}$$

これらを解いて $\boldsymbol{x}=\boldsymbol{x}_0+\varepsilon\boldsymbol{x}_1+\varepsilon^2\boldsymbol{x}_2+\cdots$ を求める手法を素朴な摂動法といいます．1 次まで具体的に解いてみましょう．

0 次の方程式の一般解は $\boldsymbol{y}\in\mathbf{C}^n$ を初期値として $\boldsymbol{x}_0=e^{At}\boldsymbol{y}$ で与えられます．ここで仮定 (A1) より，これは t の関数として周期的で，特に有界です[*3]．これを 1 次の方程式の右辺に代入したものを，定理 5.4 の公式を用いて解くと

$$\boldsymbol{x}_1=e^{At}\int e^{-At}G_1(t,e^{At}\boldsymbol{y})dt$$

ここで不定積分の積分定数は任意で構いません．[例題 2] の計算で観察したように，この被積分関数の中に定数項が含まれると，その積分から発散する永年

[*3] 固有値の比が無理数比のときは概周期的ですが，以下の議論には影響しません．

項が生じます．一方，被積分関数の中の周期関数の部分は積分しても周期関数であって発散しません．この両者は以下の式で与えられます．

$$R_1(\boldsymbol{y}) = \lim_{t\to\infty}\frac{1}{t}\int e^{-At}G_1(t, e^{At}\boldsymbol{y})dt,$$
$$h_t^{(1)}(\boldsymbol{y}) = e^{At}\int\left(e^{-At}G_1(t, e^{At}\boldsymbol{y}) - R_1(\boldsymbol{y})\right)dt$$

R_1 が永年項の係数を，$h_t^{(1)}$ が永年項を除いた周期的な部分を表すことを確認してください．したがって $\boldsymbol{x}_1 = e^{At}R_1(\boldsymbol{y})t + h_t^{(1)}(\boldsymbol{y})$ と表されます．こうして得られた 1 次までの素朴な摂動解は

$$\hat{\boldsymbol{x}}(t, \boldsymbol{y}) = e^{At}\boldsymbol{y} + \varepsilon\left(e^{At}R_1(\boldsymbol{y})t + h_t^{(1)}(\boldsymbol{y})\right) + O(\varepsilon^2).$$

ここで人為的なパラメータ τ を導入し，右辺の t を $t-\tau$ に置き換えます．それに伴い，$\boldsymbol{y}$ を τ についての未定の関数 $\boldsymbol{y}(\tau)$ に置き換え，右辺全体は元の式から変わらないとします．

$$\hat{\boldsymbol{x}}(t, \boldsymbol{y}(\tau)) = e^{At}\boldsymbol{y}(\tau) + \varepsilon\left(e^{At}R_1(\boldsymbol{y}(\tau))(t-\tau) + h_t^{(1)}(\boldsymbol{y}(\tau))\right) + O(\varepsilon^2).$$

$\hat{\boldsymbol{x}}(t, \boldsymbol{y}(\tau))$ が τ に依存しないための条件であるくりこみ群方程式 (12.5) に代入して整理すると $\boldsymbol{y}(t)$ が満たす方程式

$$\frac{d\boldsymbol{y}}{dt} = \varepsilon R_1(\boldsymbol{y}) + O(\varepsilon^2) \tag{12.9}$$

が得られ，$O(\varepsilon^2)$ の項を打ち切ったものを **1 次のくりこみ群方程式**といいます．

以上の操作は step by step で必要なだけ高い次数まで行えます．結果のみ記すと，$i = 2, 3, \cdots$ に対して $\mathbf{R}^n$ から $\mathbf{R}^n$ への関数 $R_i(\boldsymbol{y})$, $h_t^{(i)}(\boldsymbol{y})$ を次のように定義します．

$$R_i(\boldsymbol{y}) = \lim_{t\to\infty}\frac{1}{t}\int\Big(e^{-At}G_i(t, e^{At}\boldsymbol{y}, h_t^{(1)}(\boldsymbol{y}), \cdots, h_t^{(i-1)}(\boldsymbol{y}))$$
$$-e^{-At}\sum_{k=1}^{i-1}(Dh_t^{(k)})_y R_{i-k}(\boldsymbol{y})\Big)dt,$$
$$h_t^{(i)}(\boldsymbol{y}) = e^{At}\int\Big(e^{-At}G_i(t, e^{At}\boldsymbol{y}, h_t^{(1)}(\boldsymbol{y}), \cdots, h_t^{(i-1)}(\boldsymbol{y}))$$
$$-e^{-At}\sum_{k=1}^{i-1}(Dh_t^{(k)})_y R_{i-k}(\boldsymbol{y}) - R_i(\boldsymbol{y})\Big)dt$$

ここで $(Dh_t^{(k)})_y$ は関数 $h_t^{(k)}(\boldsymbol{y})$ の点 $\boldsymbol{y}$ における微分です．このとき，$R_i(\boldsymbol{y})$ が $\boldsymbol{x}_i$ の方程式の解に含まれる永年項の係数[*4]，$h_t^{(i)}(\boldsymbol{y})$ がそれ以外の項を表します．これらを手で計算するのは大変ですが，Mathematica 等のソフトウェアを用いれば簡単に求めることができます．

定義 12.1

式 (12.8) に対し，その m **次のくりこみ群方程式**を

$$\frac{d\boldsymbol{y}}{dt} = \varepsilon R_1(\boldsymbol{y}) + \varepsilon^2 R_2(\boldsymbol{y}) + \cdots + \varepsilon^m R_m(\boldsymbol{y}), \quad \boldsymbol{y} \in \mathbf{R}^n \tag{12.10}$$

で定義し，m **次のくりこみ群変換** $\alpha_t^{(m)}$ を

$$\alpha_t^{(m)}(\boldsymbol{y}) = e^{At}\boldsymbol{y} + \varepsilon h_t^{(1)}(\boldsymbol{y}) + \cdots + \varepsilon^m h_t^{(m)}(\boldsymbol{y}) \tag{12.11}$$

で定義する．

このとき，m 次のくりこみ群方程式の解を m 次のくりこみ群変換で移して得られる曲線が式 (12.8) の近似解を与えます．

定理 12.2

$\boldsymbol{y}(0)$ を初期値とする m 次のくりこみ群方程式 (12.10) の解を $\boldsymbol{y}(t)$, $\boldsymbol{x}(0) = \alpha_0^{(m)}(\boldsymbol{y}(0))$ を初期値とする式 (12.8) の厳密解を $\boldsymbol{x}(t)$ とする．このときある正定数 $\varepsilon_0, C, T > 0$ が存在して，$|\varepsilon| < \varepsilon_0$ ならば

$$|\boldsymbol{x}(t) - \alpha_t^{(m)}(\boldsymbol{y}(t))| < C\varepsilon^m, \quad 0 \leq t \leq T/\varepsilon \tag{12.12}$$

が成り立つ．

なお，素朴な摂動法により構成した m 次までの近似解 $\hat{\boldsymbol{x}}(t)$ の場合には評価 $|\boldsymbol{x}(t) - \hat{\boldsymbol{x}}(t)| < C\varepsilon^m$ が時間区間 $0 \leq t \leq T$ において成り立ちます．永年項の発散を抑えていないため，近似が有効な時間が短く，とくに $t \to \infty$ における漸近挙動を正しくとらえることはできません．

[例題 1] と [例題 2] は極座標に変換すると動径 r についての 1 次元の方程式に

[*4] 正確には，$\boldsymbol{x}_i$ に含まれる発散項のうち $i-1$ 次までの永年項から自動的に生じる発散項を除いた部分である．詳細は前掲論文を参照．

帰着され，具体的に解くことができました．その背後には次の定理があり，くりこみ群方程式は必ずもとの方程式よりも簡単になります．

定理 12.3

式 (12.8) は自励系である ($\boldsymbol{g}_i$ は t に依存しない) とする．任意のパラメータ $s \in \mathbf{C}$ と $i = 1, 2, \cdots$ に対して $e^{As}R_i(\boldsymbol{y}) = R_i(e^{As}\boldsymbol{y})$ が成り立つ．特にくりこみ群方程式は座標変換 $\boldsymbol{y} \mapsto e^{As}\boldsymbol{y}$ で不変である．

ここで第 6 章の放課後談義で述べたように，方程式の対称性と方程式の解きやすさは Lie 理論によって結びついており，2 次元力学系のくりこみ群方程式はいつでも可積分であることが示されます．また (12.10) に対して $\boldsymbol{y} = e^{-At}\boldsymbol{z}$ と座標変換してこの定理を用いると

$$\dot{\boldsymbol{y}} = -Ae^{-At}\boldsymbol{z} + e^{-At}\dot{\boldsymbol{z}} = e^{-At}(\varepsilon R_1(\boldsymbol{z}) + \varepsilon^2 R_2(\boldsymbol{z}) + \cdots)$$

$$\Longrightarrow \dot{\boldsymbol{z}} = A\boldsymbol{z} + \varepsilon R_1(\boldsymbol{z}) + \varepsilon^2 R_2(\boldsymbol{z}) + \cdots$$

が得られます．この式と，前述のワンポイント，および定理 10.6 を見比べると，多項式ベクトル場に対してはその標準形 (10.30) とくりこみ群方程式は同値であることが分かります．

問1 $i = 1$ に対して定理 12.3 を証明せよ．

12.3 不変多様体の存在

与えられた方程式の周期軌道の存在とその安定性を調べることは力学系理論における大きな問題の 1 つですが，一般に微分方程式の近似解法はこの問いには答えてくれません．というのも，たとえ近似解が周期軌道になっていたとしても，それはわずかな誤差を含むため，厳密解も周期軌道であるとは限らないからです．くりこみ群の方法は解ではなくベクトル場そのものを近似するという視点に立っているため，この点に関して以下を示すことができます．

定理 12.4

式 (12.8) は自励系である ($\boldsymbol{g}_i$ は t に依存しない) とする．式 (12.8) のくりこみ群方程式 (12.10) の最初の恒等的に零でない項を $R_k(\boldsymbol{y})$ とする．方程式 $\dot{\boldsymbol{y}} = \varepsilon^k R_k(\boldsymbol{y})$ が双曲型の周期軌道を持つならば，$|\varepsilon|$ が十分小さいとき，方程式 (12.8) も周期軌道を持ち，それらの安定性は一致する．

ここで周期軌道 γ が双曲型であるとは，不動点の場合と同様に，γ の近傍を初期値とする軌道が指数的な速さで γ に漸近するかあるいは離れていくことです．正確な定義は 14.2 節で述べます．この定理はより一般に "法双曲型" という条件を満たす不変多様体に対して成り立ちますが，定義がかなり難しいのでここでは周期軌道に限って述べました．

◎例題 3◎　次の $\mathbf{R}^2$ 上の方程式を考えましょう．

$$\begin{cases} \dot{x} = y + y^2 \\ \dot{y} = -x + \varepsilon^2 y - xy + y^2 \end{cases} \tag{12.13}$$

右辺の原点におけるヤコビ行列の固有値は $\varepsilon = 0$ のとき $\pm i$ であるため，ここでなんらかの分岐がおこると考えられます．$(x, y) = (\varepsilon X, \varepsilon Y)$ とおくと

$$\begin{cases} \dot{X} = Y + \varepsilon Y^2 \\ \dot{Y} = -X + \varepsilon(Y^2 - XY) + \varepsilon^2 Y \end{cases}$$

これをくりこみ群方程式の定義式に代入して $R_1, R_2, \cdots$ を求めます．[例題 2] のように，あらかじめ線形部分を対角化しておいたほうが計算量が少なく，かつ得られるくりこみ群方程式も見易いものになります．そこで $X = z + \overline{z}$, $Y = i(z - \overline{z})$ とおくと

$$\begin{cases} \dot{z} = iz + \dfrac{\varepsilon}{2}\left(i(z - \overline{z})^2 - 2z^2 + 2z\overline{z}\right) + \dfrac{\varepsilon^2}{2}(z - \overline{z}) \\ \dot{\overline{z}} = -i\overline{z} + \dfrac{\varepsilon}{2}\left(-i(z - \overline{z})^2 - 2\overline{z}^2 + 2z\overline{z}\right) - \dfrac{\varepsilon^2}{2}(z - \overline{z}) \end{cases} \tag{12.14}$$

結果のみ書くと，R_1 は恒等的に零になり，2 次のくりこみ群方程式が

$$\dot{A} = \frac{1}{2}\varepsilon^2(A - 3|A|^2 A - \frac{16i}{3}|A|^2 A) \tag{12.15}$$

で与えられます．$A = re^{i\theta}$ とおくと

$$\begin{cases} \dot{r} = \dfrac{1}{2}\varepsilon^2 r(1-3r^2) \\ \dot{\theta} = -\dfrac{8}{3}\varepsilon^2 r^2 \end{cases}$$

この方程式は $\varepsilon \neq 0$ のとき半径 $r = \sqrt{1/3}$ の漸近安定な周期軌道を持つので，定理 12.4 ($k = 2$ の場合) より，元の方程式 (12.13) は $\varepsilon \neq 0$ が十分小さいとき，半径のオーダーが $O(\varepsilon)$ の漸近安定な周期軌道を持つことが分かります．

放課後談義》》》

学生「ベクトル場の標準形とくりこみ群は出発点は異なるようにみえますが，得られる結果は似ています．どのように使い分けたらいいですか」

先生「どちらも適用可能な問題に対しては同じ結果がでると思ってよいです．共通するのは，どちらもある“次数 (grading)”に関して step by step で計算していくということ．異なる点は，ベクトル場の標準形の場合は grading は多項式としての次数であり，くりこみ群の場合は grading はパラメータ ε のべきで与えられること」

学生「grading とは，何らかの意味で方程式の右辺の項が順序づけられているということですね」

先生「ワンポイントで述べたような状況では両者の grading が一致するので同じ結果がでます．くりこみ群の方法の便利な点の 1 つは，[例題 2] や [例題 3] のように $(x, y) = (\varepsilon^\alpha X, \varepsilon^\alpha Y)$ という座標変換により grading をある程度変えることができることです．見たい現象に応じて α をうまく選ぶことができます」

学生「その α はどうやって見つけたらよいのでしょう」

先生「例えば [例題 2] の場合，ホップ分岐で周期軌道が生じることを示すには，非線形項と，固有値が虚軸をまたぐための εx という項の両方が必要です．なので右辺の εx と $-x^3$ が同じ grade になるように $\alpha = 1/2$ ととりました．一般には経験や試行錯誤も必要です」

学生「単純なスケーリングではなく複雑な座標変換も考えればさまざまな

grading を実現できそうですね」

先生「くりこみ群の方法のもう 1 つの強みは，方程式の右辺が多項式でなくてもよく，時間 t に依存しても構わないことです．実はさらに偏微分方程式にも適用されることがあります[*5]．特定のクラスの問題に適用させると古くから知られる特異摂動法である多重尺度法，平均化法，中心多様体縮約，位相縮約などの結果と一致し，これらを統一的に扱うことができます」

学生「非自励系への応用にはどのようなものがありますか」

先生「典型的な例としては，周期外力が加わった系における共鳴現象を詳細に調べることができます．次の問をやってみるとよいです」

問2　次の方程式は**マシュー方程式**と呼ばれる．

$$\ddot{x} = -(\omega^2 + 2\varepsilon \cos t)x \tag{12.16}$$

ここで ω, ε はパラメータである．$\varepsilon = 0$ のときは調和振動子であるが，ω, ε がある関係式を満たすとき，定常解 $x = 0$ が不安定化して発散する解が存在することが知られている．

(i) 素朴な摂動法による 1 次の近似解を求め，共鳴項が生じるための ω に対する条件を求めよ (答: $\omega = 1/2$).

(ii) そのときの 1 次のくりこみ群方程式を求め，発散する解が存在することを示せ.

(iii) $\omega^2 = 1/4 + \varepsilon a_1 + \varepsilon^2 a_2 + \cdots$ とおく．再び 1 次のくりこみ群方程式を求め，その解が発散するための a_1 に対する条件を求めよ.

より高次のくりこみ群方程式を計算することで，発散する解が存在するための係数 $a_2, a_3, \cdots$ に対する条件を求めることができる．解が発散するパラメータ領域を (ω, ε) 平面に図示したものを**アーノルドの舌** (Arnold tongue) という.

[*5] くりこみ群の方法の考案者である Chen らの以下の原論文
L. Chen, N .Goldenfeld, Y. Oono, Renormalization group and singular perturbations: Multiple scales, boundary layers, and reductive perturbation theory, **Phys. Rev. E**, 54(1996).
にはかなりの例題があります．それらの数学的な正当化については脚注 2 の論文などを参照.

第 13 章　中心多様体

13.1　中心多様体論

第 12 章の冒頭と同様に，$\boldsymbol{f}(\boldsymbol{x})$ を $\mathbf{R}^n$ 上の n 次元ベクトル場で原点 $\boldsymbol{x}=0$ を不動点に持つものとします．これをテイラー展開して方程式 $\dot{\boldsymbol{x}}=\boldsymbol{f}(\boldsymbol{x})$ を

$$\dot{\boldsymbol{x}} = A\boldsymbol{x} + \boldsymbol{g}(\boldsymbol{x}), \quad \boldsymbol{x} \in \mathbf{R}^n \tag{13.1}$$

と表します．A は原点における $\boldsymbol{f}$ のヤコビ行列，$\boldsymbol{g}(\boldsymbol{x})$ は 2 次以上の項です．定理 9.5 で，行列 A が双曲型ならば (13.1) の原点の安定性は線形化方程式 $\dot{\boldsymbol{x}}=A\boldsymbol{x}$ の原点の安定性と一致することをみました．しかし虚軸上に固有値がある場合は，非線形項 $\boldsymbol{g}(\boldsymbol{x})$ が本質的に効いてくるため，問題ごとに安定性を調べる必要があります．また第 11 章以降でみてきたように，虚軸上に固有値が存在するときには微小な摂動により分岐が起き，原点から非自明な解が現れることもあります．この章ではこのような問題を解析するための中心多様体論について述べます．

繰り返しになりますが，式 (13.1) に対する**安定部分空間** $\boldsymbol{E}^s$，**不安定部分空間** $\boldsymbol{E}^u$，**中心部分空間** $\boldsymbol{E}^c$ を

$$\begin{aligned}
\boldsymbol{E}^s &= \mathrm{span}\{\boldsymbol{v} \,|\, \boldsymbol{v} \text{ は実部が負である} \\
&\qquad A \text{ の固有値に従属する一般固有ベクトル}\} \\
\boldsymbol{E}^u &= \mathrm{span}\{\boldsymbol{v} \,|\, \boldsymbol{v} \text{ は実部が正である} \\
&\qquad A \text{ の固有値に従属する一般固有ベクトル}\} \\
\boldsymbol{E}^c &= \mathrm{span}\{\boldsymbol{v} \,|\, \boldsymbol{v} \text{ は実部が零である} \\
&\qquad A \text{ の固有値に従属する一般固有ベクトル}\}
\end{aligned}$$

で定義します．このとき，それぞれ $\boldsymbol{E}^s, \boldsymbol{E}^u$ に原点で接する安定多様体と不安定多様体が存在することを第 10 章で示しました．中心部分空間に対しては次の定理が知られています．

定理 13.1

$\boldsymbol{f}(\boldsymbol{x})$ を $\mathbf{R}^n$ 上の C^r 級ベクトル場 $(1 \leq r < \infty)$ で原点を不動点に持つとし，その中心部分空間 $\boldsymbol{E}^c$ の次元は $k\,(< n)$ とする．このとき，原点のある近傍 U と集合 $W^c \subset U$ で以下の条件を満たすものが存在する．

(i) W^c は C^k 級多様体でその次元は中心部分空間 $\boldsymbol{E}^c$ の次元と等しい．

(ii) W^c は原点において $\boldsymbol{E}^c$ に接する．

(iii) W^c の点を初期値とする解軌道は U 内にある限り W^c 上を動く．

W^c を不動点 $\boldsymbol{x} = 0$ における**中心多様体**という．

安定多様体 W^s 上の軌道は $t \to \infty$ で原点に漸近し，不安定多様体 W^u 上の軌道は原点から遠ざかっていきますが (定理 10.2)，中心多様体上の軌道の振舞いは問題ごとに依り，一般には近づくとも遠ざかるとも言えません[*1]．

虚軸上に固有値があるかどうかにかかわらず $\boldsymbol{E}^u \neq \{0\}$ のときは原点は不安定です．そこで以下では $\boldsymbol{E}^u = \{0\}$ の場合，すなわち式 (13.1) において行列 A が実部正の固有値を持たない場合のみを考えます．このとき次が成り立ちます．

定理 13.2

φ_t を式 (13.1) の流れとする．上の設定のもと，原点の近傍 U と正の定数 $C, \alpha > 0$ が存在して次が成り立つ：任意の点 $p \in U$ に対して中心多様体上のある点 $q \in W^c$ が存在し，q を初期値とする式 (13.1) の解軌道 $\varphi_t(q)$ が U 内に留まる限りにおいて

$$||\varphi_t(q) - \varphi_t(p)|| < Ce^{-\alpha t},\ t > 0. \tag{13.2}$$

これは，もし $\boldsymbol{E}^u = \{0\}$ ならば W^c の外側の点 p を初期値とする軌道は指数的な速さで W^c 上のある軌道に漸近していくことを意味します．したがって中心多様体上の軌道の振舞いが分かれば t が十分大きいときの式 (13.1) の原点近傍の振舞いが分かります．たとえば中心多様体上で原点が漸近安定ならば式 (13.1) の原点が漸近安定となります．また原点における解の分岐は中心多様体

[*1] 安定多様体と異なり，ベクトル場 $\boldsymbol{f}$ が C^∞ 級であっても中心多様体は C^∞ 級多様体とは限りません．また中心多様体は一意とも限りません (応用上は問題にならないので気にしなくてもよい)．このあたりの事情，および定理の証明については次を参照．
J. Carr「Applications of Centre Manifold Theory」(Springer), 1981

上でのみ起こります．次の図は $\boldsymbol{E}^s$ が 1 次元，$\boldsymbol{E}^c$ が 2 次元の場合の流れの例です．

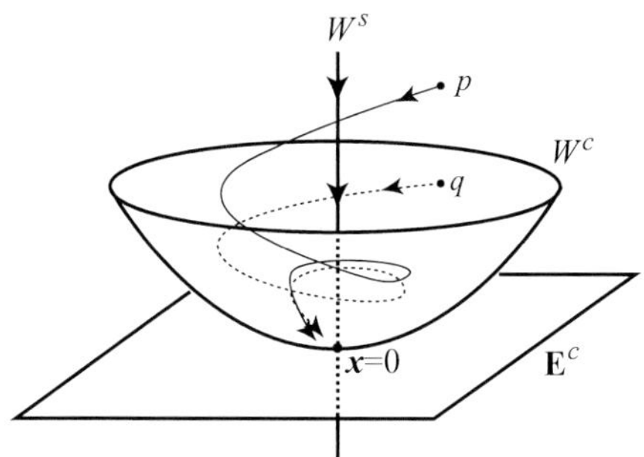

中心多様体を厳密に導出することは一般にはできませんが，多項式として近似的に構成することは難しくありません．次の例では，パラメータを動かして固有値が虚軸をまたぐときに分岐が起こることが示されます．

◎例題 1◎ ε, c をパラメータとして次の力学系を考えましょう．

$$\begin{cases} \dot{x} = \varepsilon x + xy \\ \dot{y} = -y + cx^2 \end{cases} \tag{13.3}$$

原点における線形化方程式は

$$\frac{d}{dt}\begin{pmatrix} x \\ y \end{pmatrix} = A\begin{pmatrix} x \\ y \end{pmatrix} = \begin{pmatrix} \varepsilon & 0 \\ 0 & -1 \end{pmatrix}\begin{pmatrix} x \\ y \end{pmatrix}$$

であり，行列 A の固有値は $\lambda = \varepsilon, -1$ です．A が対角行列なので，(不) 安定部分空間・中心部分空間はちょうど座標軸と一致します．なお，与えられた方程式の線形部分の行列が対角化 (ジョルダン標準形) されていないときはあらかじめ標準形になるように座標系を線形変換してから以下の計算を行います．

(I) $\varepsilon = 0$ のとき，x 軸が中心部分空間，y 軸が安定部分空間になっています．定理 13.1 より，原点で x 軸に接する 1 次元の中心多様体 W^c が存在します．そこで W^c をある関数 $\varphi(x)$ のグラフ $y = \varphi(x)$ として表し，これをべき級数として求めましょう．原点で x 軸に接するので $\varphi(0) = \varphi'(0) = 0$ であり，

$$y = \varphi(x) = k_2x^2 + k_3x^3 + k_4x^4 + \cdots$$

と展開できます．$k_2, k_3, \cdots$ は次数の低いほうから順に決まっていきます．

ここでは k_3 まで求めてみます．これを方程式 (13.3) の第 2 式に代入すると

$$2k_2 x\dot{x} + 3k_3 x^2 \dot{x} = -(k_2 x^2 + k_3 x^3) + cx^2 + O(x^4)$$

左辺の $\dot{x}$ に第 1 式を代入します．

$$2k_2 x^2 y + 3k_3 x^3 y = (c - k_2)x^2 + k_3 x^3 + O(x^4)$$

左辺にさらに $y = \varphi(x)$ を代入して x のみを含む関係式にします．左辺は x について 4 次以上の項になります．したがって両辺で 3 次までの係数を比較すると $k_2 = c, k_3 = 0$ を得るので，中心多様体は $y = \varphi(x) = cx^2 + O(x^4)$ となります．これを第 1 式に代入したものが中心多様体上の力学系であり，

$$\frac{dx}{dt} = x\varphi(x) = cx^3 + O(x^5)$$

で与えられます．これより，$c > 0$ ならば $x = 0$ は不安定，$c < 0$ ならば漸近安定であり，$c = 0$ のときは中心多様体をより高次の項まで計算しないと判別できないことが分かりました (次図は $c < 0$ の場合)．なお，初期条件において $x(0) = 0$ のときは $dx/dt = 0$ ですから y 軸そのものが不変集合であり，ちょうど安定多様体になっています．

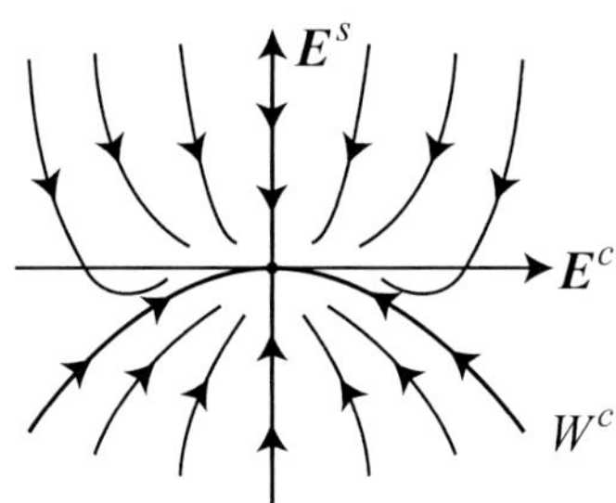

(II) $\varepsilon \neq 0$ のとき，ε を負から正に動かすと固有値が虚軸を横切るので何らかの分岐が起こるはずです．それを見るために方程式を次のように書き直します．

$$\begin{cases} \dot{x} = \varepsilon x + xy, \\ \dot{y} = -y + cx^2, \\ \dot{\varepsilon} = 0. \end{cases} \qquad A = \begin{pmatrix} 0 & 0 & 0 \\ 0 & -1 & 0 \\ 0 & 0 & 0 \end{pmatrix}$$

パラメータ ε を時間についての変数だとみなし，3 次元力学系だと思います．これにより，本来線形項である εx は 2 次の項とみなされます．このとき線形部分

の行列 A は (x,ε)-方向が中心部分空間ですから中心多様体は $y=\varphi(x,\varepsilon)$ の形で表すことができます．そこで

$$y=\varphi(x,\varepsilon)=k_1x^2+k_2x\varepsilon+k_3\varepsilon^2+(x,\varepsilon \text{ について 3 次以上の項})$$

とおいて先ほどと同様の計算を行うと $k_1=c,\ k_2=k_3=0$ を得ます．したがって中心多様体は

$$y=\varphi(x,\varepsilon)=cx^2+(3\text{ 次以上})$$

であり，これを x の方程式に代入すると中心多様体上の力学系は

$$\frac{dx}{dt}=\varepsilon x+x\varphi(x,\varepsilon)=\varepsilon x+cx^3+(4\text{ 次以上})\sim x(\varepsilon+cx^2)$$

で与えられることが分かります．簡単のため $c=-1$ とし，いったん 4 次以上の項は無視します：

$$\frac{dx}{dt}=x(\varepsilon-x^2)=:f(x)$$

これはちょうどピッチフォーク分岐の形をしています．不動点は $\varepsilon<0$ のときは $x=0$ のみで $f'(0)<0$ なので漸近安定，$\varepsilon>0$ のときは $x=0,\pm\sqrt{\varepsilon}$ の 3 つが不動点であり，これらの点における f の微分係数の符号をみると前者が不安定，後者の $\pm\sqrt{\varepsilon}$ は漸近安定であることが分かります．以上より，固有値が虚軸をまたぐ $\varepsilon=0$ において 1 つの不動点から新たな 2 つの不動点が分岐してくるピッチフォーク分岐が中心多様体上で起こることが分かりました (次図)．

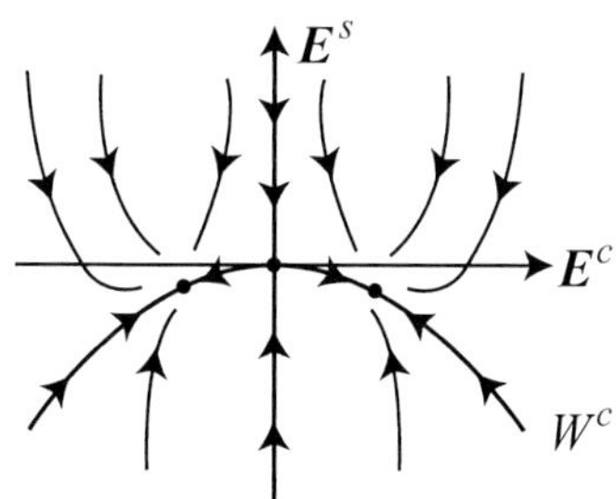

以上のように，2 次元力学系の分岐の問題が中心多様体上の 1 次元力学系の分岐の問題に帰着されました．不安定部分空間がない ($\boldsymbol{E}^u=\{0\}$) ときに中心多様体は威力を発揮します．というのも，安定部分空間の方向には解軌道は指

数的に減衰し，長時間後には軌道は中心多様体に十分接近します．したがって十分時間が経ったのちのダイナミクスは中心多様体上の力学系で記述できるのです．一般には中心多様体の次元は全空間の次元よりも小さくなります (虚軸上に固有値が乗ることは稀なので，1 次元や 2 次元の場合が多い)．このようにして，もとの問題をその中心多様体上の力学系の問題に帰着させる手法を**中心多様体縮約**といいます．

13.2 くりこみ群の方法 2

前章で解説したくりこみ群の方法を，行列 A が実部負の固有値を持つ場合に拡張することで，中心多様体とその上の力学系を近似的に導出することができます．微小パラメータ ε を持つ次のような $\mathbf{R}^n$ 上の方程式を考えます．

$$\dot{\boldsymbol{x}} = A\boldsymbol{x} + \varepsilon \boldsymbol{g}_1(\boldsymbol{x}) + \varepsilon^2 \boldsymbol{g}_2(\boldsymbol{x}) + \cdots, \ \boldsymbol{x} \in \mathbf{R}^n \tag{13.4}$$

$x = \varepsilon X$ とおくことにより式 (13.1) のタイプの方程式は上式のタイプの方程式に変換できることに注意しましょう．この方程式に対して次の仮定を設けます．

(A1) 行列 A は対角化可能であり，固有値は虚軸上か左半平面にある．

(A2) ベクトル場 $\boldsymbol{g}_i(\boldsymbol{x}),\ i = 1, 2, \cdots$ は C^∞ 級である．

以下の話の流れは前章とほとんど同様です．まずは式 (13.4) に $\boldsymbol{x} = \boldsymbol{x}_0 + \varepsilon \boldsymbol{x}_1 + \varepsilon^2 \boldsymbol{x}_2 + \cdots$ を代入し，ε について展開，整理して得られる式を

$$\begin{aligned} \dot{\boldsymbol{x}}_0 &= A\boldsymbol{x}_0 \\ \dot{\boldsymbol{x}}_1 &= A\boldsymbol{x}_1 + G_1(\boldsymbol{x}_0) \\ \dot{\boldsymbol{x}}_2 &= A\boldsymbol{x}_2 + G_2(\boldsymbol{x}_0, \boldsymbol{x}_1) \\ &\vdots \end{aligned}$$

とします．また行列 A の中心部分空間 $\boldsymbol{E}^c$ から $\mathbf{R}^n$ への関数 $R_1(\boldsymbol{y}),\ h_t^{(1)}(\boldsymbol{y})$ を

$$\begin{aligned} R_1(\boldsymbol{y}) &= \lim_{t\to\infty} \frac{1}{t} \int e^{-At} G_1(e^{At}\boldsymbol{y})dt, \quad \boldsymbol{y} \in \boldsymbol{E}^c \\ h_t^{(1)}(\boldsymbol{y}) &= e^{At} \int \left(e^{-At} G_1(e^{At}\boldsymbol{y}) - R_1(\boldsymbol{y}) \right) ds, \quad \boldsymbol{y} \in \boldsymbol{E}^c \end{aligned}$$

で定義します．式の形は前章とまったく同じですが，関数の定義域が $\boldsymbol{E}^c$ 上に制限されていることに注意してください．$R_i(\boldsymbol{y}),\ h_t^{(i)}(\boldsymbol{y}),\ i = 2, 3, \cdots$ につい

ても前章と同じ式で，ただし定義域は $\boldsymbol{E}^c$ に制限して定義します．このとき次の命題が成り立ちます．

命題 13.3

任意の $\boldsymbol{y} \in \boldsymbol{E}^c$ に対して $R_i(\boldsymbol{y}) \in \boldsymbol{E}^c$, $i = 1, 2, \cdots$ が成り立つ．したがって R_i は $\boldsymbol{E}^c$ から $\boldsymbol{E}^c$ への写像を定める．

以上を踏まえて，くりこみ群方程式とくりこみ群変換を次のように定義しましょう．

定義 13.4

式 (13.4) に対し，$\boldsymbol{E}^c$ 上の m **次のくりこみ群方程式**を

$$\dot{\boldsymbol{y}} = \varepsilon R_1(\boldsymbol{y}) + \varepsilon^2 R_2(\boldsymbol{y}) + \cdots + \varepsilon^m R_m(\boldsymbol{y}),\ \boldsymbol{y} \in \boldsymbol{E}^c \tag{13.5}$$

で定義し，$\boldsymbol{E}^c$ 上の m **次のくりこみ群変換** $\alpha_t^{(m)}$ を

$$\alpha_t^{(m)}(\boldsymbol{y}) = e^{At}\boldsymbol{y} + \varepsilon h_t^{(1)}(\boldsymbol{y}) + \cdots + \varepsilon^m h_t^{(m)}(\boldsymbol{y}),\ \boldsymbol{y} \in \boldsymbol{E}^c \tag{13.6}$$

で定義する．

やはり式は前回のものと同様ですが，定義域が $\boldsymbol{E}^c$ 上に制限されています．また命題 13.3 より式 (13.5) は $\boldsymbol{E}^c$ 上の微分方程式を定めます．すなわち式 (13.5) を成分ごとに書いたとき，互いに 1 次独立な方程式は k (= $\boldsymbol{E}^c$の次元) 個しかなく，式 (13.5) は k 次元の微分方程式を定めます．このとき次の定理は，中心部分空間をくりこみ群変換でうつしたもの，言い換えればくりこみ群変換のグラフが中心多様体の近似を与えることを主張します．

定理 13.5

中心多様体の近似定理

$\alpha_t^{(m)}$ を式 (13.4) に対する $\boldsymbol{E}^c$ 上の m 次のくりこみ群変換とする．U を十分小さな原点の近傍とするとき，集合 $\alpha_0^{(m)}(U \cap \boldsymbol{E}^c)$ は式 (13.4) の中心多様体の $O(\varepsilon^{m+1})$ 近傍にある．

さらに，定理 12.2〜12.4 に対応する命題も，くりこみ群方程式が $\boldsymbol{E}^c$ 上でのみ定義されていることを除いてそのまま成り立ちます．すなわちくりこみ群方程

式の解をくりこみ群変換でうつしたものは中心多様体上の厳密解を近似し，また，くりこみ群方程式が双曲型の周期軌道を持つならば元の方程式 (13.4) も中心多様体上で周期軌道を持ちます．

◎例題 2◎　$\mathbf{R}^3$ 上の次の方程式を考えましょう．

$$\frac{d}{dt}\begin{pmatrix} x_1 \\ x_2 \\ x_3 \end{pmatrix} = \begin{pmatrix} 0 & 1 & 0 \\ -1 & 0 & 0 \\ 0 & 0 & -1 \end{pmatrix}\begin{pmatrix} x_1 \\ x_2 \\ x_3 \end{pmatrix} + \varepsilon\begin{pmatrix} x_2 x_3^2 \\ -x_1^3 \\ x_2^2 + x_1 x_3 \end{pmatrix} \tag{13.7}$$

中心部分空間は x_1-x_2 平面で，安定部分空間は x_3 軸です．1 次のくりこみ群方程式 (13.5) と 1 次のくりこみ群変換 (13.6) はそれぞれ

$$\frac{d}{dt}\begin{pmatrix} p \\ \overline{p} \end{pmatrix} = \frac{3i\varepsilon}{2}\begin{pmatrix} p|p|^2 \\ -\overline{p}|p|^2 \end{pmatrix},\ p \in \mathbf{C}, \tag{13.8}$$

$$\begin{aligned} \alpha_t^{(1)}(y_1, y_2) &= \begin{pmatrix} \cos t & \sin t & 0 \\ -\sin t & \cos t & 0 \\ 0 & 0 & e^{-t} \end{pmatrix}\begin{pmatrix} y_1 \\ y_2 \\ 0 \end{pmatrix} \\ &+\varepsilon\begin{pmatrix} \frac{p^3}{8}e^{3it} - \frac{3}{4}|p|^2 p e^{it} + \frac{\overline{p}^3}{8}e^{-3it} - \frac{3}{4}|p|^2\overline{p}e^{-it} \\ i\left(\frac{3p^3}{8}e^{3it} + \frac{3}{4}|p|^2 p e^{it} - \frac{3\overline{p}^3}{8}e^{-3it} - \frac{3}{4}|p|^2\overline{p}e^{-it}\right) \\ \frac{-p^2}{1+2i}e^{2it} + 2|p|^2 + \frac{-\overline{p}^2}{1-2i}e^{-2it} \end{pmatrix} \end{aligned} \tag{13.9}$$

で与えられます．ここで式を簡単に表記するために複素変数 $p = \dfrac{y_1}{2} + \dfrac{y_2}{2i}$ を導入しています．集合 $\alpha_0^{(1)}(\boldsymbol{E}^c)$ は

$$\begin{aligned} \alpha_0^{(1)}(\boldsymbol{E}^c) &= \{(y_1, y_2, \varepsilon\varphi(y_1, y_2))\}, \\ \varphi(y_1, y_2) &:= \frac{-p^2}{1+2i} + 2|p|^2 + \frac{-\overline{p}^2}{1-2i} = \frac{2}{5}y_1^2 + \frac{3}{5}y_2^2 + \frac{2}{5}y_1 y_2 \end{aligned}$$

で与えられるので，式 (13.7) の中心多様体が近似的に関数 $x_3 = \varepsilon\varphi(x_1, x_2) = \varepsilon\left(\dfrac{2}{5}x_1^2 + \dfrac{3}{5}x_2^2 + \dfrac{2}{5}x_1 x_2\right)$ のグラフとして与えられることが分かります．定理 13.5 より真の中心多様体との誤差は ε^2 程度であり，ε の 1 次までは厳密に求められたことになります．次に中心多様体上の軌道を求めましょう．式 (13.8) の一般解は a, θ を任意定数として

$$p(t) = \frac{1}{2}a \exp i\left(\frac{3\varepsilon}{8}a^2 t + \theta\right)$$

で与えられるので，式 (13.7) の中心多様体上の近似解は，これをくりこみ群変換で移すことにより

$$
\begin{aligned}
x_1(t) &= a\cos\left(\frac{3\varepsilon}{8}a^2t+t+\theta\right)+\frac{\varepsilon a^3}{32}\cos\left(\frac{9\varepsilon}{8}a^2t+3t+3\theta\right)\\
&\quad -\frac{3\varepsilon a^3}{16}\cos\left(\frac{3\varepsilon}{8}a^2t+t+\theta\right),\\
x_2(t) &= -a\sin\left(\frac{3\varepsilon}{8}a^2t+t+\theta\right)-\frac{3\varepsilon a^3}{32}\sin\left(\frac{9\varepsilon}{8}a^2t+3t+3\theta\right)\\
&\quad -\frac{3\varepsilon a^3}{16}\sin\left(\frac{3\varepsilon}{8}a^2t+t+\theta\right),\\
x_3(t) &= \frac{\varepsilon a^2}{2}-\frac{\varepsilon a^2}{10}\cos\left(\frac{3\varepsilon}{4}a^2t+2t+2\theta\right)\\
&\quad -\frac{\varepsilon a^2}{5}\sin\left(\frac{3\varepsilon}{4}a^2t+2t+2\theta\right)
\end{aligned}
$$

のように得られます．$\varepsilon=0.01$ のときの式 (13.7) の数値解と上の近似解を描いたものを以下に図示します．実線は点 $(x_1,x_2,x_3)=(1,0,3)$ を初期値とする式 (13.7) の厳密解を表しています．初期値は中心多様体の外側にありますが，定理 13.2 よりその軌道は中心多様体の中に引き込まれていきます．破線は $a=1,\theta=0$ に対する中心多様体上の近似解を描いたものです．中心多様体に十分接近したあとは両者の区別がほとんどつきません．

◎**例題 3**◎ 次で定義される方程式を**ローレンツ方程式**といい，カオスが観測される方程式として最も有名なものの 1 つです (第 8 章)．ここでは，パラメータ ρ がある値をとるときにローレンツ方程式が不安定な周期軌道を持つことをくりこみ群の方法で示します．

$$
\left\{
\begin{aligned}
\dot{x} &= -10x+10y,\\
\dot{y} &= \rho x-y-xz,\\
\dot{z} &= -\frac{8}{3}z+xy.
\end{aligned}
\right. \tag{13.10}
$$

簡単な計算からこの系が 3 つの不動点

$$
(0,0,0),\ (a(\rho),a(\rho),\rho-1),\ (-a(\rho),-a(\rho),\rho-1) \tag{13.11}
$$

を持つことが分かります．ここで $a(\rho)=\sqrt{\frac{8}{3}(\rho-1)}$ です．不動点 $(a(\rho),a(\rho),\rho-1)$ から周期軌道が分岐してくることを見るために

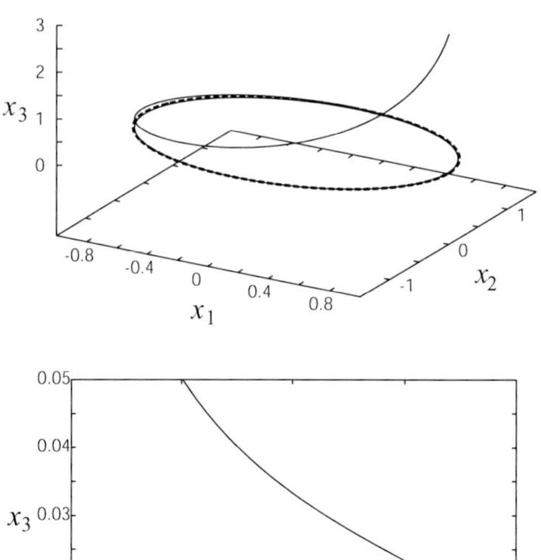

$x \mapsto x + a(\rho), y \mapsto y + a(\rho), z \mapsto z + (\rho - 1)$ と座標変換してこの不動点が原点にくるようにすると

$$\begin{cases} \dot{x} = -10x + 10y, \\ \dot{y} = x - y - a(\rho)z - xz, \\ \dot{z} = a(\rho)x + a(\rho)y - \dfrac{8}{3}z + xy \end{cases} \tag{13.12}$$

なる式を得ます．$\rho = \rho_0 := 470/19$ のとき，右辺の原点におけるヤコビ行列の固有値 $\alpha, \beta, -\beta$ は

$$\alpha = -\frac{41}{3},\ \pm\beta = \pm 4\sqrt{\frac{110}{19}}i \tag{13.13}$$

で与えられ，安定部分空間が 1 次元，中心部分空間が 2 次元であることが分かります．そこで ρ が ρ_0 の近傍にあるときに興味があるので

$$a(\rho) = a(\rho_0) - \varepsilon^2,\ a(\rho_0) = \sqrt{8/3(\rho_0 - 1)} = \sqrt{3608/57} \tag{13.14}$$

とおき，さらに

$$x = \varepsilon X,\ y = \varepsilon Y,\ z = \varepsilon Z \tag{13.15}$$

と座標変換すると，式 (13.12) は

$$\frac{d}{dt}\begin{pmatrix} X \\ Y \\ Z \end{pmatrix} = \begin{pmatrix} -10 & 10 & 0 \\ 1 & -1 & -a(\rho_0) \\ a(\rho_0) & a(\rho_0) & -8/3 \end{pmatrix}\begin{pmatrix} X \\ Y \\ Z \end{pmatrix} + \varepsilon\begin{pmatrix} 0 \\ -XZ \\ XY \end{pmatrix} - \varepsilon^2\begin{pmatrix} 0 \\ -Z \\ X+Y \end{pmatrix} \tag{13.16}$$

と変換されます．さらに右辺の行列が対角化されるように座標変換した後に 2 次までのくりこみ群方程式を求め，それを極座標で書き下すと

$$\begin{cases} \dot{r} = -\varepsilon^2(p_1 r - p_2 r^3), \\ \dot{\theta} = -\varepsilon^2(q_1 + q_2\theta^2) \end{cases} \tag{13.17}$$

が得られます．ここで定数 p_1, p_2, q_1, q_2 は

$$p_1 = \frac{38\sqrt{51414}}{47779}, p_2 = \frac{91438888520}{18481807848339},$$
$$q_1 = \frac{2086\sqrt{615}}{47779}, q_2 = \frac{714354199417\sqrt{\frac{190}{11}}}{55445423545017}$$

で定義されます．1 次のくりこみ群方程式は恒等的に零になることに注意しましょう．動径 r 方向の方程式は 2 つの不動点 $r = 0$ と $r = r_0 := \sqrt{p_1/p_2}$ を持ち，特に前者は安定，後者は不安定であることが容易に確認されます．これはくりこみ群方程式が半径 $\sqrt{p_1/p_2}$ の不安定な周期軌道を持つことを意味し，したがって元のローレンツ方程式もパラメータ ρ が ρ_0 に十分近いとき不安定周期軌道を持つことが分かります．

放課後談義≫

学生「中心多様体縮約を使うと次元の低い力学系に帰着させて分岐の計算ができるので便利ですね．しかし中心多様体は一意ではないと言っていたのが気になります．例題で計算した限りでは，一意に求まりそうに思いましたが」

先生「応用上は，[例題 1] のように中心多様体をある写像 $\varphi(x)$ のグラフで与えられるとし，そのべき級数展開 $\varphi(x) = k_2x^2 + k_3x^3 + \cdots$ の係数を逐次求めていきますね」

学生「はい，その計算を丁寧に追ってみましたが，係数 $k_2, k_3, \cdots$ は一意に決まっていきそうでした」

先生「中心多様体は一般には一意ではないのですが，その展開係数は一意に定まります．なぜなら，2 つの中心多様体があるとき，その差は任意の多項式オーダーよりも小さいからです」

学生「よくイメージできません」

先生「平坦関数 (flat function) というのを知っているかな．たとえば

$$f(x) = \begin{cases} e^{-1/x^2} & x \neq 0 \\ 0 & x = 0 \end{cases}$$

など．原点でべき級数展開してみてください」

学生「(しばらくのち) 原点での微分係数 $f^{(k)}(0)$ がすべて 0 になってしまいました．つまり原点でテイラー展開すると $f(x) \equiv 0$?」

先生「そうです，しかし実際には $f(x)$ は恒等的に 0 ではない．この $f(x)$ は無限回微分可能だがテイラー展開できない関数の代表選手です．2 つの関数 $\varphi(x)$ と $\varphi(x) + f(x)$ を原点でべき級数展開すると，$f(x)$ からの寄与は消えてしまうので展開係数は φ だけで決まり，異なる関数なのに展開は一意に定まります．中心多様体が複数あるとしても，その誤差はこの $f(x)$ のような関数くらいであり，分岐解析の結果に影響を与えません」

学生「中心多様体が複数あると，分岐によって生じた解がどの中心多様体の上にあるのか分からずに困りませんか ?」

先生「中心多様体の上に不動点や周期軌道があるとすれば，それはすべての中心多様体の共通部分になっているので心配ありません[*2]」

問1 方程式 $\dot{x} = x^2$, $\dot{y} = -y$ について，

(i) 原点における中心多様体をべき級数として求めよ．

(ii) 方程式の厳密解を求め，実際には無限個の中心多様体があることを示せ．

---

*2 証明は次の論文を参照.

J. Sijbrand, Properties of center manifolds, **Trans. Amer. Math. Soc.** 289 (1985).

第 14 章　周期軌道の分岐

2 次元力学系において周期軌道が生じる基本的な分岐であるホップ分岐とホモクリニック分岐について解説します.

14.1　ホップ分岐

ホップ分岐についてはすでに具体例を通して何回か遭遇しましたが, 以下ではその一般論を与えます. 実数値のパラメータ ε に依存する 2 次元の力学系

$$\dot{\boldsymbol{x}} = \boldsymbol{f}(\boldsymbol{x}, \varepsilon), \ \boldsymbol{x} \in \mathbf{R}^2 \tag{14.1}$$

を考えましょう. $\boldsymbol{f}$ は $\boldsymbol{x}, \varepsilon$ について原点で十分滑らか (無限回微分可能) であり, 任意の ε に対して $\boldsymbol{f}(0, \varepsilon) = 0$ を満たす, すなわち $\boldsymbol{x} = 0$ が不動点であるとします. そこで上式を $\boldsymbol{x} = 0$ で展開して

$$\dot{\boldsymbol{x}} = A(\varepsilon)\boldsymbol{x} + \boldsymbol{g}(\boldsymbol{x}, \varepsilon), \quad A(\varepsilon) = \frac{\partial \boldsymbol{f}}{\partial \boldsymbol{x}}(0, \varepsilon) \tag{14.2}$$

と表しておきます. $A(\varepsilon)$ は $\boldsymbol{x} = 0$ における $\boldsymbol{f}$ のヤコビ行列で, $\boldsymbol{g}$ は $\boldsymbol{x}$ について 2 次以上の項です. ε を動かしたときに不動点が非双曲型になる, すなわち行列 $A(\varepsilon)$ の固有値が虚軸をまたぐときに分岐が起こり得ることを思い出しましょう. そこで行列 $A(\varepsilon)$ の固有値を $\alpha(\varepsilon) \pm i\beta(\varepsilon), \alpha(\varepsilon), \beta(\varepsilon) \in \mathbf{R}$ とし, これに対して以下の仮定を設けます.

(**H1**)　$\alpha(0) = 0, \beta(0) \neq 0$
(**H2**)　$\alpha'(0) \neq 0$

仮定 H1 は固有値 $\alpha(\varepsilon) \pm i\beta(\varepsilon)$ が $\varepsilon = 0$ のときに虚軸上に存在し ($\alpha(0) = 0$), かつ原点は通らない ($\beta(0) \neq 0$) ための仮定です. 仮定 H2 は固有値が虚軸と接しないよう横断的に交わるための条件です (次図).

仮定より $A(\varepsilon)$ の 2 つの固有値は互いに異なるから対角化可能です. そこで必要ならば座標系を線形変換することにより, はじめから $A(\varepsilon)$ は

$$A(\varepsilon) = \begin{pmatrix} \alpha(\varepsilon) + i\beta(\varepsilon) & 0 \\ 0 & \alpha(\varepsilon) - i\beta(\varepsilon) \end{pmatrix}$$

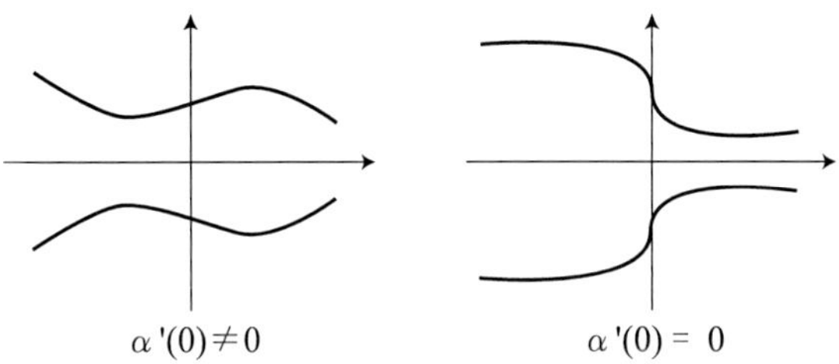

ε を動かしたときの複素平面上での固有値の動き.

なる形をしているとします. $\alpha(\varepsilon), \beta(\varepsilon)$ を ε で展開して[*1]

$$\alpha(\varepsilon) = \alpha_1\varepsilon + \alpha_2\varepsilon^2 + \cdots$$
$$\beta(\varepsilon) = \beta_0 + \beta_1\varepsilon + \beta_2\varepsilon^2 + \cdots$$

と書きましょう. 仮定 H1, H2 より $\alpha_1 \neq 0$, $\beta_0 \neq 0$ となることに注意してください.

式 (14.2) にベクトル場の標準形, もしくはくりこみ群の方法を適用して方程式を簡単な形に変換します. ここでは定理 12.4 を適用したいのでくりこみ群の方法を用いましょう. そのために, $\varepsilon > 0$ として $\boldsymbol{x} = \varepsilon^{1/2}\boldsymbol{X}$ とおきます. $\boldsymbol{g}(\boldsymbol{x}, \varepsilon)$ が $\boldsymbol{x}$ について 2 次以上だったから, $\boldsymbol{g}(\varepsilon^{1/2}\boldsymbol{X}, \varepsilon)$ を $\varepsilon^{1/2}$ で展開すると

$$\boldsymbol{g}(\varepsilon^{1/2}\boldsymbol{X}, \varepsilon) = \varepsilon\boldsymbol{g}_2(\boldsymbol{X}) + \varepsilon^{3/2}\boldsymbol{g}_3(\boldsymbol{X}) + \varepsilon^2\boldsymbol{g}_4(\boldsymbol{X}) + \cdots$$

という形になります. ここで $\boldsymbol{g}_i(\boldsymbol{X})$ は $\boldsymbol{X}$ について 2 次以上 i 次以下の多項式で, とくに $\boldsymbol{g}_2(\boldsymbol{X})$, $\boldsymbol{g}_3(\boldsymbol{X})$ は $\boldsymbol{X}$ についてそれぞれ, 2 次, 3 次の同次多項式になります. 以上より, 式 (14.2) は

$$\begin{aligned}\varepsilon^{1/2}\dot{\boldsymbol{X}} &= \begin{pmatrix} \alpha_1\varepsilon + i(\beta_0 + \varepsilon\beta_1) & 0 \\ 0 & \alpha_1\varepsilon - i(\beta_0 + \varepsilon\beta_1) \end{pmatrix} \varepsilon^{1/2}\boldsymbol{X} \\ &\quad + \varepsilon\boldsymbol{g}_2(\boldsymbol{X}) + \varepsilon^{3/2}g_3(\boldsymbol{X}) + O(\varepsilon^2) \\ \Longrightarrow \dot{\boldsymbol{X}} &= A_0\boldsymbol{X} + \varepsilon^{1/2}\boldsymbol{g}_2(X) \\ &\quad + \varepsilon\left(A_1\boldsymbol{X} + \boldsymbol{g}_3(\boldsymbol{X})\right) + O(\varepsilon^{3/2}) \end{aligned} \tag{14.3}$$

[*1] $\boldsymbol{f}$ が $\boldsymbol{x}, \varepsilon$ について滑らかなので行列 $A(\varepsilon)$ も ε について滑らかです. このとき, その固有値 $\lambda(\varepsilon)$ は他の固有値と衝突しない限りにおいて ε について滑らかとなります.

と変形されます．ここで

$$A_0 = \begin{pmatrix} i\beta_0 & 0 \\ 0 & -i\beta_0 \end{pmatrix}, \quad A_1 = \begin{pmatrix} \alpha_1 + i\beta_1 & 0 \\ 0 & \alpha_1 - i\beta_1 \end{pmatrix}$$

とおきました．この方程式に対してくりこみ群の方法を (一般論の ε を $\varepsilon^{1/2}$ に読みかえて) 適用しましょう．

問1 式 (14.3) に対するくりこみ群方程式を

$$\frac{d\boldsymbol{y}}{dt} = \varepsilon^{1/2}R_1(\boldsymbol{y}) + \varepsilon R_2(\boldsymbol{y}) + \varepsilon^{3/2}R_3(\boldsymbol{y}) + \cdots, \quad \boldsymbol{y} = (y_1, y_2)$$

とする．

(i) $\boldsymbol{g}_{2k}(\boldsymbol{X})$ は $\boldsymbol{X}$ について偶数次数，$\boldsymbol{g}_{2k+1}(\boldsymbol{X})$ は奇数次数しか含まないことを示せ．

(ii) $R_{2k+1}(\boldsymbol{y})$ は $\boldsymbol{y}$ について偶数次数，$R_{2k}(\boldsymbol{y})$ は奇数次数しか含まないことを示せ．

(iii) くりこみ群方程式は $e^{A_0 t}R_i(\boldsymbol{y}) = R_i(e^{A_0 t}\boldsymbol{y})$ を満たす (定理 12.13)．これを用いて，$R_i(\boldsymbol{y})$ は $y_1^{m+1}y_2^m\boldsymbol{e}_1$, $y_1^m y_2^{m+1}\boldsymbol{e}_2$ という形の項 (m は自然数) のみを含むことを示せ．

式 (14.3) のくりこみ群方程式において $y_1 = \overline{y}_2 = z$ とおくと，上の問 (iii) より z が満たす方程式の右辺は $z|z|^{2m}$ という形の項の一次結合になります．偶数次数は含まないので上の問 (ii) から $R_1, R_3, \cdots$ は恒等的に零となり，したがってくりこみ群方程式は

$$\dot{z} = \varepsilon((\alpha_1 + i\beta_1)z + C_{1,3}z|z|^2) + \varepsilon^2(C_{2,3}z|z|^2 + C_{2,5}z|z|^4) + \cdots \qquad (14.4)$$

という形で与えられます[*2]．ここで $C_{i,j}$ は問題から決まる複素数で，たとえば $C_{1,3}$ は $\boldsymbol{g}_2$, $\boldsymbol{g}_3$ から決まります．具体例として第 12 章の [例題 2] を参照．定数 $C_{1,3}$ に対して次の仮定を設けます．

(H3) $\mathrm{Re}(C_{1,3}) \neq 0$

[*2] ベクトル場の標準形に対して同様の結論は第 10 章 [例題 4] で示しました．

定理 14.1

式 (14.1) は仮定 H1〜H3 を満たすとする．$|\varepsilon|$ が十分小さいとき，$\varepsilon > 0$ か $\varepsilon < 0$ のいずれかにおいて式 (14.1) は原点を囲む周期軌道を持つ．

周期軌道の大きさと安定性などより詳しい情報については証明中で述べます．

証明　$\boldsymbol{x} = \varepsilon^{1/2}\boldsymbol{X}$ とスケーリングしていたので，まずは $\varepsilon > 0$ と仮定します．定理 12.4 より，くりこみ群方程式の最初の零でない項 (今の場合 R_2) が周期軌道を持っていれば元の方程式も周期軌道を持つのでした．そこで最初の項以外を打ち切った方程式

$$\dot{z} = \varepsilon\left((\alpha_1 + i\beta_1)z + C_{1,3}z|z|^2\right) \tag{14.5}$$

を考えます．これを極座標で書くために $z = re^{i\theta}$ とおくと

$$\begin{aligned}
&\dot{r}e^{i\theta} + ir\dot{\theta}e^{i\theta} = \varepsilon(\alpha_1 + i\beta_1)re^{i\theta} + \varepsilon(\mathrm{Re}(C_{1,3}) + i\mathrm{Im}(C_{1,3}))r^3e^{i\theta} \\
&\Rightarrow \left\{ \begin{array}{l} \dot{r} = \varepsilon(\alpha_1 r + \mathrm{Re}(C_{1,3})r^3) \\ \dot{\theta} = \varepsilon(\beta_1 + \mathrm{Im}(C_{1,3})r^2) \end{array} \right. \qquad (14.6)
\end{aligned}$$

となります．今，$-\alpha_1/\mathrm{Re}(C_{1,3}) > 0$ と仮定すると動径 r 方向の方程式は 2 つの不動点

$$r = 0, \sqrt{-\alpha_1/\mathrm{Re}(C_{1,3})} \tag{14.7}$$

を持ちます．微分係数の符号を計算すればすぐに分かるように，後者の不動点 $\sqrt{-\alpha_1/\mathrm{Re}(C_{1,3})}$ は $\alpha_1 > 0$ ならば漸近安定，$\alpha_1 < 0$ ならば不安定です．このときくりこみ群方程式 (14.5) は半径 $\sqrt{-\alpha_1/\mathrm{Re}(C_{1,3})}$ の周期軌道を持ち，したがって式 (14.1) も周期軌道を持ちます．スケーリングを考慮すると，もとの座標系 $\boldsymbol{x}$ では半径は $O(\sqrt{\varepsilon})$ となります．

$-\alpha_1/\mathrm{Re}(C_{1,3}) < 0$ のときは $\varepsilon < 0$ として $\boldsymbol{x} = \varepsilon^{1/2}\boldsymbol{X}$ の代わりに $\boldsymbol{x} = (-\varepsilon)^{1/2}\boldsymbol{X}$ とスケーリングすれば，式 (14.6) の代わりに $\dot{r} = \varepsilon(\alpha_1 r - \mathrm{Re}(C_{1,3})r^3)$ なる式を得るから，上と同じ議論を繰り返すことで，$\varepsilon < 0$ のときに周期軌道が存在することが分かります．■

以上のメカニズムで原点から周期軌道が生じる現象を**ホップ分岐**といいます．次の図は $\alpha_1 > 0$, $\mathrm{Re}(C_{1,3}) < 0$ であるような方程式の相図の例です．$\varepsilon < 0$ の

ときには原点が漸近安定で周期軌道は存在しませんが，$\varepsilon = 0$ のところで原点の安定性が入れ替わり，$\varepsilon > 0$ で安定な周期軌道が発生します．

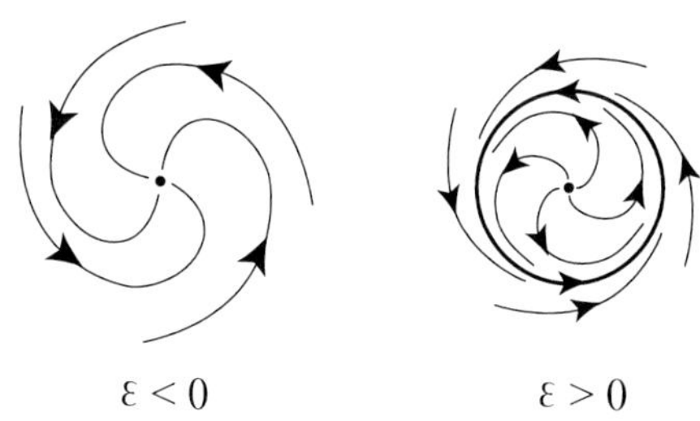

なお，条件 H3 が満たされない場合は $\boldsymbol{g}_3$ より高次の項も考慮した解析が必要となります．分岐してくる周期軌道の個数や半径のオーダーが変わってきて，**退化したホップ分岐**と呼ばれます[*3]．

14.2　ポアンカレ写像と周期軌道の安定性

不動点の安定性はその点におけるベクトル場のヤコビ行列の固有値で判定できるのでした．ここでは周期軌道の安定性を調べるためのポアンカレ写像を導入します．周期軌道に限らず，連続力学系を離散力学系に帰着させる重要な手法です．今，n 次元の力学系

$$\frac{d\boldsymbol{x}}{dt} = \dot{\boldsymbol{x}} = \boldsymbol{f}(\boldsymbol{x}),\ \boldsymbol{x} \in \mathbf{R}^n \tag{14.8}$$

が周期軌道 γ を持つとしましょう．γ に横断的に交わる $n-1$ 次元の断面 Σ をとります (次図)．式 (14.8) の流れを φ_t，γ の周期を T，γ と Σ の交点を p とすると，$\varphi_T(p) = p$ が成り立ちます．今，p の十分小さな近傍を U とし，点 $q \in \Sigma \cap U$ をとると，流れの初期値に関する連続性より，q を初期値とする式 (14.8) の軌道は γ のそばを通りながら，T に近いある時間 $\tau = \tau(q)$ ののちに

[*3] 退化した分岐については
S. N. Chow, C. Li, D. Wang「Normal forms and bifurcation of planar vector fields」(Cambridge University Press), 1994
に詳しい．

Σ 上に戻ってきます : $\varphi_{\tau(q)}(q) \in \Sigma$. そこで写像 $P : \Sigma \cap U \to \Sigma$ を

$$P(q) = \varphi_{\tau(q)}(q) \tag{14.9}$$

により定め，P を**ポアンカレ写像**，Σ を**ポアンカレ断面**，$\tau : \Sigma \cap U \to \mathbf{R}$ を**帰還時間**と呼びます．ベクトル場 $\boldsymbol{f}$ が滑らかであれば P と τ も滑らかな写像となります．

写像 P は $\Sigma \cap U$ 上での $m-1$ 次元の離散力学系

$$q_{n+1} = P(q_n) \tag{14.10}$$

を定めます．すなわち $q \in \Sigma \cap U$ を初期値とする式 (14.8) の解軌道と Σ の交点を時間の順序に並べたもの $\{q = q_0, q_1, q_2, \cdots\}$ が離散力学系 (14.10) の軌道です．十分小さくとった p の近傍 U と任意の $q_0 \in \Sigma \cap U$ に対して $q_n \to p$, $n \to \infty$ が成り立つとき，周期軌道 γ は**漸近安定**であるといいます．漸近安定な周期軌道を**リミットサイクル**ともいいます．離散力学系については次章以降で詳しく扱いますが，少し結果を先どりします．離散力学系 P の不動点 x とは $P(x) = x$ を満たす点であり，その安定性は P の点 x におけるヤコビ行列 $(DP)_x$ の固有値で判定できます．全ての固有値が $|\lambda_i| < 1$ を満たすならば不動点は漸近安定，$|\lambda_i| > 1$ である固有値が存在するならば不安定です．

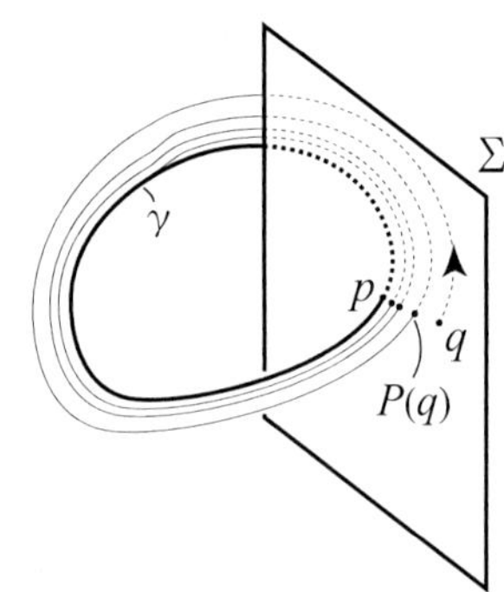

漸近安定な周期軌道 γ まわりの流れの様子.

定義より明らかにポアンカレ写像 P の不動点は元の微分方程式 (14.8) の周期軌道に対応します．したがって式 (14.8) の周期軌道とその安定性の議論は，ポアンカレ写像の不動点の存在とその安定性の議論に帰着されるわけです．一般には P を具体的に書き下すことはできません (これは方程式 (14.8) を具体的に解くことに相当する) が，次の定理が成り立ちます．

定理 14.2

(i) φ_t を (14.8) の流れ，γ をその周期 T の周期軌道，$p \in \gamma$ とすると，$(D\varphi_T)_p$ は固有値 1 を持ち，その固有ベクトルは $\boldsymbol{f}(p)$ である．
(ii) $(D\varphi_T)_p$ の固有値を $1, \lambda_1, \cdots, \lambda_{n-1}$ とするとき，$\lambda_1, \cdots, \lambda_{n-1}$ を**特性乗数**という．p におけるポアンカレ写像を P とするとき，$(DP)_p$ の固有値は特性乗数に等しい．
(iii) $p, q \in \gamma$ とすると $(D\varphi_T)_p$ の固有値と $(D\varphi_T)_q$ の固有値は等しい．

$(D\varphi_T)_p$ は流れ φ_T の点 p におけるヤコビ行列を表します．周期軌道 γ の特性乗数 (上の (iii) よりこれは $p \in \gamma$ の選び方に依らない) λ_i が全て $|\lambda_i| \neq 1$ を満たすとき，γ は**双曲型**であるといいます．不動点と同様に，双曲型の周期軌道は微小な摂動に関してロバストです．この定理と上で述べた離散力学系の不動点に関する事実を合わせると次を得ます．

定理 14.3

γ の特性乗数 λ_i が全て $|\lambda_i| < 1$ を満たすならば γ は漸近安定であり，1 つでも $|\lambda_i| > 1$ なる特性乗数があれば γ は不安定である．

定理 14.2 の証明 (i) 任意の $x \in \mathbf{R}^n$ に対し，流れの性質 (定理 9.1) より

$$\boldsymbol{f}(\varphi_t(x)) = \frac{d}{ds}\varphi_s(x)\Big|_{s=t} = \frac{d}{ds}\varphi_{t+s}(x)\Big|_{s=0} = \frac{d}{ds}\varphi_t \circ \varphi_s(x)\Big|_{s=0} = (D\varphi_t)_x \boldsymbol{f}(x)$$

ここで $x = p, t = T$ とおくと左辺は $\boldsymbol{f}(\varphi_T(p)) = \boldsymbol{f}(p)$，右辺は $(D\varphi_T)_p \boldsymbol{f}(p)$ となります．

(ii) $q \in \Sigma$ に対して $P(q) = \varphi_{\tau(q)}(q)$ の微分は

$$\begin{aligned}(DP)_q &= \frac{\partial \varphi_{\tau(q)}(x)}{\partial x}\Big|_{x=q} + \frac{\partial \varphi_t(q)}{\partial t}\Big|_{t=\tau(q)} \circ \frac{\partial \tau}{\partial q}\Big|_q \\ &= \frac{\partial \varphi_{\tau(q)}}{\partial q}(q) + \boldsymbol{f}(\varphi_{\tau(q)}(q)) \circ \frac{\partial \tau}{\partial q}\Big|_q, \quad (\Sigma\text{上で})\end{aligned}$$

$q = p \in \gamma$ とおくと，定義より $\tau(p) = T$ であるから $(DP)_p = (D\varphi_T)_p + \boldsymbol{f}(p) \circ \partial\tau/\partial q$ となります．$v_1, \cdots, v_{n-1}$ を点 p における Σ の接空間の基底とします．

$\boldsymbol{f}(p)$ は周期軌道 γ に接するので Σ に横断的，よって $v_1, \cdots, v_{n-1}, \boldsymbol{f}(p)$ は点 p における $\mathbf{R}^n$ の接空間の基底となります．$\boldsymbol{f}(p)$ は $(D\varphi_T)_p$ の固有値 1 に従属する固有ベクトルであったから，この基底で

$$(D\varphi_T)_p = \begin{pmatrix} A & 0 \\ B & 1 \end{pmatrix}$$

$$(DP)_q = \begin{pmatrix} A & 0 \\ B & 1 \end{pmatrix}\Bigg|_\Sigma + \begin{pmatrix} 0 \\ \vdots \\ 0 \\ 1 \end{pmatrix} \begin{pmatrix} & * & \end{pmatrix}\Bigg|_\Sigma = A$$

と書かれ，特性乗数 (= 行列 A の固有値) は $(DP)_q$ の固有値と一致します．

(iii) $p, q \in \gamma$ に対して $q = \varphi_t(p)$ を満たす t があるから $\varphi_T \circ \varphi_t(x) = \varphi_t \circ \varphi_T(x)$ の両辺を $x = p$ で微分すれば $(D\varphi_T)_q \circ (D\varphi_t)_p = (D\varphi_t)_p \circ (D\varphi_T)_p$ を得ます．したがって $(D\varphi_T)_q$ と $(D\varphi_T)_p$ は互いに相似な行列です． ■

14.3　ホモクリニック分岐

ホップ分岐とは異なるメカニズムで周期軌道が生じる例として，ホモクリニック分岐についてごく簡単に紹介します．これまでは不動点からの分岐 (局所分岐) のみを紹介してきましたが，ホモクリニック分岐は大域分岐の一例になっています[*4]．次のような 2 次元の方程式

$$\begin{cases} \dot{x} = f_1(x, y) \\ \dot{y} = f_2(x, y) \end{cases} \tag{14.11}$$

を考え，これが原点を不動点に持つとしましょう．原点におけるヤコビ行列 A が正の固有値と負の固有値を 1 つずつ持つとします．このとき原点は 1 次元の安定多様体 W^s と 1 次元の不安定多様体 W^u を持ちますが，これが下図のように共有部分を持つとします．すなわち $t \to \pm\infty$ で原点に収束する**ホモクリニック軌道** γ が存在するとします (以後，左側の図を用いて説明します)．

[*4] この節で扱う命題の証明はテクニカルなものが多いので省略します．細部は
S. N. Chow, C. Li, D. Wang「Normal forms and bifurcation of planar vector fields」(Cambridge University Press), 1994
を参照してください．

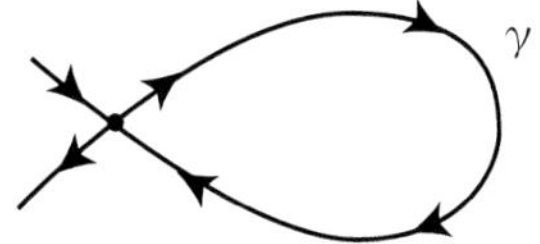

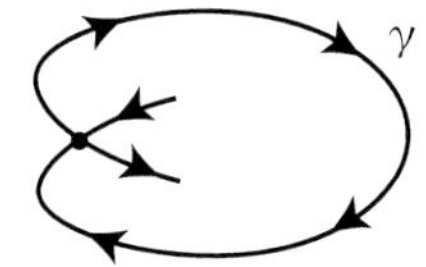

ホモクリニック軌道の安定性を定義しましょう．簡単に言えば，次図 (左) のように γ のすぐ内側の点を初期値とする解軌道が $t \to \infty$ で γ に漸近するとき，γ は**漸近安定**であるといいます．厳密に定義するためにポアンカレ写像を用います．次図 (右) のように γ 上に点 p，および p において軌道に直交するポアンカレ断面 (線分) Σ をとります．前節のように，点 $q \in \Sigma$ (ただし γ よりも内側) を通る解軌道が次に Σ と交わる点を $P(q)$ と定めることによりポアンカレ写像 P を定義します．そこで点 $p \in \gamma$ と点 $q \in \Sigma$ の (Σ に沿った) 距離を $d(q)$ とするとき，$d(q) > d(P(q))$ ならば γ は漸近安定であるといい，$d(q) < d(P(q))$ ならば不安定であるといいます．

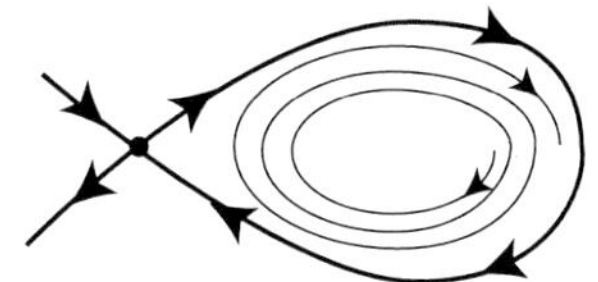
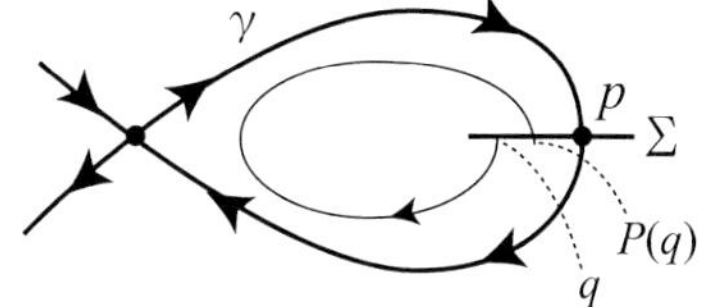

このとき次が成り立ちます．

定理 14.4

方程式 (14.11) の原点におけるヤコビ行列を A とするとき，$\mathrm{trace}\, A < 0$ ならば γ は漸近安定，$\mathrm{trace}\, A > 0$ なら γ は不安定である．

$\mathrm{trace}\, A = \lambda_1 + \lambda_2$ なので，これが負という条件は安定多様体の吸引力が不安定多様体の反発力よりも強いということです．

原点において漸近安定なホモクリニック軌道 γ を持つ (14.11) に対して，十分小さな摂動を与えた方程式

$$\begin{cases} \dot{x} = f_1(x,y) + \varepsilon g_1(x,y,\varepsilon) \\ \dot{y} = f_2(x,y) + \varepsilon g_2(x,y,\varepsilon) \end{cases} \tag{14.12}$$

を考えましょう．ここで $\varepsilon \in \mathbf{R}$ は微小なパラメータであり，g_1, g_2 は

$g_1(0,0,\varepsilon) = g_2(0,0,\varepsilon) = 0$ を満たすとします (原点は不動点のまま)．摂動の効果により原点の安定多様体 W^s と不安定多様体 W^u はわずかにずらされますが，ずらされた後の W^s と W^u の位置関係として次の 3 通りが考えられます (次図)．

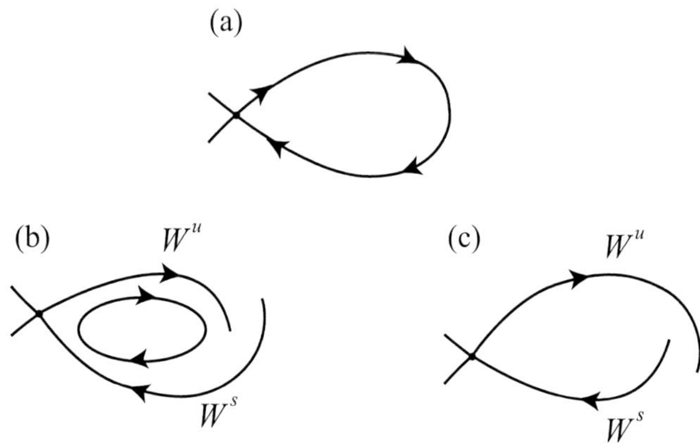

(a) は W^s と W^u が交わったままであり，したがってホモクリニック軌道が存続するケースです．元々 $\varepsilon = 0$ においてホモクリニック軌道 γ は漸近安定だと仮定していたから，ε が十分小さいとき，$\varepsilon \neq 0$ の場合のホモクリニック軌道も漸近安定となります (ヤコビ行列の固有値がパラメータ ε に関して連続なので trace の符号が変わりません)．

問2　連続力学系においては不動点の安定多様体と不安定多様体が不動点以外で横断的に交わることはないことを示せ．したがって原点における安定多様体と不安定多様体が原点以外の 1 点で交わるならば，その点を通るホモクリニック軌道が存在する．

(b) は安定多様体 W^s が不安定多様体 W^u の外側に来るケースです．このとき，次図の灰色の領域 D の “入り口” 付近の点を初期値とする軌道は W^s, W^u 上の流れに引きずられて D 内部に入ってきます．一方 $\varepsilon = 0$ のとき γ が安定であったから，流れのパラメータに関する連続性より W^s と W^u の内側の白い部分の点は外向きに運動して，やはり D に入っていきます．したがって D 上の点を初期値とする点は D に留まったままであるから，この灰色の領域 D の内部に何か安定な不変集合が存在しなければなりませんが，ポアンカレ・ベンディクソンの定理から，それは周期軌道であることが示されます．なお，ポアンカレ・ベンディクソンの定理はそれ自身重要なので節をあらためて後述します．

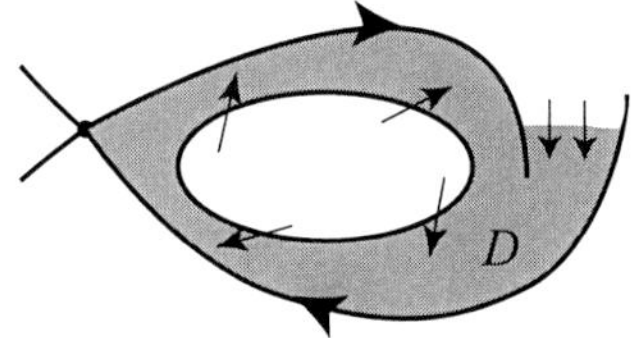

(c) は W^s が W^u の内側にくる場合です．W^u のすぐ内側を通る軌道は遠くへ逃げていってしまうので，W^s の内側には周期軌道は存在しません．

したがって安定多様体 W^s と不安定多様体 W^u の位置関係が重要なので，これを測るために再びポアンカレ断面をとります．前と同様に，非摂動系 (14.11) のホモクリニック軌道 γ 上の点 p と p において γ の軌道と直交する断面 Σ をとります．点 p における γ の接ベクトル $v(p)$ はベクトル場そのものの値なので $v(p) = (f_1(p), f_2(p))$ で与えられます．したがってこれを 90 度回したベクトル $v^\perp(p) = (f_2(p), -f_1(p))$ は Σ と平行になります．そこで摂動系 (14.12) の安定多様体 W^s，不安定多様体 W^u と Σ との交点をそれぞれ $z^s_\varepsilon(p)$, $z^u_\varepsilon(p)$ とおき，

$$d_\varepsilon(p) = \langle z^u_\varepsilon(p) - z^s_\varepsilon(p), v^\perp(p)\rangle \tag{14.13}$$

により $d_\varepsilon(p)$ を定義しましょう (次図)．ここで $\langle\ ,\ \rangle$ は $\mathbf{R}^2$ の標準内積です．内積の意味を考えると，例えば $v^\perp$ が γ の内側を向いているとすると，$d_\varepsilon(p) > 0$ ならば z^s_ε から見て z^u_ε は内側にあることが分かりますね．すなわち $d_\varepsilon(p)$ は z^s_ε と z^u_ε の距離を向き付きで測った値であり，この符号を調べれば W^s と W^u のどちらが外側にきているかが分かることになります．

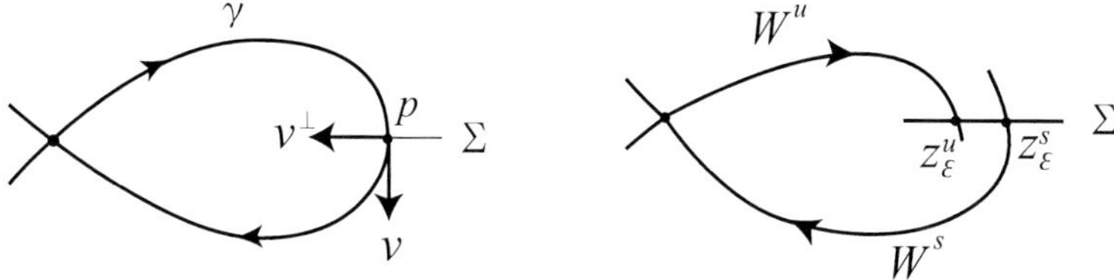

$d_\varepsilon(p)$ の符号は次の公式により計算できます．

定理 14.5

メルニコフ関数 $M(p)$ を

$$M(p) = \int_{-\infty}^{\infty} e^{-\int_0^t \mathrm{trace} A(s)ds} \times \Big(f_1(\gamma(t))g_2(\gamma(t),0) - f_2(\gamma(t))g_1(\gamma(t),0)\Big)dt \tag{14.14}$$

で定義する．ここで $\gamma(t)$ は p を初期値とする非摂動系 (14.11) の解 (ホモクリニック軌道)，$A(t)$ は $\gamma(t)$ に沿った式 (14.11) の Jacobi 行列 $\dfrac{\partial(f_1,f_2)}{\partial(x,y)}(\gamma(t))$ である．このとき

$$d_\varepsilon(p) = \varepsilon M(p) + O(\varepsilon^2) \tag{14.15}$$

が成り立つ．

したがって ε が十分小さいとき，$d_\varepsilon(p)$ の符号は $\varepsilon M(p)$ の符号で決まります．$d_\varepsilon(p)$ の符号と $v^\perp$ の向きが分かれば安定多様体 W^s と不安定多様体 W^u の位置関係が分かり，これが上図の (b) の状況になっていれば γ の近傍に安定な周期軌道が存在すると結論されます．このようなメカニズムで周期軌道が生じる現象を**ホモクリニック分岐**といいます．

なお，γ が不安定である，すなわち原点におけるヤコビ行列 A が $\mathrm{trace}\, A > 0$ を満たすときには，最初の方程式 (14.11) において (f_1, f_2) の代わりに $(-f_1, -f_2)$ を考えることで (これは時間の進む向きを逆にすることと同値である)，安定な場合に帰着できることを注意しておきます．

14.4　ポアンカレ・ベンディクソンの定理

$\mathbf{R}^2$ で定義されたベクトル場 $\boldsymbol{f}$ の流れを φ_t とします．点 p に対してその正の軌道を $\mathcal{O}^+(p) = \{\varphi_t(p) \,|\, t \geq 0\}$ で定義し，p の ω **極限集合**を

$$\omega(p) = \bigcap_{T\geq 0} \overline{\{\varphi_t(p) \,|\, t \geq T\}} \tag{14.16}$$

で定義します．右辺のバーは集合の閉包です．おおまかに言えば，点 p を初期値とする解軌道が $t \to \infty$ で漸近するような点の全体として特徴づけられます．たとえば p を初期値とする軌道が不動点 x (周期軌道 γ) に収束するならば $\omega(p) = \{x\}$ $(\omega(p) = \gamma)$ です．

定理 14.6

ポアンカレ・ベンディクソンの定理

$\mathbf{R}^2$ の開集合 D 上で定義された流れ φ_t に対して，ある点 $p \in D$ に対して $\mathcal{O}^+(p) \subset D$ が有界で $\omega(p)$ が不動点を含まないならば $\omega(p)$ は周期軌道である．

証明 任意に $q \in \omega(p)$ をとると $\omega(q) \subset \omega(p)$，および $\varphi_t(q) \subset \omega(p)$ が成り立ちます．仮定より $\omega(p)$ は不動点を含まないので $\omega(q)$ も不動点を含みません．そこで $z \in \omega(q)$ をとると，z を通る軌道に横断的な断面 Γ がとれます．$\omega(q)$ の定義より $\varphi_t(q)$ は z の任意の近傍を無限回通るから，Γ と無限回交わります．その交点を $a_n = \varphi_{t_n}(q)$, $t_n < t_{n+1}$ とすると，この列は Γ 上に入れた向きに対して単調です．実際，単調でないとすると軌道が自分自身と交わってしまいます (次図 (右) は起こりえない)．

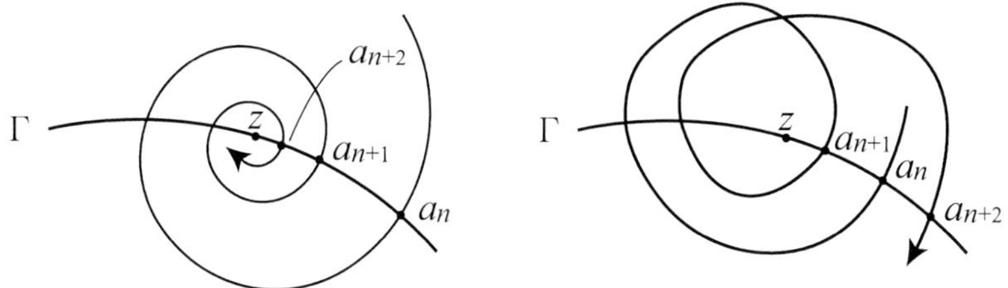

したがって列 $\{a_n\}$ は z のみに集積するから, 結局 $\omega(q) \cap \Gamma = \{z\}$ となっています．$\omega(q) \subset \omega(p)$ より $\omega(p)$ も z を含みますが, 同じ議論により $\omega(p) \cap \Gamma$ も 1 点 $\{z\}$ のみから成ります．ところが $\varphi_t(q) \subset \omega(p)$ より $a_n \in \omega(p)$ であるから結局全ての n について a_n は同じ点 z であり, 特に $\varphi_{t_2}(q) = \varphi_{t_1}(q) \Rightarrow \varphi_{t_2 - t_1}(q) = q$ より q は周期軌道です． ■

◎例題 1◎　応用上は，不動点をくり抜くなどしてうまく正不変な領域 D を構成して定理を適用します．$\mathbf{R}^2$ 上の方程式

$$\begin{cases} \dot{x} = 10 - x - \dfrac{4xy}{1+x^2} \\ \dot{y} = x\left(1 - \dfrac{y}{1+x^2}\right) \end{cases} \tag{14.17}$$

を考えます．x 軸上においてはベクトル場は $(10-x, x)$ で与えられるから $0 < x < 10$ のとき，x 軸上でベクトル場は上を向いています．y 軸上においてはベクトル場は $(10, 0)$ で与えられるのでベクトル場は右を向いています．同様に直線 $x = 10$ 上と $y = 101$ 上でベクトル場の向きを見てやることにより，長方形 $D' = \{0 < x < 10,\ 0 < y < 101\}$ の境界においてベクトル場は D' の内部を向くか，境界に接するかのいずれかであることが分かります．したがって D' は式 (14.17) の流れで正不変です (D' の点を初期値とする正の軌道は D' から出ていかない).

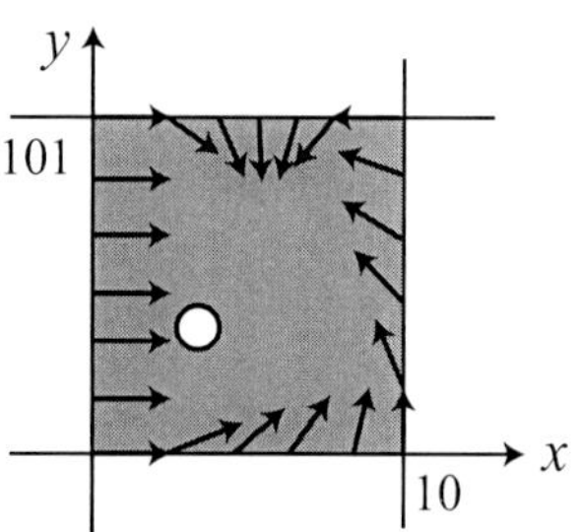

$(x, y) = (2, 5)$ が D に含まれる唯一の不動点です．この点におけるベクトル場のヤコビ行列は $\dfrac{1}{5}\begin{pmatrix} 7 & -8 \\ 8 & -2 \end{pmatrix}$，その固有値は $\dfrac{5 \pm 5\sqrt{7}i}{2}$ で実部正なのでこの不動点は湧き出し点です．すなわち，この不動点中心の小さな円板をとると，その境界でベクトル場は円周の外側を向きます．そこで，図のように長方形領域 D' からこの円板を除いた灰色領域を D とすると定理 14.6 の条件が満たされ，D 内に周期軌道が存在することが分かります．

問3 次の力学系について以下の問に答えよ．

$$\begin{cases} \dot{x} = x - y - x(x^2 + 5y^2) \\ \dot{y} = x + y - y(x^2 + y^2). \end{cases}$$

(i) $x = r\cos\theta$, $y = r\sin\theta$ とおいて (r, θ) についての方程式に直せ．

(ii) 周期軌道が存在することを示せ．

放課後談義≫

学生「今回は 2 次元の方程式のみを扱ったわけですが，より高次元の場合にもホップ分岐やホモクリニック分岐は起こるのですか?」

先生「まずホップ分岐について．方程式が n 次元の場合には線形部分の固有値も n 個あるわけだが，いくつの固有値が同時に虚軸をまたぐかによって問題の質が異なってくることに注意しよう．同時に虚軸をまたぐ固有値が 2 個の場合には 2 次元の中心多様体が存在するので，中心多様体縮約を用いれば方程式が 2 次元に帰着され，今回と同じ話に落ちつく．このときは中心多様体の中でホップ分岐が起きているわけだ．一方，同時に虚軸をまたぐ固有値が 3 つ以上であるような退化した問題は中心多様体が 3 次元以上であり，本質的に高次元的な問題になる．このようなケースに対するホップ分岐もよく研究されてきているが，様々なパターンがあって非常に難しいとしかいいようがない」

学生「いずれにせよ元の方程式の次元よりも中心多様体の次元が問題の難しさを決定するわけですね」

先生「3 次元以上のホモクリニック分岐も問題設定により様々なパターンがある．例えば 3 次元の方程式で原点が不動点であり，ホモクリニック軌道を持つとしよう．原点におけるヤコビ行列の固有値が 1 つの正固有値と 2 つの負固有値を持つ場合，摂動をかけると，2 次元の場合と似たようなメカニズムで周期軌道が分岐し得ることが知られている．一方，1 つの正固有値と，2 つの互いに共役な複素固有値を持つ場合には，摂動によりカオスが生じうることが知られている．ホモクリニック軌道は微小な摂動によりカオスを生じさせる "種" となることがあるので (たとえば第 8 章のダフィン方程式の摂動) 重要な研究対象です．第 17 章で詳しく扱います」

第 15 章　離散力学系の分岐

これまでは微分方程式 (連続力学系) について学んできましたが，ここでは離散力学系の性質を調べていきます．これら 2 つは密接に関連しあっており，一方を理解するためにもう一方を理解することが不可欠です．

15.1　離散力学系

$\boldsymbol{x}_n$ (n : 整数) を $\mathbf{R}^m$ の点，$\boldsymbol{f}$ を $\mathbf{R}^m$ から $\mathbf{R}^m$ への写像とします．差分方程式

$$\boldsymbol{x}_{n+1} = \boldsymbol{f}(\boldsymbol{x}_n) \tag{15.1}$$

を $\boldsymbol{f}$ から定まる**離散力学系**と呼びます．初期値 $\boldsymbol{x}_0$ を任意に与えれば，$\boldsymbol{f}$ を作用させていくことにより点列 $\{\boldsymbol{x}_0, \boldsymbol{x}_1, \boldsymbol{x}_2, \cdots\}$ が一意に定まり，これを $\boldsymbol{f}$ の**軌道**と呼びます．微分方程式の場合と同様に，軌道 $\{\boldsymbol{x}_0, \boldsymbol{x}_1, \boldsymbol{x}_2, \cdots\}$ を相空間上に描いて視覚的に捉えると便利です．$\boldsymbol{f}$ の n 回合成 $\boldsymbol{f} \circ \boldsymbol{f} \circ \cdots \circ \boldsymbol{f}$ を $\boldsymbol{f}^n$ と略記します．すなわち $\boldsymbol{x}_n = \boldsymbol{f}^n(\boldsymbol{x}_0)$．値の n 乗とは異なるので注意してください．$n \to \infty$ で軌道がどのように振るまうのかを理解するのが目標の 1 つです．

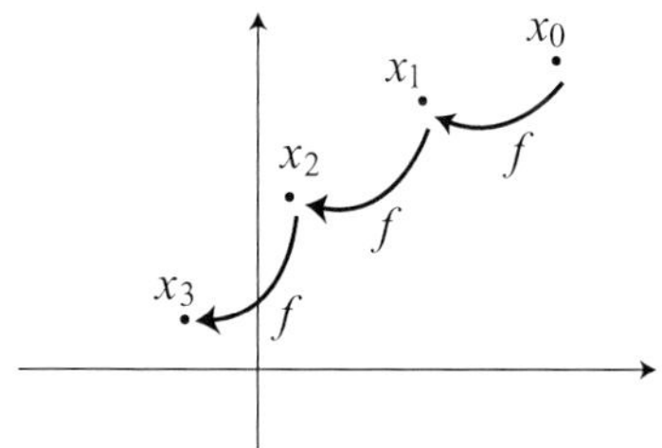

写像 $\boldsymbol{f}$ が全単射のときにはその逆写像 $\boldsymbol{f}^{-1}$ が定義可能です．このとき式 (15.1) は

$$\boldsymbol{x}_{n-1} = \boldsymbol{f}^{-1}(\boldsymbol{x}_n) \tag{15.2}$$

と書けるので，初期値 $\boldsymbol{x}_0$ を与えれば点列 $\{\boldsymbol{x}_0, \boldsymbol{x}_{-1}, \boldsymbol{x}_{-2}, \cdots\}$ が定まり $\boldsymbol{x}_n$ は全ての整数 n に対して定義可能です．$\boldsymbol{f}^{-1}$ の n 回の合成を $\boldsymbol{f}^{-n}$ と表します．区別のため $\{\boldsymbol{x}_0, \boldsymbol{x}_1, \boldsymbol{x}_2, \cdots\}$ を**正の向きの軌道**，$\{\boldsymbol{x}_0, \boldsymbol{x}_{-1}, \boldsymbol{x}_{-2}, \cdots\}$ を**負の向きの軌道**ともいいます．

15.2　不動点とその安定性

離散力学系 $\boldsymbol{x}_{n+1} = \boldsymbol{f}(\boldsymbol{x}_n)$ について，全ての n について $\boldsymbol{x}_n = \boldsymbol{p}$ を満たす点，すなわち軌道がただ 1 点 $\boldsymbol{p}$ からなるような点 $\boldsymbol{p}$ のことを**不動点**といいます．容易に分かるように，$\boldsymbol{p}$ が不動点であるための必要十分条件は $\boldsymbol{p}$ が

$$\boldsymbol{p} = \boldsymbol{f}(\boldsymbol{p}) \tag{15.3}$$

を満たすことです．不動点 $\boldsymbol{p}$ の安定性は，連続力学系の場合と同様に，$\boldsymbol{p}$ の小さな近傍 U 上の点を初期値とする任意の軌道 $\{\boldsymbol{x}_n\}$ が $n \to \infty$ で $\boldsymbol{p}$ に漸近する (漸近安定) か，U から出ていく軌道が存在する (不安定) かで定義します (厳密な定義は 9.2 節と同様).

まずは A を $m \times m$ の行列として

$$\boldsymbol{x}_{n+1} = A\boldsymbol{x}_n, \quad \boldsymbol{x}_n \in \mathbf{R}^m \tag{15.4}$$

によって定まる $\mathbf{R}^m$ 上の線形の離散力学系を考えましょう．原点 $\boldsymbol{p} = 0$ が常に不動点です．$\boldsymbol{x}_n = A^n\boldsymbol{x}_0$ なので，原点の安定性の問題は行列の n 乗を計算する問題に帰着されます．座標系を線形変換することにより，A がジョルダン標準形になっている場合を考えれば十分です．

A が対角行列 $A = \mathrm{diag}\,(\lambda_1, \cdots, \lambda_m)$ の場合，$A^n = \mathrm{diag}\,(\lambda_1^n, \cdots, \lambda_m^n)$ となります．対角化できない場合は次の具体例でみてみましょう．

◎例題 1◎　差分方程式

$$\begin{pmatrix} x_{n+1} \\ y_{n+1} \end{pmatrix} = A\begin{pmatrix} x_n \\ y_n \end{pmatrix} = \begin{pmatrix} \lambda & 1 \\ 0 & \lambda \end{pmatrix}\begin{pmatrix} x_n \\ y_n \end{pmatrix} \tag{15.5}$$

を考えます．

$$A = S + N, \quad S = \begin{pmatrix} \lambda & 0 \\ 0 & \lambda \end{pmatrix}, \ N = \begin{pmatrix} 0 & 1 \\ 0 & 0 \end{pmatrix}$$

とおくと $A^n = (S+N)^n$ を計算すればよいことになります．$SN = NS$ に注意するとスカラーと同じように二項展開できるので $A^n = S^n + {}_n\mathrm{C}_1 S^{n-1}N +$

${}_n\mathrm{C}_2 S^{n-2}N^2 + \cdots + N^n$ を得ます．$N^2 = 0$ に注意すると

$$\begin{aligned} A^n &= S^n + nS^{n-1}N \\ &= \begin{pmatrix} \lambda^n & 0 \\ 0 & \lambda^n \end{pmatrix} + n \begin{pmatrix} \lambda^{n-1} & 0 \\ 0 & \lambda^{n-1} \end{pmatrix} \begin{pmatrix} 0 & 1 \\ 0 & 0 \end{pmatrix} = \begin{pmatrix} \lambda^n & n\lambda^{n-1} \\ 0 & \lambda^n \end{pmatrix} \end{aligned}$$

となるので，初期値 (x_0, y_0) に対する解は

$$\begin{pmatrix} x_{n+1} \\ y_{n+1} \end{pmatrix} = \begin{pmatrix} \lambda^n x_0 + n\lambda^{n-1} y_0 \\ \lambda^n y_0 \end{pmatrix} \tag{15.6}$$

で与えられます．

より一般に，A^n の各成分は $q_j(n)\lambda_i^{n-j}$ という形をした項の 1 次結合で与えられます．ここで λ_i は A の固有値，$q_j(n)$ は n についての高々 j 次の多項式で，その次数 j は固有値 λ_i の縮退度で決まります．$|\lambda_i| \neq 1$ ならば n が十分大きいときの $q_j(n)\lambda_i^{n-j}$ の振舞いは λ_i^n の挙動で決まります．実際，$|\lambda_i| > 1$ のときは $|q(n)\lambda_i^n| \to \infty$ $(n \to \infty)$，$|\lambda_i| < 1$ のときは $|q(n)\lambda_i^n| \to 0$ $(n \to \infty)$ ですね．$|\lambda_i| = 1$ のときは $|q(n)\lambda_i^n| = |q(n)|$ なので解の振舞いは問題ごとに異なります．以上の議論から次の定理を得ます．

定理 15.1

線形の離散力学系 $\boldsymbol{x}_{n+1} = A\boldsymbol{x}_n$ について，行列 A の固有値が全て複素平面上の単位円内部にあるならば不動点 $\boldsymbol{x} = 0$ は漸近安定である．すなわち全ての軌道は $n \to \infty$ で原点に収束する．A の固有値が 1 つでも単位円の外部にあるならば，不動点 $\boldsymbol{x} = 0$ は不安定であり，$n \to \infty$ で発散する解が存在する．

離散力学系 $\boldsymbol{x}_{n+1} = A\boldsymbol{x}_n$ について，行列 A の全ての固有値が単位円周上に**ない**とき，A は**双曲型**であるといいます．またこのとき不動点 $\boldsymbol{x} = 0$ は**双曲型不動点**であるといいます．連続力学系のときと同様に双曲型という性質はロバストであり，行列に微小な摂動を加えても保たれます．

次に非線形の離散力学系 $\boldsymbol{x}_{n+1} = \boldsymbol{f}(\boldsymbol{x}_n)$ を考えましょう．これが不動点を持つとします．必要ならば座標系を平行移動することにより，原点 $\boldsymbol{x} = 0$ が不動点であるとして構いません．そこで $\boldsymbol{x} = 0$ で $\boldsymbol{f}$ を展開すると

$$\boldsymbol{x}_{n+1} = \boldsymbol{f}(\boldsymbol{x}_n) = A\boldsymbol{x}_n + \boldsymbol{g}(\boldsymbol{x}_n) \tag{15.7}$$

となります．ここで $A = \partial \boldsymbol{f}(0)/\partial \boldsymbol{x}$ は $\boldsymbol{f}$ の原点におけるヤコビ行列であり，$\boldsymbol{g}(\boldsymbol{x})$ は $\boldsymbol{x}$ について 2 次以上の項を表します．$|\boldsymbol{x}_n|$ が十分小さければ 2 次以上の項は無視できて，線形方程式 $\boldsymbol{x}_{n+1} = A\boldsymbol{x}_n$ で元の方程式の解がよく近似できそうです．実際，A が双曲型ならば次の定理が成り立ちます．

定理 15.2

$\boldsymbol{f}$ は C^1 級微分同相写像であり原点を双曲型不動点に持つとき，

(i) A の固有値が全て単位円内部にあるならば原点は漸近安定である．

(ii) A が 1 つでも単位円外部に固有値を持つならば原点は不安定である．

これはベクトル場に対するハートマン・グロブマンの定理 9.9 のアナロジーで，実際には局所的な座標変換で線形化方程式 $\boldsymbol{x}_{n+1} = A\boldsymbol{x}_n$ に変換できること (位相共役) も言えます．ベクトル場の流れ φ_t はいつでも可逆 $(\varphi_t^{-1} = \varphi_{-t})$ でしたが，それに対応して $\boldsymbol{f}$ は微分同相 (つまり微分可能，全単射で逆写像も微分可能) だと仮定しています．定理 (ii) は「A が 1 つでも単位円外部に固有値を持つならば，原点近傍の点を初期値とする軌道 $\{\boldsymbol{x}_n\}$ で $n \to -\infty$ で原点に収束するものが存在する」と言いかえることもできます．

点 $\boldsymbol{p}$ に対して自然数 $k \geq 1$ があって $\boldsymbol{f}^k(\boldsymbol{p}) = \boldsymbol{p}$ を満たすとき，$\boldsymbol{p}$ を $\boldsymbol{f}$ の**周期 k の周期点**，あるいは単に k **周期点**といいます．$\boldsymbol{f}^k(\boldsymbol{p}) = \boldsymbol{p}$ を満たす最小の自然数 k を最小周期といいます．最小周期 k の周期点は自明に周期 nk の周期点です $(n = 1, 2, \cdots)$．$\boldsymbol{f}^k = \boldsymbol{g}$ とおけば k 周期点 $\boldsymbol{p}$ は離散力学系 $\boldsymbol{x}_{n+1} = \boldsymbol{g}(\boldsymbol{x}_n)$ の不動点なので，周期点の存在とその安定性の議論は不動点の存在とその安定性の議論に帰着させることができます．

15.3　不動点の分岐

この節では 1 次元の離散力学系 $x_{n+1} = f(x_n)$ を考えます．p が不動点ならばこれは $p = f(p)$ を満たすので，不動点は $y = f(x)$ のグラフと直線 $y = x$ のグラフの交点として得られ，その安定性は微分係数 $f'(p)$ で判定できます．

例えば a を実パラメータとして

$$x_{n+1} = f(x_n), \quad f(x) = a + x + x^2 \tag{15.8}$$

を考えましょう．不動点は $p = a + p + p^2$ の根であり，$a \leq 0$ ならば $\pm\sqrt{-a}$，$a > 0$ ならば存在しません．微分係数

$$f'(\pm\sqrt{-a}) = \pm 2\sqrt{-a} + 1$$

の大きさをみると，$-1 < a < 0$ のとき不動点 $\sqrt{-a}$ は不安定，$-\sqrt{-a}$ は漸近安定であることが分かります．一方，$a = 0$ ならば不動点は原点のみ，そこでの微分係数 $\partial f/\partial x$ の値は 1 となります．このとき不動点は非双曲型で一般論からは安定性を判定できませんが，以下のように $y = x$ と $y = f(x)$ のグラフを描けば，正の初期値に対する軌道は発散するので不安定であることが分かります．

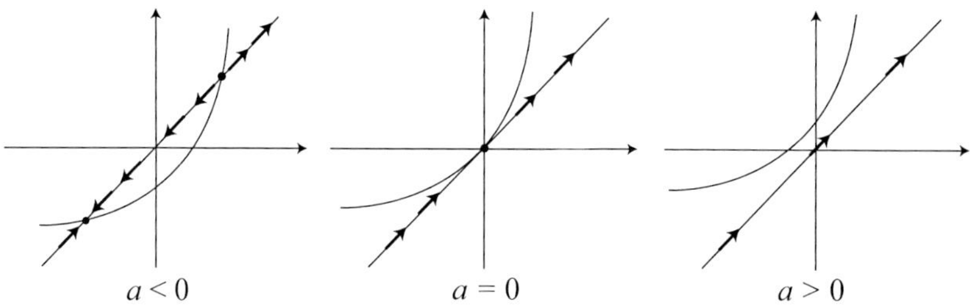

連続力学系の場合と同様に，非双曲型不動点は分岐と関わっています．$a < 0$ のときに存在していた 2 つの不動点が，a を大きくしていくと $a = 0$ のときに衝突し，$a > 0$ で消えてしまう様子が確認できます．このようなタイプの分岐を**サドル・ノード分岐**といいます．分岐図は連続力学系の場合と同様です．

次に

$$x_{n+1} = f(x_n), \quad f(x) = x - ax - x^3 \tag{15.9}$$

を考えます．不動点は $p(a+p^2) = 0$ の根であり，安定性は $f'(p) = 1-a-3p^2$ の大きさで決まります．(i) $a > 0$ のとき，不動点は $p = 0$ のみであり，$0 < a < 2$ ならば漸近安定です．(ii) $a < 0$ のとき，不動点は $p = 0$ と $p = \pm\sqrt{-a}$ であり，前者は不安定，後者は $-1 < a < 0$ で漸近安定になります．a を正から負へ動かすと，$a = 0$ において原点が不安定化し，2 つの安定な不動点が分岐してくることが分かります．グラフの位置関係は次のようになっており，このようなタイプの分岐を**ピッチフォーク分岐**といいます．

ここで再び (15.8) に戻ります．$a = 0$ において分岐してきた不動点 $p = -\sqrt{-a}$ は $-1 < a < 0$ のときに漸近安定でした．$a = -1$ において安定性が変

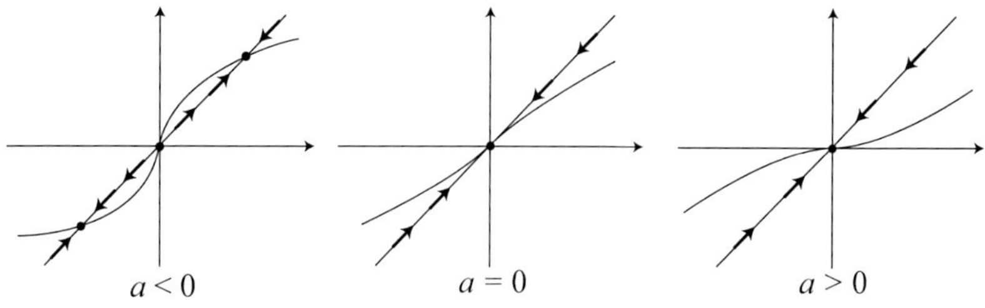

わり $a < -1$ で不安定化するので，$a = -1$ で何らかの分岐が起きていると考えられます．そこで $a = -1$, $x = -1$ の近くの挙動を見るために新しい変数 $A = 1 + a$, $y = x + 1$ を導入します．力学系の定義式は $y_{n+1} - 1 = f(y_n - 1)$ を整理することにより，

$$y_{n+1} = g(y_n), \quad g(y) = A - y + y^2$$

となります．この g に対して $g \circ g$ を計算してみると

$$\begin{aligned} g \circ g(y) &= A - (A - y + y^2) + (A - y + y^2)^2 \\ &= A^2 + (1 - 2A)y + 2Ay^2 - 2y^3 + y^4 \end{aligned}$$

$A = y = 0$ の近傍での挙動に興味があるので，$A^2, 2Ay^2, y^4$ は他の項と比べて十分小さいとしてこれらを無視すると

$$g \circ g(y) = y - 2Ay - 2y^3 \tag{15.10}$$

となり，ピッチフォーク分岐の力学系に帰着されます．したがって A を正から負へ動かすと $A = 0$ において漸近安定な不動点 $y = \pm\sqrt{-A}$ が分岐してきます．またこの不動点においては確かに $A^2, 2Ay^2, y^4 \sim O(A^2)$ は他の項と比べて無視できる量になっています．

さて，$g \circ g$ の不動点は g の不動点か 2 周期点に対応します．g の不動点は高々 2 つであるから，新しく分岐してきた $g \circ g$ の不動点 $\pm\sqrt{-A}$ は g の 2 周期点であることが分かります．元の座標で述べると，パラメータ a を減らしていくと $a = -1$ において不動点 $x = -1$ から 1 組の 2 周期点が分岐してくることが分かりました (次図)．このようなタイプの分岐を**周期倍分岐**といいます．

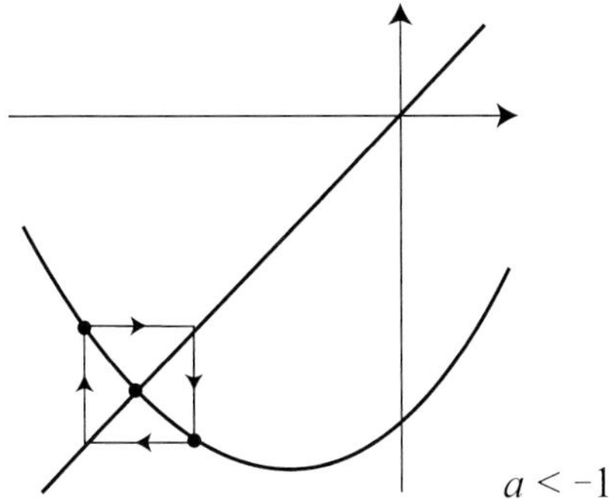

連続力学系への応用として，次のパラメータ a を含む m 次元の微分方程式

$$\frac{d\boldsymbol{x}}{dt} = \dot{\boldsymbol{x}} = \boldsymbol{f}(\boldsymbol{x}, a),\ \boldsymbol{x} \in \mathbf{R}^m \tag{15.11}$$

を考え，これがあるパラメータにおいて周期軌道 γ を持つとしましょう．14.2 節で定義したポアンカレ写像を思い出してください．定義よりポアンカレ写像 P の不動点は元の微分方程式 (15.11) の周期軌道に対応します．したがって式 (15.11) の周期軌道とその安定性の議論は，ポアンカレ写像の不動点の存在とその安定性の議論に帰着されるのでした．

式 (15.11) のポアンカレ写像 P が式 (15.8) のようにサドル・ノード分岐を起こすとしましょう．このとき，元の微分方程式の相図は次のようになっており，これは a を動かしていくと安定な周期軌道と不安定な周期軌道が衝突して消えてしまう現象を表してします (周期軌道のサドル・ノード分岐)．このように，周期軌道の分岐はポアンカレ写像をとって離散力学系に帰着させることでよく理解できます．

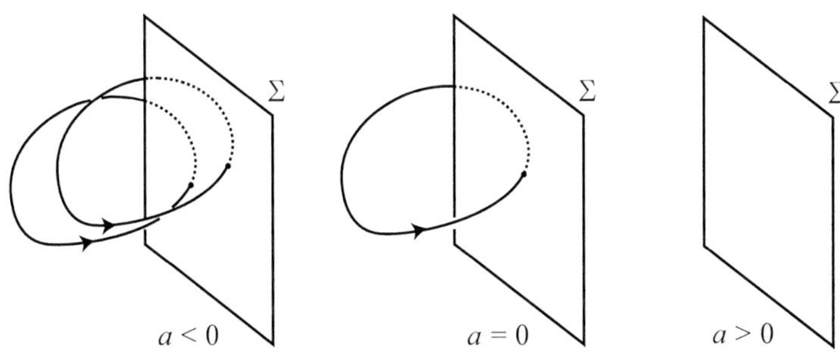

次にポアンカレ写像が周期倍分岐を起こすとしましょう．このとき，元の微分方程式において，1 つの周期軌道から周期が約 2 倍の 1 つの周期軌道が分岐してくることになります (周期軌道の周期倍分岐).

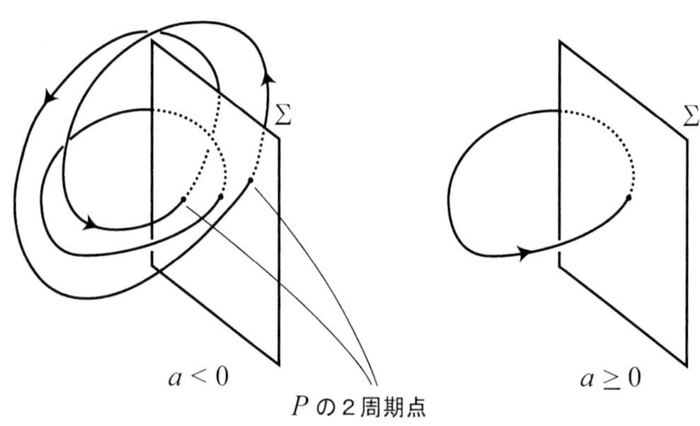

問1　2 次元の微分方程式で周期軌道のサドル・ノード分岐を起こすものを具体的に構成せよ．

問2　ベクトル場の流れ $\varphi_t : \mathbf{R}^m \to \mathbf{R}^m$ について，任意の点におけるそのヤコビ行列の行列式は任意の t について正であることを示せ．

放課後談義≫

学生「微分方程式から，ポアンカレ写像をとることにより 1 次元低い離散力学系が得られることが分かりました．逆に，離散力学系から微分方程式を作ることは可能ですか」

先生「写像の**懸垂**といって，$\boldsymbol{f}$ を微分同相写像とするとき，離散力学系 $\boldsymbol{x}_{n+1} = \boldsymbol{f}(\boldsymbol{x}_n)$ に対して $\boldsymbol{f}$ をポアンカレ写像に持つような微分方程式を作ることができる．ただし離散力学系の相空間がユークリッド空間 $\mathbf{R}^m$ であっても，得られた微分方程式の相空間はユークリッド空間とは限らない．懸垂の一般的な構成法はここではやらないが，簡単な例を紹介しよう」

学生「元の離散力学系は得られた微分方程式のポアンカレ写像になるのだから，得られた微分方程式の相空間は離散力学系の相空間より 1 だけ大きいわけですよね．しかしユークリッド空間ではなく，ゆがんだ空間になるわけですか」

先生「その通り．1 次元の離散力学系 $x_{n+1} = -x_n$ の懸垂を以下のように構成しよう．まず一枚の細長い長方形の紙を用意し，長いほうの辺に平行に直線をたくさん書く．矢印を適当な向きにつけておこう．それからこの紙をねじって端と端をのりで貼り合せることでメビウスの帯を作る．あらかじめ書いておい

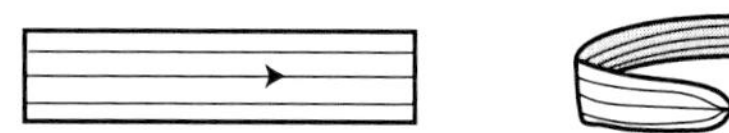

た直線族を軌道だと思えば，こうしてメビウスの帯上の微分方程式の流れが得られたことになる」

学生「ポアンカレ写像はどのようにとるのですか」

先生「次の図はメビウスの帯の手前の部分を拡大したものだよ．

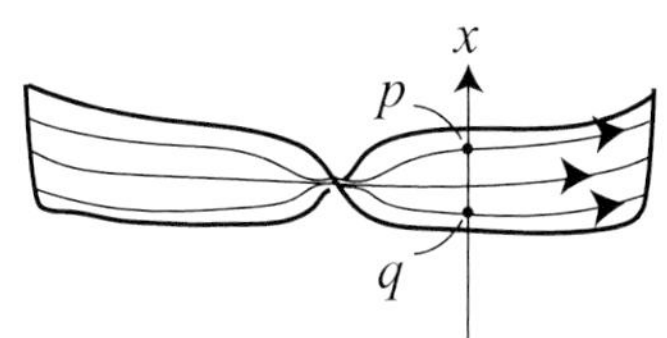

図のように x 軸をとり，帯のちょうど真ん中を通る線と x 軸との交点を原点とする．この x 軸をポアンカレ断面とするポアンカレ写像を考えよう．図の点 q を帯上の流れに沿って動かしていくと，メビウスの帯は途中でちょうど 1 回ねじれるため，x 軸に戻ってきたときには x 軸の反対側の点 p にやってくるね．さらにこの点 p を流れに沿って動かすともう 1 周して点 q に戻ってくる．すなわち x 軸上のポアンカレ写像はまさに元の離散力学系 $x_{n+1} = -x_n$ なわけだ」

学生「ねじらないとうまくいかないものですか」

先生「1 次元連続力学系の軌道は単調増加か単調減少だろう」

学生「連続力学系の軌道は自分自身と交われないから後戻りできません．でも離散力学系だと・・・$x_{n+1} = -x_n$ のように行ったり来たりできるので単調性

はないです」

先生「そこのギャップを埋めるために，空間のほうにねじれが入るわけだ．実は上の問 2 がここに関係している．流れ φ_t の微分は接ベクトル空間の向き付けを保つが，離散力学系 $\boldsymbol{x}_{n+1} = \boldsymbol{f}(\boldsymbol{x}_n)$ を定義する $\boldsymbol{f}$ の微分は向きを変えることができる．ところで任意の多様体はより次元の高いユークリッド空間の中に実現できることが知られている」

学生「ホイットニーの埋めこみ定理ですね」

先生「よく知っているね．メビウスの帯自身は 2 次元の多様体だが，これは 3 次元のユークリッド空間 $\mathbf{R}^3$ の中に描くことができる．そこで上で得られた懸垂をさらに $\mathbf{R}^3$ に埋めこんで，流れを自然に $\mathbf{R}^3$ 全体に拡張してやることで，$\mathbf{R}^3$ 上の微分方程式が得られる．ちょうど周期倍分岐の例である式 (15.9) は，その懸垂がメビウスの帯になるようなものの一例だよ．この流れを含む微分方程式をユークリッド空間で作るには 3 次元以上必要であるから，前節最後の例で挙げた周期軌道の周期倍分岐は 3 次元以上の微分方程式でなければ起きないことが分かる」

学生「それは直接紙の上に 2 回ぐるっとまわって戻ってくる軌道を描こうとしても無理なことからも予想できますね」

先生「軌道は自分自身と交われないからね．ちなみに式 (15.8) の懸垂はねじれていない多様体であり，周期軌道のサドル・ノード分岐は 2 次元でも起こることが示せるよ」

第 16 章　カオス 1

1 次元の離散力学系であるロジスティック写像を通してカオスの基本的な性質を見ていきます.

16.1　ロジスティック写像

ロジスティック写像と呼ばれる次のような $\mathbf{R}$ から $\mathbf{R}$ への写像を考えましょう.

$$f_a(x) = ax(1-x). \tag{16.1}$$

ここで $a > 0$ は正のパラメータです. この写像から生成される離散力学系の性質を理解するのが今回の目標です. 以下ではこの写像の定義域を区間 $[0, 1]$ とし, a を大きくしていったときどのような分岐が起こるかを観察していきます. いくつか用語と記号の確認をしておきます. 写像 f_a の n 回の反復 (合成) $f_a \circ \cdots \circ f_a$ を f_a^n と表します. $f_a(x) = x$ を満たす点 $x \in \mathbf{R}$ のことを不動点といい, $f_a^n(x) = x$ を満たす点 x のことを n 周期点というのでした (最小の周期とは限らないことに注意. 特に不動点は任意の $n \geq 1$ に対して n 周期点です). p が不動点であるとき, $|f_a'(p)| < 1$ ならば p は漸近安定です. すなわち p の近傍の点を初期値とする (16.1) の軌道は p に漸近していきます. 逆に $|f_a'(p)| > 1$ ならば p は不安定であり, p の近傍の点は f_a を繰り返し作用させることで p から離れていきます. 同様に, n 周期点の安定性も f_a^n の微分の大きさが 1 より大きいかどうかで判定できます.

不動点や周期点の存在とその安定性を調べることは力学系の振舞いを理解するための第 1 ステップです. ロジスティック写像の不動点は $f_a(x) = x$ を解くことにより

$$x = 0,\ \frac{a-1}{a} \tag{16.2}$$

の 2 つであると分かります. 微分を調べると

$$|f_a'(0)| = |a|,\ |f_a'((a-1)/a)| = |2-a| \tag{16.3}$$

ですから, $x = 0$ は $0 < a < 1$ のとき安定, $1 < a$ のとき不安定で, $x = (a-1)/a$ は $1 < a < 3$ のとき安定, $3 < a$ のとき不安定です. 次図のように, 不動点は

$y = f_a(x)$ のグラフと $y = x$ のグラフの交点の x 座標として与えられ，安定性はその点における f_a の傾きの大きさが 1 より大きいかどうかで決まります．

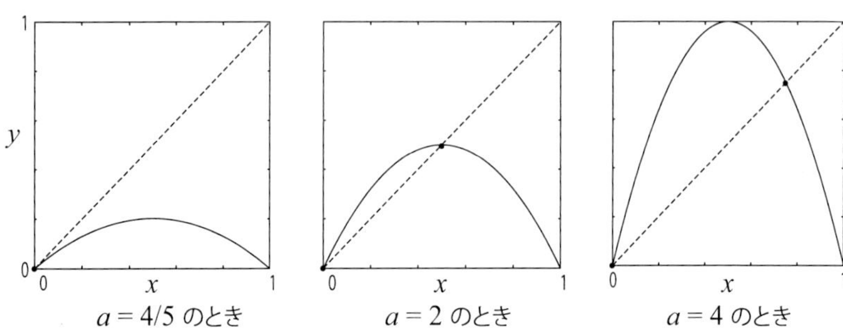

$a = 4/5$ のとき　$a = 2$ のとき　$a = 4$ のとき

次に 2 周期点を調べましょう．

$$\begin{aligned} f_a^2(x) &= a^2x(1-x)(1-ax(1-x)) \\ &= -a^3x^4 + 2a^3x^3 - a^3x^2 - a^2x^2 + a^2x \end{aligned}$$

であり，不動点は $f_a^2(x) = x$ を解くことで

$$x = 0, \frac{a-1}{a}, \frac{1+a\pm\sqrt{a^2-2a-3}}{2a} \tag{16.4}$$

であることが分かります．ただし後者の 2 つは $a^2 - 2a - 3 \geq 0 \Rightarrow 3 \leq a$ のときのみ存在します．これら 2 周期点のうち $x = 0, (a-1)/a$ は不動点だったから，$(1+a\pm\sqrt{a^2-2a-3})/2a$ のみが真に周期的な 2 周期点です．この点における f_a^2 の微分係数は共に $-a^2+2a+4$ で与えられるから，$3 < a < 1+\sqrt{6}$ のときはこの 2 周期点は安定，$1+\sqrt{6} < a$ のときは不安定であることが分かります．$a \to 3$ で $(a-1)/a$ と $(1+a\pm\sqrt{a^2-2a-3})/2a$ が同じ値 $2/3$ になることに注意すると，$1 < a < 3$ のときに安定だった不動点 $x = (a-1)/a$ が，a を徐々に大きくしていくと $a = 3$ のときに不安定化し，周期倍分岐により安定な 2 周期点が生じたことが分かります．次の図は $y = f_a^2(x)$ と $y = x$ のグラフを描いたものです．

n 周期点を求めるには原理的には $f_a^n(x) = x$ を解けばよいのですが，$n \geq 3$ のときには多項式 $f_a^n(x)$ の次数が大きくてこれを解析的に求めることが困難になります．しかし上記の 2 周期点 (f_a^2 の不動点) が $a = 1+\sqrt{6}$ で不安定化す

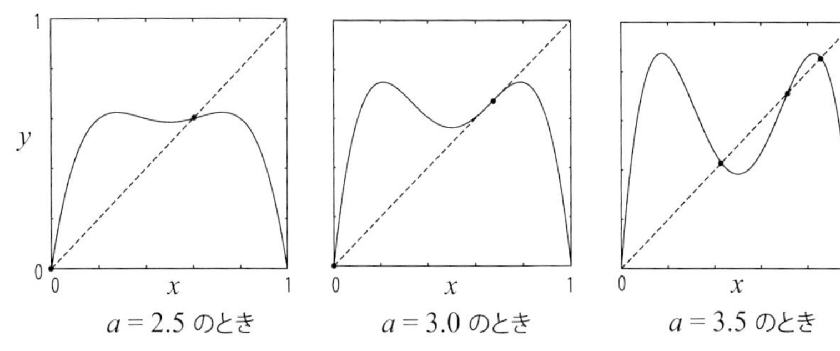

$a = 2.5$ のとき　$a = 3.0$ のとき　$a = 3.5$ のとき

るのだから，このとき周期倍分岐を起こし，$a > 1 + \sqrt{6}$ で f_a の 4 周期点 (f_a^2 の 2 周期点) が生じることが予想されます．果たしてこの状況は永遠に続くのでしょうか．すなわち a を大きくしていくと，あるパラメータ $a = a_n$ のとき 2^n 周期点が周期倍分岐を起こし 2^{n+1} 周期点が生じるでしょうか．もしそのような a_n が任意の自然数 n に対して存在するならば，$n \to \infty$ で a_n は発散するでしょうか，それともある値 a_∞ に収束するでしょうか．もし収束するとすれば，$a > a_\infty$ のときの力学系の振舞いはどのようになっているでしょうか．

次の図はいろいろな a に対して f_a の安定な周期点を数値計算により求め，プロットしたものです．下側の図は上側の図の一部を拡大して描いたものです．自己相似的な図形が現れていることが分かります．この図から，$a = 3$ のところで周期倍分岐により不動点から 2 周期点が生じた様子が分かります．さらに，上で予想したように，$a = 1 + \sqrt{6} \sim 3.45$ でこれらの 2 周期点が周期倍分岐を起こし，4 周期点が生じています．さらに $a \sim 3.543$ のとき 8 周期点が生じ，$a \sim 3.564$ のとき 16 周期点が生じているようです．このような周期倍分岐がくり返し起きます．実際，2^n 周期点から 2^{n+1} 周期点が生じる分岐パラメータ a_n で，n に関して単調に増加するものが存在することが知られています．これは $n \to \infty$ で収束し，数値的には $a_\infty \sim 3.5699$ であることが分かっています．

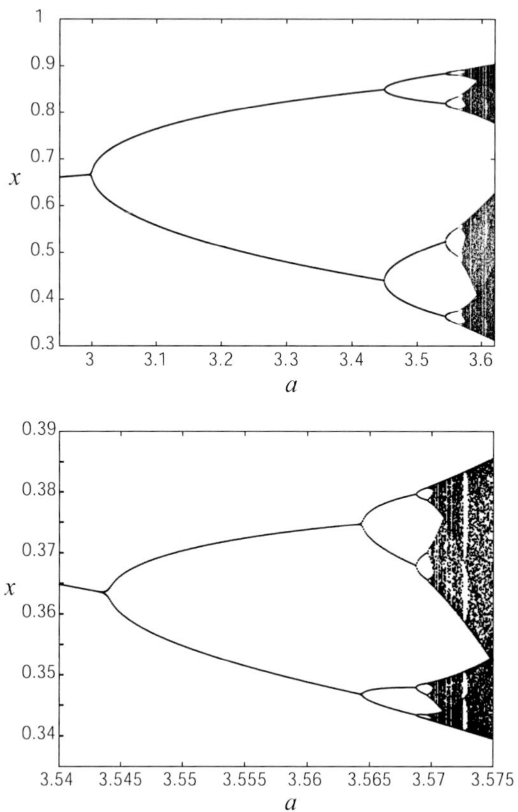

16.2　不変カントール集合

ある空間 X 上で定義された離散力学系 f と部分集合 $S \subset X$ について，S の任意の点 $x \in S$ が $f(x) \in S$ を満たすとき，S を f の**不変集合**といいます (f が可逆のときは $f^{-1}(x) \in S$ も要求する)．すなわち S が不変集合ならば S 内の点は f を作用させても S から出て行くことはありません．カオスの研究ではカントール集合になっているような不変集合によく出くわします．この節ではまずカントール集合の定義を述べ，ロジスティック写像が不変カントール集合を持つことを示します．

距離空間 X の部分集合 S が次の性質を満たすとき**カントール集合**といいます．

(i) S は完全不連結 (全ての連結成分が 1 点のみからなる)
(ii) S は閉集合でかつ孤立点を持たない (任意の $x \in S$ に対して x に収束する S 内の点列 $\{p_n\}$, $p_n \neq x$ が存在する)
(iii) S はコンパクト

"集合" という名前がついていますが, 実際には位相空間に対する定義です. 実際, 上記の性質を満たす距離空間は一意であることが証明できます (Brouwer の定理. 集合としての実現の仕方は無数にある). 位相空間の用語に不慣れな読者は, 次に挙げる中央 1/3 カントール集合さえ理解しておけばここでは十分です.

カントール集合の具体例として $\mathbf{R}$ 上の中央 1/3 カントール集合と呼ばれるものを構成します. まず $S_0 = I = [0,1]$ として, その中央の 1/3 の長さの開区間をくり貫いて得られる 2 つの線分をそれぞれ $I_0 = [0,1/3], I_2 = [2/3,1]$ とし, $S_1 = I_0 \cup I_2$ とします. 次に $I_i\,(i = 0,2)$ からその中央の 1/9 の長さの開区間をくり貫いて得られる 2 つの線分をそれぞれ $I_{i,0}, I_{i,2}$ とし, $S_2 = I_{0,0} \cup I_{0,2} \cup I_{2,0} \cup I_{2,2}$ とおきます.

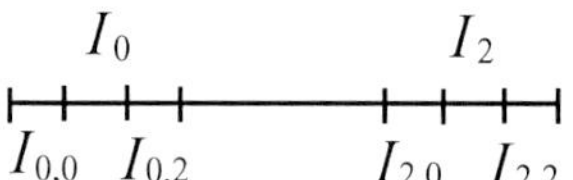

以下帰納的に, 区間 $I_{j_1,j_2,\cdots,j_{n-1}}$ $(j_k = 0,2)$ の中央の $(1/3)^n$ の長さの開区間をくり貫いて得られる 2 つの線分を左からそれぞれ $I_{j_1,\cdots,j_{n-1},0}, I_{j_1,\cdots,j_{n-1},2}$ とし,

$$S_n = \bigcup_{j_k=0,2} I_{j_1,\cdots,j_n} \tag{16.5}$$

とするとき,

$$S = \bigcap_{n=0}^{\infty} S_n \tag{16.6}$$

とおけば S はカントール集合を定めます (確認してください). S_n は互いに交わらない長さ $(1/3)^n$ の閉区間の合併で S はそれらの共通部分です. S は無限個の点を "密" に含みます. すなわち, S 内の点のどんな近傍にも S の他の点が存在します. ところが S の構成要素を全て集めてきても長さ零 (ルベーグ測度が零) になっています.

ロジスティック写像が不変カントール集合を持つことを示すために，まず次の定理を示します．

定理 16.1

$f:\mathbf{R}\to\mathbf{R}$ を C^1 級関数，$I_1,\cdots,I_p\subset\mathbf{R}$ を互いに交わらない連結な有界閉区間，$I=I_1\cup\cdots\cup I_p$ とする．f が

(i) $f(I_j)\supset I,\ j=1,\cdots,p$
(ii) ある $\lambda>1$ が存在して任意の $x\in I\cap f^{-1}(I)$ に対して $|f'(x)|\geq\lambda$

を満たすとき，

$$\begin{aligned}\Lambda &= \bigcap_{k=0}^{\infty} f^{-k}(I)\\ &= \{x\in\mathbf{R}\,|\,\text{任意の }k\geq 0\text{ に対して }f^k(x)\in I\}\end{aligned}\tag{16.7}$$

は f の不変なカントール集合である．

Λ が f の不変集合であることは定義から明らかです．これが中央 1/3 カントール集合と同様の手順で構成できることを示します．

証明 $j_k\in\{1,\cdots,p\}$ として

$$\begin{aligned}I_{j_0,\cdots,j_{n-1}} &= \bigcap_{k=0}^{n-1} f^{-k}(I_{j_k})\\ &= \{x\in\mathbf{R}\,|\,\text{任意の }0\leq k\leq n-1\text{ に対して }f^k(x)\in I_{j_k}\},\end{aligned}$$

$$\begin{aligned}S_n = \bigcap_{k=0}^{n-1} f^{-k}(I) &= \bigcup_{j_k\in\{1,\cdots,p\}} I_{j_0,\cdots,j_{n-1}}\\ &= \{x\in\mathbf{R}\,|\,\text{任意の }0\leq k\leq n-1\text{ に対して }f^k(x)\in I\}\end{aligned}$$

とおきます．$I_{j_0,\cdots,j_{n-1}}$ は，$n-1$ 回目までの反復が各回で指定された区間に含まれるような初期値の全体です．$I_{j_0,\cdots,j_{n-1}}\supset I_{j_0,\cdots,j_{n-1},j_n}$ なので集合の入れ子の列になっています．まずは以下の主張を示します．

(主張) $(j_0,\cdots,j_{n-1})\neq(j'_0,\cdots,j'_{n-1})$ ならば $I_{j_0,\cdots,j_{n-1}}\cap I_{j'_0,\cdots,j'_{n-1}}=\emptyset$ であり，S_n は互いに交わらない p^n 個の閉区間の合併からなる．また $f(I_{j_0,\cdots,j_{n-1}})=I_{j_1,\cdots,j_{n-1}}$ が成り立つ．

実際，$n=1$ のときは $S_1=\bigcup_{j_0} I_{j_0}$ より明らか．$n=2$ のときは $I_{j_0,j_1}=I_{j_0}\cap f^{-1}(I_{j_1})$，$I_{j'_0,j'_1}=I_{j'_0}\cap f^{-1}(I_{j'_1})$ について，$x\in I_{j_0,j_1}\cap I_{j'_0,j'_1}$ ならば $x\in I_{j_0}\cap I_{j'_0}$，$f(x)\in I_{j_1}\cap I_{j'_1}$ となりますが，$I_1,\cdots,I_p$ たちは互いに交わらないのだったからこのような x が存在するのは $(j_0,j_1)=(j'_0,j'_1)$ のときに限ります．次に条件 (i) より $f(I_{j_0,j_1})=f(I_{j_0})\cap I_{j_1}=I_{j_1}$ であり，条件 (ii) より f は $I_{j_0}\cap f^{-1}(I_{j_1})$ 上単調増加，あるいは単調減少ですから I_{j_0,j_1} と $f(I_{j_0,j_1})=I_{j_1}$ は微分同相，したがって I_{j_0,j_1} は (連結な) 閉区間です．I_{j_0,j_1} たちは互いに交わらないのだったから $S_2=I\cap f^{-1}(I)=\bigcup I_{j_0,j_1}$ は p^2 個の閉区間の合併になっています．S_n に対する主張は帰納法により示すことができます． ■

(主張) $|I|$ を区間 I の長さとする．このとき $|I_{j_0,\cdots,j_n}|\leq\lambda^{-n}|I|$ が成り立つ．

帰納法で示します．$n=0$ のときは明らか．n が $n-1$ のときに正しいとして $I_{j_0,\cdots,j_n}=[a,b]$ とおくと $f(I_{j_0,\cdots,j_n})=I_{j_1,\cdots,j_n}$ であったから

$$\begin{aligned}|I_{j_1,\cdots,j_n}| &= |f(b)-f(a)|\\ &= |f'(c)(b-a)| \qquad (\exists c\in[a,b];\text{平均値の定理})\\ &\geq \lambda|b-a|=\lambda|I_{j_0,\cdots,j_n}|\\ \Rightarrow |I_{j_0,\cdots,j_n}| &\leq \frac{1}{\lambda}|I_{j_1,\cdots,j_n}|\leq\frac{1}{\lambda}\frac{1}{\lambda^{n-1}}|I|=\lambda^{-n}|I|\end{aligned}$$

したがって $I_{j_0,\cdots,j_n}$ の長さは $n\to\infty$ で 0 に収束します．以上より，$I_{j_0,\cdots,j_n}$ は中央 1/3 カントール集合で定義した $I_{j_0,\cdots,j_n}$ と位相的に同じ性質を持っており，

$$\Lambda=\bigcap_{k=0}^{\infty}f^{-k}(I)=\bigcap_{n=0}^{\infty}S_n \tag{16.8}$$

がカントール集合になります． ■

例えばロジスティック写像 $f_a(x)=ax(1-x)$ は $a>2+\sqrt{5}$ のとき次図のように $I_1=[0,x_1]$，$I_2=[x_2,1]$ とおくと定理の条件を満たします．ここで x_1,x_2 は $ax(1-x)=1$ の 2 つの根です．$a>2+\sqrt{5}$ は $f'_a(x)\geq\lambda>1$ のための条件になっています[*1]．

[*1] 実際にはもっと強く $a>4$ のときに Λ がカントール集合になることが知られていますがその証明にはより詳細な解析が必要になります．証明は次の本を参照ください．
C. ロビンソン『力学系 (上)』(シュプリンガー・フェアラーク東京)

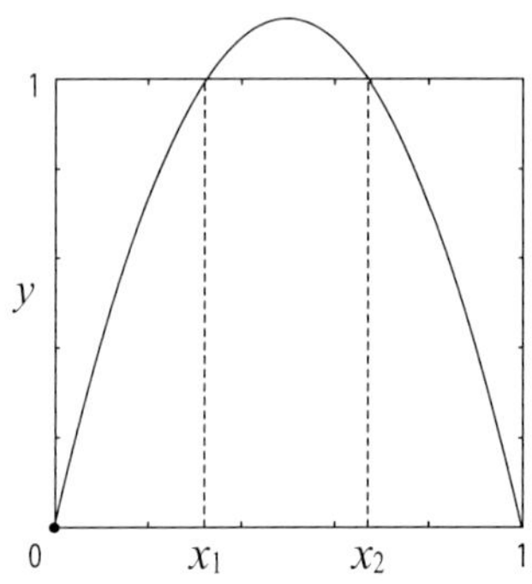

カントール集合のような特殊な不変集合の中では力学系はどのように振舞うのでしょうか．次節で記号力学系を用いてこれを明らかにします．

16.3　記号力学系

p 個の自然数からなる集合 $\{1, \cdots, p\}$ の無限個の直積を

$$\Sigma_p = \{\boldsymbol{s} = (s_0, s_1, \cdots) \,|\, s_i \in \{1, 2, \cdots, p\}\} \tag{16.9}$$

とします．集合 Σ_p に距離 d を

$$d(\boldsymbol{s}, \boldsymbol{t}) = \sum_{j=0}^{\infty} \frac{\delta(s_j, t_j)}{4^j}, \quad \delta(a, b) = \begin{cases} 0 & (a = b) \\ 1 & (a \neq b) \end{cases} \tag{16.10}$$

で定めると Σ_p はコンパクト完備距離空間になることが示せます[*2]．**シフト写像** $\sigma : \Sigma_p \to \Sigma_p$ を

$$\sigma(s_0, s_1, s_2, \cdots) = (s_1, s_2, s_3, \cdots) \tag{16.11}$$

で定めると σ は空間 Σ_p 上の離散力学系を定め，上で定めた距離に関して σ は連続写像になります．Σ_p を **(片側) 記号空間**，(Σ_p, σ) を**記号力学系**と呼びます．

[*2] $\{1, 2, \cdots, p\}$ に離散位相を入れた空間の無限直積位相と同相になります．さらに Σ_p 自身がカントール集合の定義を満たします．

与えられた力学系から記号力学系を構成することを考えましょう．位相空間 X 上の連続写像 $f : X \to X$ が定める力学系を考えます．X 上のコンパクト部分集合 $R_1, \cdots, R_p$ に対して

$$A_{ij} = \begin{cases} 1 & (f(R_i) \cap R_j \neq \emptyset \text{ のとき}) \\ 0 & (f(R_i) \cap R_j = \emptyset \text{ のとき}) \end{cases} \tag{16.12}$$

により $p \times p$ 行列 $A = (A_{ij})$ を定め，

$$\Sigma_A = \{\boldsymbol{s} = (s_0, s_1, \cdots) \mid A_{s_i, s_{i+1}} = 1, \quad \forall i \in \mathbf{Z}\} \tag{16.13}$$

で Σ_p の部分集合 Σ_A を定めます．シフト σ は Σ_A を Σ_A に移すから σ の Σ_A 上への制限を σ_A と書いてこれを**有限部分シフト**，A を**遷移行列**といいます．例えば行列 A の $(1,2)$ 成分が 1 ならば，領域 R_1 上の点で f の作用により R_2 内に移るものが存在します．また遷移行列には次のように有向グラフが対応することにも注意しておきましょう．逆に有向グラフが与えられれば遷移行列が一意に定まり，A から定まる記号力学系 σ_A を作ることができます．

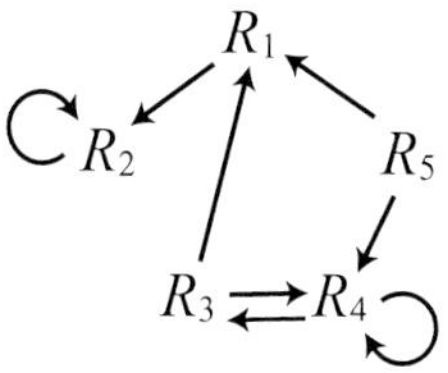

$$A = \begin{pmatrix} 0 & 1 & 0 & 0 & 0 \\ 0 & 1 & 0 & 0 & 0 \\ 1 & 0 & 0 & 1 & 0 \\ 0 & 0 & 1 & 1 & 0 \\ 1 & 0 & 0 & 1 & 0 \end{pmatrix}$$

f の作用で $R_{j_0} \to R_{j_1} \to R_{j_2} \to \cdots$ と移っていく点があるとしましょう．この軌道に列 $\boldsymbol{j} = (j_0, j_1, j_2, \cdots)$ を対応させると，$\boldsymbol{j}$ は Σ_A の元になっています．すなわち，Σ_A は Σ_p の元のうち，f の作用によって実現可能な軌道を，R_j の沿え字だけ抜き出して作った列の全体になっています．この考えに基づいて f と σ_A の対応関係を次のように定義します．

$R = R_1 \cup \cdots \cup R_p$ が f の不変集合であるとしましょう．$f^n(x) \in R_{j_n}$ なる $x \in R$ に対して

$$h(x) = (j_0, j_1, j_2, \cdots) \tag{16.14}$$

とおくと $h(x) \in \Sigma_A$ であり，容易に分かるように $\sigma_A \circ h(x) = h \circ f(x)$ が成り立ちます．

一般に，2 つの連続写像 f,g に対してある位相同型写像 (すなわち全単射連続で逆写像も連続) h があって $g\circ h=h\circ f$ が成り立つとき，f と g は互いに**位相共役**であるといいます (連続力学系の場合は定義 9.8)．f と g が位相共役であれば様々な位相的性質が互いに遺伝します．

定理 16.2

f と g は互いに位相共役であるとする．このとき f の n 周期点と g の n 周期点は 1 対 1 に対応する．

証明 まず任意の自然数 n に対して $g^n\circ h=h\circ f^n$ が成り立つことに注意しましょう．例えば $g^2\circ h=g\circ(g\circ h)=g\circ(h\circ f)=(g\circ h)\circ f=(h\circ f)\circ f=h\circ f^2$．今，$x$ が f の n 周期点であるとすると

$$g^n(h(x))=h\circ f^n(x)=h(x)$$

より $h(x)$ は g の n 周期点です．■

与えられた力学系 f とその不変集合 $R=R_1\cup\cdots\cup R_p$ から構成した h と σ_A は $\sigma_A\circ h(x)=h\circ f(x)$ を満たすのでした．したがってもし $h:R\to\Sigma_A$ が位相同型ならば $f|_R$ $(=f$ の R 上への制限) と σ_A は位相共役になり，R 上での f の力学系の振舞いを σ_A を使って調べることができます．特に σ_A の振舞いは遷移行列 A だけで決定されるので，$f|_R$ の性質を代数的に調べることが可能になります．

そこでいったん f のことは忘れ，与えられた遷移行列 A から (16.13) によって定まる記号力学系 (Σ_A,σ_A) の性質を詳しく調べておきましょう．以下では遷移行列 A というときにはその成分は 0 か 1 をとるものとします[*3]．

定理 16.3

σ_A を遷移行列 A から定まる有限部分シフトとする．このとき σ_A の k 周期点の個数は $\mathrm{trace}\,(A^k)$ に等しい．

[*3] 力学系 f とその不変集合 $R=R_1\cup\cdots\cup R_p$ から式 (16.12) によって A を構成した場合，任意の行ベクトルは零ベクトルではありません．また第 i 列ベクトルが零ベクトルであれば，R から R_i を除いたものも不変集合になります (前の図の R_5)．したがって遷移行列の定義としてどの行・列ベクトルも零ベクトルではないことを要求しても構いません．

証明の概略 グラフ理論で知られているように，A^k の第 (i,j) 成分が m ならば，A に対応する有向グラフ上で i から j へちょうど k ステップで至る道筋が m 通りあることが示せます．例えば前の図の A に対しては

$$A^2 = \begin{pmatrix} 0 & 1 & 0 & 0 & 0 \\ 0 & 1 & 0 & 0 & 0 \\ 0 & 1 & 1 & 1 & 0 \\ 1 & 0 & 1 & 2 & 0 \\ 0 & 1 & 1 & 1 & 0 \end{pmatrix}$$

であり，$(4,4)$ 成分が 2 なので R_4 から 2 ステップで R_4 へ戻る道が 2 通りあることが分かります ($R_4 \to R_3 \to R_4$ と $R_4 \to R_4 \to R_4$)．これらはそれぞれ記号空間上の 2 周期点 $(4,3,4,3,\cdots)$ と $(4,4,4,4,\cdots)$ に対応しています．同様に，A^k の (i,i) 成分は i から始まる k 周期点の個数になっています． ■

遷移行列 A について，任意の i,j に対して $(A^k)_{ij} \geq 1$ なる $k = k(i,j) \geq 1$ が存在するとき A は**既約**であるといいます．任意の頂点 i から j まで，何ステップかでたどり着くルートが必ずあることを意味します．

定理 16.4

σ_A を遷移行列 A から定まる有限部分シフトとする．このとき，A が既約であるための必要十分条件は σ_A が Σ_A 内で稠密な軌道を持つことである．さらに A が既約ならば σ_A の周期点全体は Σ_A 内で稠密である．

ここで一般に集合 X の部分集合 $S \subset X$ が**稠密**であるとは，X のどんな元のどんな近傍にも S の元が存在することをいいます．例えば有理数の全体は実数全体の中で稠密です．

証明の概略 列 $(t_0, t_1, \cdots, t_N)$ で $A_{t_j, t_{j+1}} = 1$ であるものを長さ N の道ということにします．有向グラフ上で t_0 と t_N を結ぶルートの 1 つを表します．長さ N の道全体の集合を X_N とするとこれは有限集合です．

任意に Σ_A の元 $\boldsymbol{t}^{(1)} = (t_0^{(1)}, t_1^{(1)}, \cdots)$ と $\boldsymbol{t}^{(2)} = (t_0^{(2)}, t_1^{(2)}, \cdots)$ を与えます．A が既約ならばある自然数 k があって有向グラフ上で $i_0 := t_N^{(1)}$ と $i_k := t_0^{(2)}$ を結ぶ長さ k の道が存在するのでそれを $(t_N^{(1)}, i_1, \cdots, i_{k-1}, t_0^{(2)})$ とします．
$\boldsymbol{s} = (s_0, s_1, \cdots) \in \Sigma_A$ を

$$\boldsymbol{s} = (t_0^{(1)}, t_1^{(1)}, \cdots, t_N^{(1)}, i_1, \cdots, i_{k-1}, t_0^{(2)}, t_1^{(2)}, \cdots, t_N^{(2)}, *)$$

で定義します．ここで $*$ には何が入っても構いません．$\boldsymbol{t}^{(1)}$ と $\boldsymbol{s}$ の距離は

$$d(\boldsymbol{t}^{(1)}, \boldsymbol{s}) = \sum_{j=N+1}^{\infty} \frac{\delta(s_j, t_j^{(1)})}{4^j}$$

ですから N を十分大きくとればこれはいくらでも小さくなります．一方

$$\sigma_A^{N+k}(\boldsymbol{s}) = (t_0^{(2)}, t_1^{(2)}, \cdots, t_N^{(2)}, \cdots)$$

なので $\boldsymbol{t}^{(2)}$ と $\sigma_A^{N+k}(\boldsymbol{s})$ の距離も十分小さくできます．同じ手続きを繰り返して稠密な軌道を持つ初期点 $\boldsymbol{s}$ を構成できます．任意の $\boldsymbol{t} = (t_0, t_1, \cdots)$ に対してその最初の $N+1$ 個の成分 $(t_0, \cdots, t_N)$ を取り出します．$\boldsymbol{t}$ を Σ_A 全体で動かすと $(t_0, \cdots, t_N)$ は X_N 全体をとります．これら長さ N の全ての道を，上のように既約性の仮定を使って，間に道 $(i_1, \cdots, i_{k-1})$ を補完することにより繋げて $\boldsymbol{s}$ を定義すると，任意の $\boldsymbol{t}$ に対してある K があって $\boldsymbol{t}$ と $\sigma_A^K(\boldsymbol{s})$ の距離を $O(4^{-N})$ 程度にできます．N は任意だったので，$\boldsymbol{s}$ の軌道は Σ_A の任意の点の任意の近傍を通ることが示せました．逆の主張は，ここでの議論をおおむね逆にたどればよいです．

後半を示します．今，A は既約であり $\boldsymbol{s} \in \Sigma_A$ の軌道は稠密であるとします．$\boldsymbol{s}$ の要素の始めの k 個 $(s_0, \cdots, s_{k-1})$ を連続して並べることで，k 周期点 $\boldsymbol{p}$ が作れ，上と同様の計算により (k を十分大きくとれば) $\boldsymbol{p}$ は $\boldsymbol{s}$ の十分近傍にあります．同様にして任意の m に対して $\sigma_A^m(\boldsymbol{s})$ に任意に近い周期点が存在することが分かります．$\boldsymbol{s}$ の軌道 $\boldsymbol{s}, \sigma_A(\boldsymbol{s}), \sigma_A^2(\boldsymbol{s}), \cdots$ は Σ_A で稠密だったから，周期点全体も稠密に存在することが分かります．■

上の定理より A が既約ならば稠密な軌道が存在します．一般に，ある連続写像 $f : X \to X$ で生成される力学系が X 上で稠密な軌道をもつとき，f は**位相推移的**であるといいます．$f : X \to X$ が位相推移的であるための必要十分条件は，任意の開集合 U, V に対してある $n \geq 1$ が存在して $f^n(U) \cap V \neq \emptyset$ となることです (**バーコフの推移性定理**)．より強い概念として位相混合性があります．$f : X \to X$ について，任意の開集合 U, V に対してある自然数 N があって任意の $n \geq N$ に対して $f^n(U) \cap V \neq \emptyset$ が成り立つとき，f は**位相混合的**であるといいます．直観的には領域 U が f の作用によりかき乱され，十分大きい任意の n

に対しては $f^n(U)$ が X 上のほとんどに分布してしまうことをいいます (スプーンでかき混ぜた直後のコーヒーに垂らした 1 滴のミルクを思い浮かべよう).

遷移行列の方では以下の概念が対応します．i, j に依存しない $N \geq 1$ が存在して任意の i, j に対して $(A^N)_{ij} \geq 1$ とできるとき，行列 A は**冪正**であるといいます．このとき任意の $n \geq N$ に対して $(A^n)_{ij} \geq 1$ である[*4]ことに注意すると次が分かります．

定理 16.5

遷移行列 A が冪正ならば σ_A は Σ_A 上位相混合的である．

距離関数 d を持つ距離空間 X 上の力学系 f について，ある定数 $r > 0$ が存在し，任意の $x \in X$ と $\varepsilon > 0$ に対して $d(x, y) < \varepsilon$ かつ $d(f^k(x), f^k(y)) > r$ なる $y \in X$ と自然数 k が存在するとき，f は**初期値鋭敏性を持つ**といいます．初期値に関して敏感な力学系の作用のもとでは，どんなに近い 2 点もある時間ののちには十分離れ得るわけです．

定理 16.6

シフト写像 σ_A は初期値敏感性を持つ．

証明 $\boldsymbol{s}, \boldsymbol{t} \in \Sigma_A$ について，もし $\boldsymbol{s} \neq \boldsymbol{t}$ ならば $s_k \neq t_k$ なる自然数 k が存在します．このとき $d(\sigma_A^k(\boldsymbol{s}), \sigma_A^k(\boldsymbol{t})) \geq 1$ となります． ■

以上の結果を前節で求めた不変カントール集合に応用しましょう．

定理 16.7

定理 16.1 の条件の元，不変カントール集合 $\Lambda = \bigcap_{k=0}^{\infty} f^{-k}(I)$ 上において

(i) f の n 周期点の個数は p^n である．

(ii) f の周期点全体は Λ 上稠密である．

(iii) f は Λ 上位相混合的である．

(iv) f は初期値敏感性を持つ．

---

*4 A の列か行に零ベクトルがあるとき，自明に A は既約にも冪正にもなりません．したがって冪正ならば零ベクトルを含みません．このとき，$(A^N)_{ij} \geq 1$ ならば $(A \cdot A^N)_{ij} \geq 1$ であることが従います．

証明の概略　定理 16.1 の条件を満たす f に対して (R を Λ に，R_i を $I_i \cap \Lambda$ に読み替えて) 式 (16.12), (16.13), (16.14) により記号力学系 (Σ_A, σ_A) と写像 $h : \Lambda \to \Sigma_A$ を定義します．このとき $f|_\Lambda$ と σ_A が位相共役になることが示せて (証明は略．構成の仕方から $\sigma_A \circ h = h \circ f|_\Lambda$ は自明だが，全単射連続を示す必要があります)，したがって f の性質が記号力学系 σ_A の性質で記述できます．定理 16.1 の条件 (i) より遷移行列 A の成分は全て 1 であるから $\mathrm{trace}\, A^n = p^n$ であり，定理 16.3, 16.4, 16.5, 16.6 も成り立ちます．■

16.4　カオスの特徴づけ

前節までの結果をロジスティック写像 f_a に適用することで，$a > 2 + \sqrt{5}$ のとき，f_a は区間 $[0, 1]$ 内に不変カントール集合 Λ を持ち，f_a は Λ 上で定理 16.7 の (i)〜(iv) の性質を持つことが分かります (ただし $p = 2$)．実際には $a > 4$ でこの事実が成り立つことが証明できます．16.1 節で，ロジスティック写像に対して 2^n 周期点から周期倍分岐により 2^{n+1} 周期点が生じるようなパラメータ $a = a_n$ が存在することを数値的に見ました．上の定理より $a > 4$ のときは任意の周期の周期点が存在するのだから，結局 a_n は $n \to \infty$ で 4 より小さい値に収束することが分かります．一般に，力学系のパラメータを変化させていく過程で周期倍分岐が次々と起こり，ある有限のパラメータ値までにこれが無限回起こる現象を**カスケード**と呼びます．

力学系 f がその不変集合 Λ 上で定理 16.7 の性質 (iii), (iv) を満たすとき，f は Λ 上**カオス的である**といいます．ただし状況，問題によってやや異なる定義を採用することもあります．いずれにせよ，カオスの重要な性質は初期値敏感性のため，どんなに近い 2 点も一般には f の作用により次第に離れていってしまうこと，かといって各点がどこか遠くへ行ってしまうわけではなく，位相推移性 (あるいは位相混合性) のためどんな点も Λ の中をすみずみまで駆け回った後にはもとの点の十分近傍に戻ってきます (**回帰性**ともいう)．例えば $x_{n+1} = 2x_n$ という力学系は初期値敏感性がありますが，0 以外の全ての解が発散するので回帰性がなく，カオスではありません．さらに多くの場合カオスは無限個の周期点をびっしりと含んでおり，しかも n 周期点の個数は n とともに増大します．定理 16.7 の (i), (ii) はその特別な場合です．この意味においてカオスとは単なるでたらめな運動ではなく，ある種の秩序を持っていることになります．全ての周期点は不安定であり，したがって数値計算で周期点を見つけるのは困難です．しかし周期点全体がある意味でカオスの骨組みをなしているので，周期点たちのある種の統計量 (たとえば n 周期点の個数を n の関数として見積もるなど) を計測することでカオスの構造を調べることができます．

問1 **2 倍写像 (Rényi 写像，Bernoulli 写像**ともいう) $T:[0,1]\to[0,1]$ を

$$T(x)=\begin{cases}2x & (0\le x<1/2)\\ 2x-1 & (1/2\le x\le 1)\end{cases} \tag{16.15}$$

で定義する (あるいは $T(x)=2x \pmod 1$ と表してもよい)．以下の問に答えよ．

(i) 記号空間 Σ_2 から区間 $[0,1]$ への写像 h を

$$h(\boldsymbol{s})=\sum_{j=0}^{\infty}\frac{s_j}{2^{j+1}},\quad \boldsymbol{s}=(s_0,s_1,\cdots) \tag{16.16}$$

で定義する．ここで

$$\Sigma_2=\{\boldsymbol{s}=(s_0,s_1,\cdots)\,|\,s_i\in\{0,1\}\}$$

である．$h:\Sigma_2\to[0,1]$ は全射連続であることを示せ．

(ii) シフト写像 $\sigma:\Sigma_2\to\Sigma_2$ を (16.11) で定義するとき，$h\circ\sigma=T\circ h$ が成り立つことを示せ．全射連続かつこの性質を持つとき，h は**位相半共役**であるという (共役における単射の条件が抜けている)．

(iii) $\boldsymbol{p}$ が σ の周期点ならば $h(\boldsymbol{p})$ は T の周期点であることを示せ．また T の周期点の全体は $[0,1]$ で稠密であることを示せ．ただし単射でないので周期点の個数は保たれない．

(iv) T は位相混合的であることを示せ．

(v) T は初期値鋭敏性を持つことを示せ．

(vi) $\Sigma'=\{\boldsymbol{s}\in\Sigma_2\,|\,\exists\boldsymbol{t},\ \boldsymbol{s}\neq\boldsymbol{t}$ かつ $h(\boldsymbol{s})=h(\boldsymbol{t})\}$ とおく．Σ' およびその像 $h(\Sigma')$ はどのような元の集合か特徴づけよ．

(vii) $\Sigma^P\subset\Sigma_2$ を σ の周期点全体とする．その像 $h(\Sigma^P)$ はどのような元の集合か特徴づけよ．

放課後談義》》

学生「ロジスティック写像のようなごく簡単な式で定義される力学系がこんなに複雑な挙動を持つなんて驚きです」

先生「そうだね．ただ注意しないといけないのは，我々はこれまで主に微分同相写像 (すなわち全単射) の力学系を扱ってきたね」

学生「微分方程式もその流れは微分同相だったので，ある意味で全単射な写像に支配されますね」

先生「ところがロジスティック写像は全単射ではなく，1 対 2 の写像になっている．特に放物線の頂点の近くでは与えられた区間を“折り曲げる”作用を持つ」

学生「例えば $a = 4$ のとき，0 から 1 へ向かう向きづけた線分の f_a による像は，0 から 1 へ向かってまた 0 に戻ってくる曲線になりますね」

先生「そう，この折り曲げるという性質がカオスが存在するために重要だ」

学生「ということは全単射な写像ではカオスは起こらないのですか」

先生「1 次元の写像の場合は f が全単射であることは $f(x)$ が単調増加 (単調減少) であることと同値だから，与えられた区間は f の作用で単純に引き延ばされる (縮められる) だけであって，カオスは起こらない．しかし 2 次元以上の場合には全単射であっても“折り曲げる”性質をもつ f を作ることができる．それが次章の内容です」

第 17 章　カオス 2

前章は 1 次元離散力学系におけるカオスについて解説しました．今回は 2 次元離散力学系のカオスにおいて典型的に見られる構造として馬蹄を紹介します．またカオスを生じる 3 次元連続力学系の例を紹介します．[*1]

17.1　スメールの馬蹄

2 次元の領域上の離散力学系でカオスを持つものを構成します．前章の 1 次元の例とは異なり，写像として滑らかな逆写像を持つものを考えます．以下の性質を満たす $\mathbf{R}^2$ から $\mathbf{R}^2$ への微分同相写像 f を考えましょう (f の具体的な関数形は今のところ与えない)．

$N = [0,1] \times [0,1] \subset \mathbf{R}^2$ を正方形領域とし，$H_1, H_2, G_1, G_2, G_3 \subset N$ を下図のような横長の帯とします．

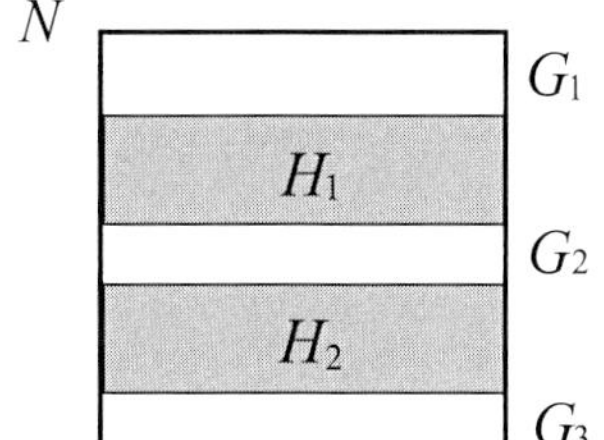

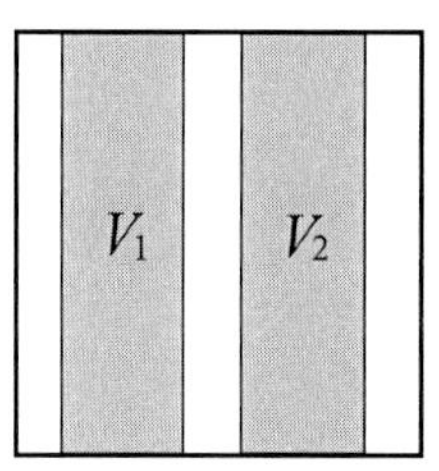

$N \cap f^{-1}(N) = H_1 \cup H_2$ とし，$f(H_1) = V_1, f(H_2) = V_2$ は上図のような互いに交わらない縦長の帯 V_1, V_2 であるものとします．任意の点 $p \in H_1 \cup H_2$ に対して

$$(Df)_p = \begin{pmatrix} a & 0 \\ 0 & b \end{pmatrix}, \quad |a| < \frac{1}{2}, |b| > 2 \tag{17.1}$$

としておきます ($(Df)_p$ は点 p における f のヤコビ行列)．これは, 領域 $H_1 \cup H_2$ が f の作用により x 軸方向には縮み，y 方向には伸ばされるための条件です．

---

*1　本章で省略した証明や関連する話題については以下の本を参照してください．
S. Wiggins,「Global Bifurcations and Chaos」(Springer), 1988.

このように f を定義すると $f(N)$，および $f^2(N)$ は次図のようになります．

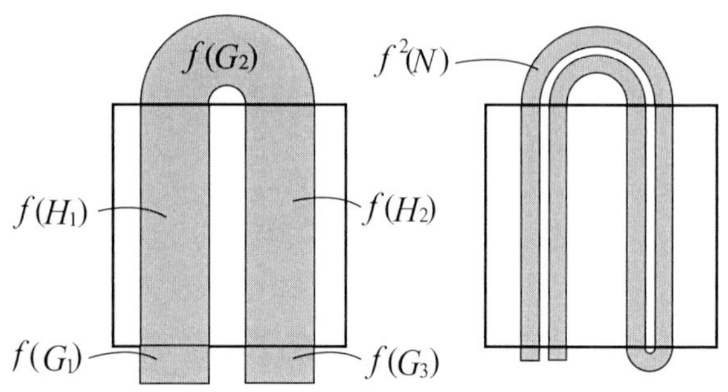

N の中に含まれる f の不変集合を調べましょう．ここで集合 S が f の不変集合であるとは $S = f(S)$ なることを言います．f が可逆であるから，これは，任意の整数 n と任意の $x \in S$ に対して $f^n(x) \in S$ となることと同値です．N に含まれる f の不変集合のうち最大のものは $\Lambda = \bigcap_{-\infty}^{\infty} f^n(N)$ で与えられます．

定理 17.1

Λ は不変カントール集合である．

証明の概略　$f(N) \cap N = f(H_1 \cup H_2) = V_1 \cup V_2$ であり，V_1, V_2 はそれぞれ横幅が a ($|a| < 1/2$) である縦帯です．これを繰り返すと $f^n(N) \cap N$ は横幅が a^n である 2^n 個の縦帯の族であることが分かります．したがって (前章の中央 1/3 カントール集合の構成の仕方を思い出すと) $\Lambda_+ = \bigcap_{n=0}^{\infty} f^n(N)$ は縦方向の線分がカントール集合的に並んだものであることが分かります．同様にして $\Lambda_- = \bigcap_{n=0}^{\infty} f^{-n}(N)$ は横方向の線分がカントール集合的に並んだものになります．したがって，共通部分 $\Lambda = \Lambda_+ \cap \Lambda_-$ はカントール集合 C の直積 $C \times C$ であり，これがカントール集合の定義を満たすことは容易に確認できます．■

この不変カントール集合 Λ，あるいは写像 f のことを **(スメールの) 馬蹄**と呼びます．不変集合 Λ 上の挙動を記号力学系で記述したいのですが，その前に記号力学系をあらためて定義しておきます．p 個の自然数からなる集合 $\{1, \cdots, p\}$ の無限個の直積を

$$\Sigma_p = \{\boldsymbol{s} = (\cdots, s_{-1}, s_0, s_1, \cdots) \,|\, s_i \in \{1, \cdots, p\}\} \tag{17.2}$$

と表します．この集合上の距離を

$$d(\boldsymbol{s},\boldsymbol{t}) = \sum_{j=-\infty}^{\infty} \frac{\delta(s_j,t_j)}{4^{|j|}}, \quad \delta(a,b) = \begin{cases} 0 & (a=b) \\ 1 & (a \neq b) \end{cases}$$

と定義するとコンパクト完備距離空間となり，これを **(両側) 記号空間**といいます．**(左) シフト写像** $\sigma : \Sigma_p \to \Sigma_p$ を

$$\sigma(\cdots, s_{-1}, s_0, s_1, \cdots) = (\cdots, s_0, s_1, s_2, \cdots) \tag{17.3}$$

で定めましょう (列を 1 つだけ左にずらす写像)．すると σ は空間 Σ_p 上の連続写像を定めるので，(Σ_p, σ) を**記号力学系**と呼びます．前章で定義したのは片側記号空間でしたが，今回は f が可逆であることに合わせて両側無限点列を考えています．このときシフト写像は自明に可逆であり，逆写像は列を右に 1 つだけずらす写像です (右シフト)．

一般に，与えられた力学系から次のようにして記号力学系を構成することができます．位相空間 X 上の可逆な連続写像 $f : X \to X$ が定める力学系を考えます．X 上のコンパクト部分集合 $R_1, \cdots, R_p$ に対して

$$A_{ij} = \begin{cases} 1 & (f(R_i) \cap R_j \neq \emptyset \text{ のとき}) \\ 0 & (f(R_i) \cap R_j = \emptyset \text{ のとき}) \end{cases} \tag{17.4}$$

により $p \times p$ 行列 $A = (A_{ij})$ を定め，

$$\Sigma_A = \{\boldsymbol{s} = (\cdots, s_{-1}, s_0, s_1, \cdots) \mid A_{s_i, s_{i+1}} = 1, \text{ for } \forall i \in \mathbf{Z}\} \tag{17.5}$$

で Σ_p の部分集合 Σ_A を定めます．シフト σ は Σ_A を Σ_A に移すから σ の Σ_A 上への制限を σ_A と書いてこれを**有限部分シフト**，A を**遷移行列**といいます．もし，f と上のようにして f から作られる記号力学系 σ_A が位相共役であれば，f の性質が遷移行列 A の代数的性質から従うという事実が，ロジスティック写像のカオス的性質を明らかにした鍵でした．今回も同じ戦略をとります．

馬蹄の状況に戻りましょう．上の記号力学系の定義において $p=2$, $R_1 = H_1 \cap \Lambda$, $R_2 = H_2 \cap \Lambda$ とおけば式 (17.4), (17.5) により馬蹄の記号力学系 (Σ_A, σ_A) が定まります．また $q \in \Lambda$ に対して $f^n(q) \in H_{a_n}$, $a_n = 1, 2$ であるとき，$q \in \Lambda$ に列 $\boldsymbol{a} = (\cdots, a_{-1}, a_0, a_1, \cdots)$ を対応させることにより共役写像

$h:\Lambda\to\Sigma_A$ が定義されます．$f(H_1), f(H_2)$ は共に H_1 とも H_2 とも交わるから遷移行列 A は

$$A=\begin{pmatrix}1 & 1\\ 1 & 1\end{pmatrix} \tag{17.6}$$

で与えられ，$(\Sigma_A,\sigma_A)=(\Sigma_2,\sigma)$ です．このとき次が成り立ちます．

定理 17.2

f の Λ 上への制限 $f|_\Lambda$ と，式 (17.6) の遷移行列から定まるシフト写像 σ は位相共役である．

この証明はやや長いのでここでは省略します．この定理より，$f|_\Lambda$ の性質を行列 A の性質を使って調べることが可能になるわけです．i,j に依存しない $k\geq 1$ が存在して任意の i,j に対して $(A^k)_{ij}\geq 1$ となるとき，A は冪正であるというのでした．式 (17.6) の A は明らかに冪正であるから，前章で示した一連の定理 (両側記号空間でもそのまま成り立つ) から次が分かります．

定理 17.3

上のように構成した馬蹄 f に対し，不変集合 $\Lambda=\bigcap_{-\infty}^{\infty} f^n(N)$ は

(i) 不変カントール集合である

(ii) f の周期点は Λ 上稠密に存在し，n 周期点の個数は 2^n で与えられる

(iii) f は Λ 上で初期値敏感性を持つ

(iv) f は Λ 上位相混合的である

したがって馬蹄はカオス的な振舞いを持つことが分かりました．これが 2 次元離散力学系におけるカオスの標準モデルです．我々は f の具体的な式表示を与えておらず，f の定性的な性質のみからカオスの存在を示したことに注目しましょう．式表示にかかわらず，ここで構成したような幾何構造ないし位相構造さえ見いだせればカオスの存在が示せるわけです．次節以降で，高次元の連続力学系のカオスにおいても，多くの場合馬蹄の構造が背後に潜んでいることを見ていきます．馬蹄が具体的に確認できる例として次のエノン写像 $F:\mathbf{R}^2\to\mathbf{R}^2$ が知られています：

$$F(x,y)=(a-by-x^2,\ x) \tag{17.7}$$

ここで a,b はパラメータであり，適当な値のときに馬蹄が存在します．

問1　(i) **パン屋写像** (baker's map) $S : [0,1]^2 \to [0,1]^2$ を

$$S(x,y) = \begin{cases} (2x,\ y/2) & (0 \leq x < 1/2) \\ (2x-1,\ (y+1)/2) & (1/2 \leq x \leq 1) \end{cases} \tag{17.8}$$

で定義する．両側記号空間 Σ_2 から $[0,1]^2$ への写像 h を

$$h(\boldsymbol{s}) = \left(\sum_{k=0}^{\infty} \frac{s_k}{2^{k+1}},\quad \sum_{k=0}^{\infty} \frac{s_{-k-1}}{2^{k+1}} \right) \tag{17.9}$$

で定義するとこれは (Σ_2, σ) から $([0,1]^2, S)$ への位相半共役となることを示せ (前章問 1 を参照)．したがってパン屋写像はカオス的である．

(ii) 同名の写像を

$$S(x,y) = \begin{cases} (2x,\ y/2) & (0 \leq x < 1/2) \\ (2-2x,\ 1-y/2) & (1/2 \leq x \leq 1) \end{cases} \tag{17.10}$$

で定義することもある．Σ_2 への位相共役写像を構成せよ．したがって馬蹄とも位相共役となる．

17.2　横断的ホモクリニック点から生じるカオス

一般にはカオスの存在を直接示すのは困難であることも多いため，どのような状況が馬蹄を誘導するか知っておくと便利です．ここでは横断的ホモクリニック点の存在が馬蹄を誘導することを示します．

今，2 次元の微分同相写像 $f : \mathbf{R}^2 \to \mathbf{R}^2$ が点 p を双曲型不動点に持っており，p における f のヤコビ行列の固有値 λ は $|\lambda| > 1$ のものと $|\lambda| < 1$ のものが 1 つずつ存在するとしましょう．すなわち p は安定な方向と不安定な方向を 1 次元ずつ持ち，特に微分方程式の場合と同様に，p を通る 1 次元の安定多様体と 1 次元の不安定多様体が存在します．ここで p の安定多様体 $W^s(p)$ (不安定多様体 $W^u(p)$) とは f を作用させていくと (f^{-1} を作用させていくと) 点 p に収束するような点の全体のことです：

$$W^s(p) = \{q \in \mathbf{R}^2 \mid |f^n(q) - p| \to 0,\ n \to \infty\}$$
$$W^u(p) = \{q \in \mathbf{R}^2 \mid |f^n(q) - p| \to 0,\ n \to -\infty\}$$

双曲型の仮定から収束の速さは指数的です．$W^s(p)$ と $W^u(p)$ が点 p 以外のある点 q において横断的に交わるとき，q を**横断的ホモクリニック点**といいます．このとき $f^n(q)$ は $n \to \infty$ でも $n \to -\infty$ でも p に漸近します (次図 (左))．

横断的ホモクリニック点が存在すれば馬蹄が存在することが知られています．

定理 17.4

点 q を微分同相 $f: \mathbf{R}^2 \to \mathbf{R}^2$ の双曲型不動点 p の横断的ホモクリニック点とする．このときある自然数 n が存在して，f^n は $\{p, q\}$ のある近傍に馬蹄を持つ．すなわち横断的ホモクリニック点はカオスを誘導する．

証明は難しいのでやりませんが，どのようにして馬蹄が現れるのかを模式図を使って直観的に理解しておきます．次図 (右) のように，点 p, q と安定・不安定多様体の一部を含む帯状領域 D をとります．D に f を反復作用させていくと安定多様体の方向には縮小していき，不安定多様体に沿っては拡大していきます．やがて何回かの作用ののちに $f^n(D)$ は図のように湾曲して点 q を含むように D と横断的に交わり，ちょうど馬蹄形ができます．したがってここでは $D \cap f^n(D)$ の 2 つの連結成分が，最初の図の V_1, V_2 と同じ役割をすることで定理の証明ができます．

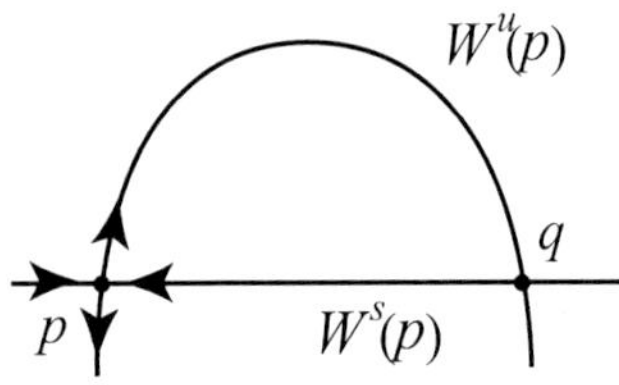

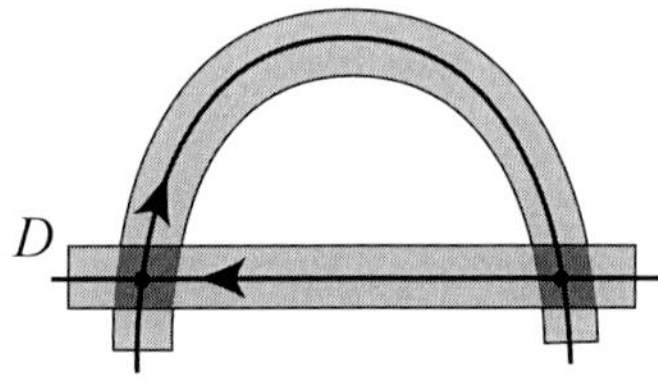

実際にはここで構成した馬蹄よりもずっと複雑なことが起きています．まず，安定・不安定多様体は不変集合であるため，ホモクリニック点 $q \in W^s(p) \cap W^u(p)$ の f による像 $f(q), f^2(q), \cdots$ もまた $W^s(p) \cap W^u(p)$ に属します．つまり 1 つホモクリニック点があれば無限個のホモクリニック点があることになります．このことを念頭において，次図 (左) のように不安定多様体上に点 q を含む適当なセグメント C_u をとり，その f による反復作用の様子を観察しましょう．

C_u は安定多様体の十分近くにあるので f の反復により $W^s(p)$ に沿って点

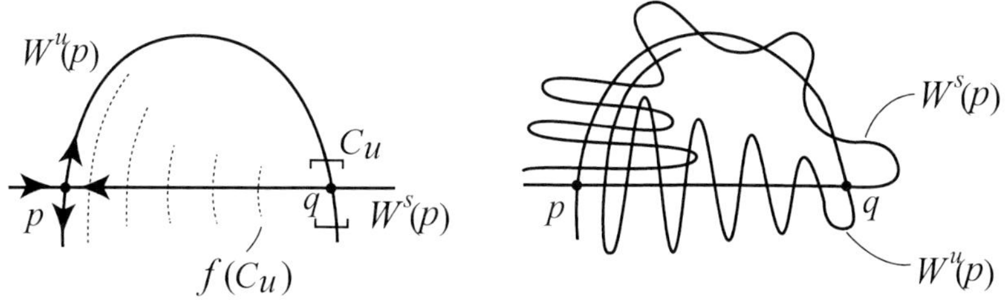

p に近づいていきます．ところが横方向から点 p に近づくにつれ不安定多様体に近づくので，縦方向には p から遠ざかろうとして拡大していき，結果として $W^u(p)$ は上下に振動しながら p に集積していきます．同様に安定多様体上に点 q を含む適当なセグメント C_s をとり，その f^{-1} による軌道を考えると，C_s は $W^u(p)$ に沿って p に近づいた後，横方向に大きく振動し始めることが分かります．結局，$W^s(p)$ と $W^u(p)$ はより大域的には上図 (右) のようになっており，p の近くでは複雑な交差をしています．このような横断的ホモクリニック点から誘導される安定多様体と不安定多様体の絡み目を**ホモクリニック・タングル**といいます．次図は適当にとった領域 D の f による像の様子の一例です．D は像を追いやすいように境界の一部が安定多様体と不安定多様体に接するようにとっています．

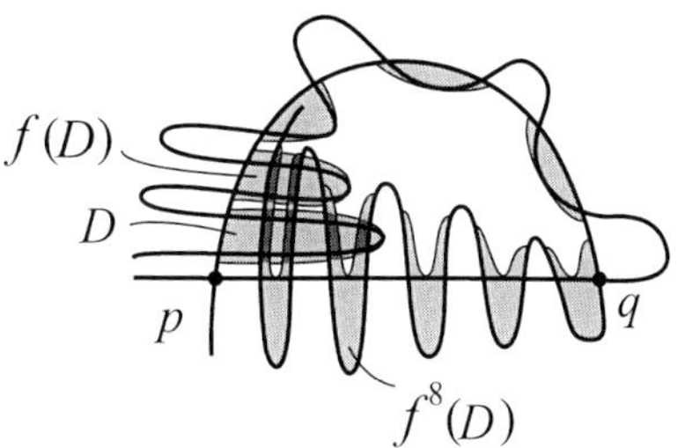

17.3 ホモクリニック軌道から生じるカオス

連続力学系において生じる馬蹄をみるために，次の 2 次元の微分方程式を考えます．

$$\dot{x} = y, \quad \dot{y} = x - x^3 \tag{17.11}$$

これはいわゆるダフィン方程式であり，その相図は第 8 章で与えましたが再掲します．原点における安定多様体と不安定多様体が 2 つの軌道を共有しており，ホモクリニック軌道が存在します．

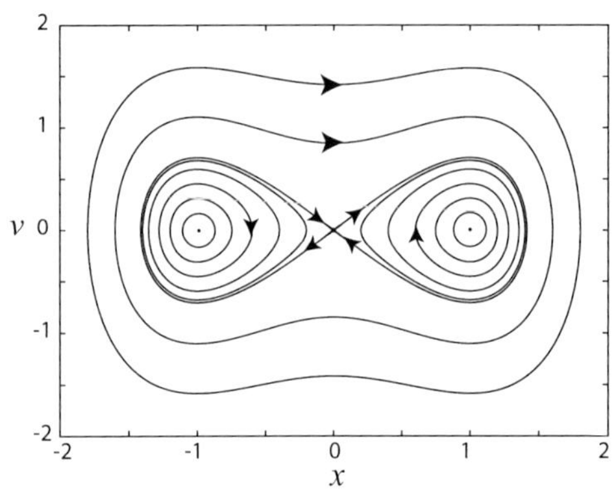

この方程式に微小な摂動を加えた次の方程式

$$\begin{cases} \dot{x} = y \\ \dot{y} = x - x^3 + \delta\cos(\omega t) - \varepsilon x \end{cases} \tag{17.12}$$

を考えましょう．$\delta, \omega, \varepsilon$ は定数であり，$\delta\cos(\omega t)$ は周期 $2\pi/\omega$ の周期外力，$-\varepsilon x$ は摩擦を表します．$\omega = 1$, $\delta = 0.01$, $\varepsilon = 0.1$ としてこの方程式を数値計算してみると次のような複雑な軌道が得られます．

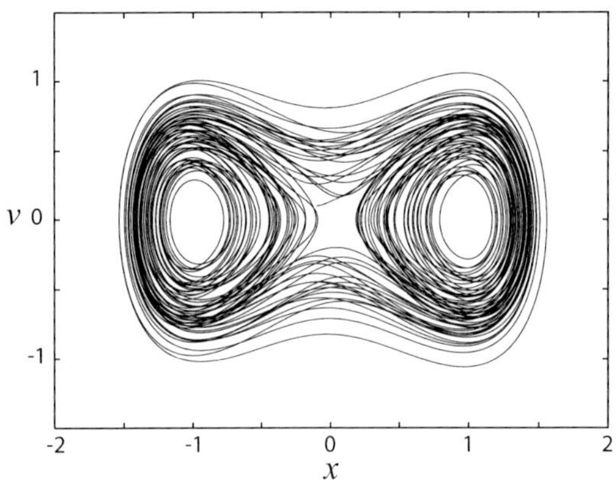

なぜこのようなカオス的な振舞いが生じるのかを調べるのがこの節の目標です．式 (17.12) は非自励系の (すなわち方程式の右辺が t に依存する) 方程式な

ので，自励系に帰着させるために新しい変数 s を $s = \omega t$ で定義します．すると式 (17.12) は

$$\begin{cases} \dot{x} = y \\ \dot{y} = x - x^3 + \delta \cos s - \varepsilon x \\ \dot{s} = \omega \end{cases} \tag{17.13}$$

と 3 次元自励系の方程式に書き直されます．自励系の方程式の相図は軌道が互いに交わることがないので考察がしやすいですね．これに合わせて式 (17.11) のほうも

$$\begin{cases} \dot{x} = y \\ \dot{y} = x - x^3 \\ \dot{s} = \omega \end{cases} \tag{17.14}$$

と書き直します．この式について，xy 方向の運動は s に依存しないため，式 (17.14) の相図は式 (17.11) の相図を s 軸方向に一様に引き伸ばしたものになり，その一部を模式的に描くと次のようになります．

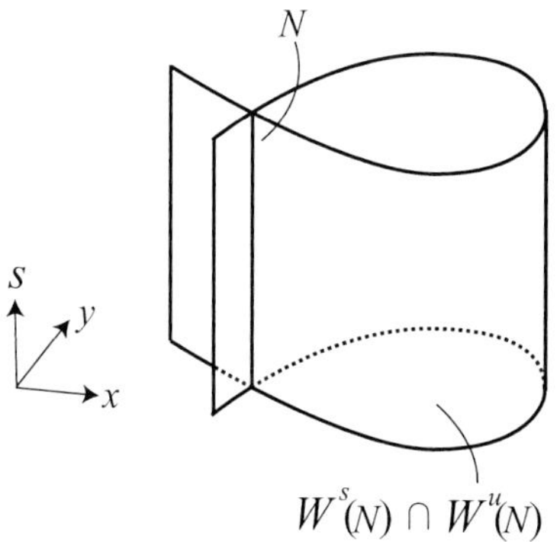

不動点を引き伸ばして得られる $N = (0, 0) \times (s\text{ 軸})$ は双曲型の不変多様体であり，2 次元の安定多様体 $W^s(N)$ と 2 次元の不安定多様体 $W^u(N)$ を持ちます．$W^s(N) \cap W^u(N)$ は xy 平面のホモクリニック軌道を s 軸方向に引き伸ばしたものです．その上の点は s 軸方向には ωt で進みながら，$t \to \pm\infty$ で N に漸近していきます．

次に式 (17.13) の相図を考えましょう．一般に，法双曲型という条件を満たす不変多様体は，方程式に小さな摂動を加えても生き残り (ただし形はわずかに

変わるかもしれない)，その安定性も変わらないことが知られています[*2]．よって δ, ε が十分小さいとき，式 (17.13) は式 (17.14) の不変多様体 N の近傍に，ある不変多様体 $\tilde{N}$ を持ち，$\tilde{N}$ は 2 次元の安定多様体 $W^s(\tilde{N})$，不安定多様体 $W^u(\tilde{N})$ を持ちます．一般にはもはや $W^s(\tilde{N})$ と $W^u(\tilde{N})$ は交わるとは限らず，それらの位置関係は摂動のタイプによって様々です．ここでは次図のように $W^s(\tilde{N})$ と $W^u(\tilde{N})$ が横断的に交わる状況を考えましょう[*3]．

問2 不変多様体 $\tilde{N}$ を次の写像

$$(x, y) = (\varphi_1(s, \delta, \varepsilon), \varphi_2(s, \delta, \varepsilon))$$

のグラフとして表す．(δ, ε) は微小であるとして $\tilde{N}$ の (δ, ε) に関する 1 次近似を求めよ．

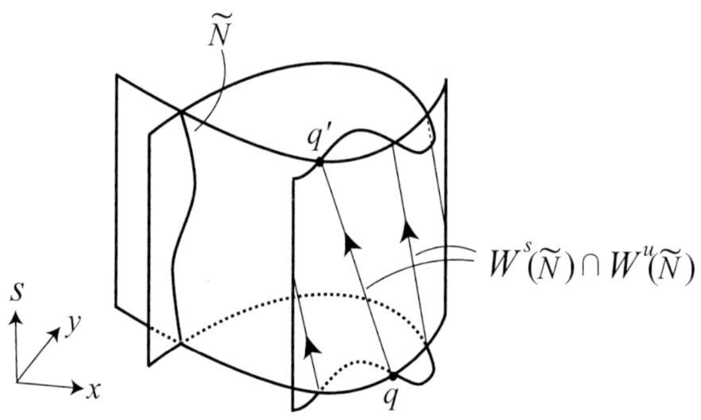

$W^s(\tilde{N})$ と $W^u(\tilde{N})$ の交わりはある曲線を描きます．$W^s(\tilde{N})$ (あるいは $W^u(\tilde{N})$) 自身は不変多様体であって $W^s(\tilde{N})$ (あるいは $W^u(\tilde{N})$) 上の点を初期値とする解軌道はそこから出ないことを考慮すると，結局 $W^s(\tilde{N}) \cap W^u(\tilde{N})$ の

[*2] 法双曲型とは不動点や周期軌道に対する双曲型の概念を次元の大きい不変多様体に拡張した概念．与えられたベクトル場が法双曲型の不変多様体 N を持つとき，十分小さい摂動を加えたベクトル場 $f + \varepsilon g$ も N の ε-近傍に不変多様体 N_ε を持ち，それらの安定性は一致する．N. Fenichel, Persistence and smoothness of invariant manifolds for flows, Indiana Univ. Math. J., 21(1971), pp. 193-226

[*3] 連続力学系においては不動点の横断的ホモクリニック点は存在しません．第 14 章の問 2 を参照．今の場合は $\tilde{N}$ は 1 次元の不変多様体であるから，次元の勘定をすると，その安定・不安定多様体は 1 次元の横断的交差を持ちうることが分かります．

連結成分は式 (17.13) の 1 つの解軌道そのものになっていることが分かります．例えば図の点 q は $W^s(\tilde{N}) \cap W^u(\tilde{N})$ に沿って点 q' へと流れます．

今，上の相図において $s = 2\pi n$ (一定) の断面 Γ_n を考えましょう．式 (17.13) の右辺が s について周期 2π であるため上の相図も s 軸方向には周期 2π であり，したがって Γ_n 上の相図の様子は n に依存せずに同じ図形を描きます (次図)．

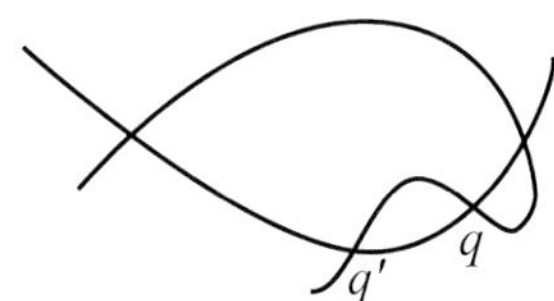

そこで点 $z \in \Gamma_n$ に対して，z を初期値とする式 (17.13) の解軌道が Γ_{n+1} と交わる点 z' を対応させることで，断面 Γ_n から断面 Γ_{n+1} へのポアンカレ写像 P を定義すると，P は n に依存せずに定まり，よって 2 次元の離散力学系を定義します．例えば前の図の点 q は P の作用により q' に移されます．明らかに $\tilde{N} \cap \Gamma_n$ は P の不動点であり，$\Gamma_n \cap W^s(\tilde{N}) \cap W^u(\tilde{N})$ は P の横断的ホモクリニック点です．よって前節の結果よりカオスが生じることが分かります．

ここでは式 (17.13) の安定多様体 $W^s(\tilde{N})$ と不安定多様体 $W^u(\tilde{N})$ が横断的交わりを持つものと仮定して議論しましたが，メルニコフの方法と呼ばれる手法を用いて，実際に ε, δ がある関係を満たすときに $W^s(\tilde{N})$ と $W^u(\tilde{N})$ が横断的に交わることが示されます．メルニコフの方法のアイデアについては 14.3 節を参照してください．重要なことは 2 次元以上の非自励系，あるいは 3 次元以上の自励系連続力学系においては**ホモクリニック軌道はカオスを引き起こす**ということです．

放課後談義≫

学生「微分方程式ではカオスは 3 次元以上でのみ起こるというのが分かった気がします．ポアンカレ断面をとって 2 次元の離散力学系に帰着させるのですね．ポアンカレ写像は微分同相でしょうか」

先生「微分方程式の流れが微分同相だから，きちんとポアンカレ断面が軌道と横断的に交わるようにとっておけば，ポアンカレ写像も微分同相になります」

学生「1 次元の離散力学系で可逆なものだと，“折れ曲がり”が実現できないので，連続力学系のポアンカレ写像がロジスティック写像のようになることはないのですね」

先生「2 次元の微分同相写像で折れ曲がりを体現するのがまさに馬蹄なわけだ」

学生「なので離散の方では 2 次元以上が必要で，自励系の微分方程式では 3 次元以上が必要というわけですね．今日紹介があったダフィン方程式の摂動は非自励系でしたが，自励系のカオスにはどのようなものがありますか」

先生「たとえば 3 次元の力学系で，不動点 p がホモクリニック軌道を持つとします．不動点における固有値は，正のものが 1 つと互いに複素共役で実部が負であるものが 2 つとします」

学生「不安定多様体が 1 次元で安定多様体が 2 次元ですね．しかし連続力学系なのでこれらは横断的には交差しません．馬蹄を作れるのでしょうか」

先生「図のように，不安定多様体に横断するように小さなポアンカレ断面をとりましょう．その上の適当な長方形領域を流れに沿って動かすと，複素固有値のために不動点近傍ではぐるぐる回されてしまう」

学生「元の断面に戻ってきたときには渦巻状になっていると・・・確かに馬蹄ができています．この場合は複素固有値が折れ曲がりを作るわけですか」

先生「このようなタイプの分岐を**シルニコフ分岐**といいます」

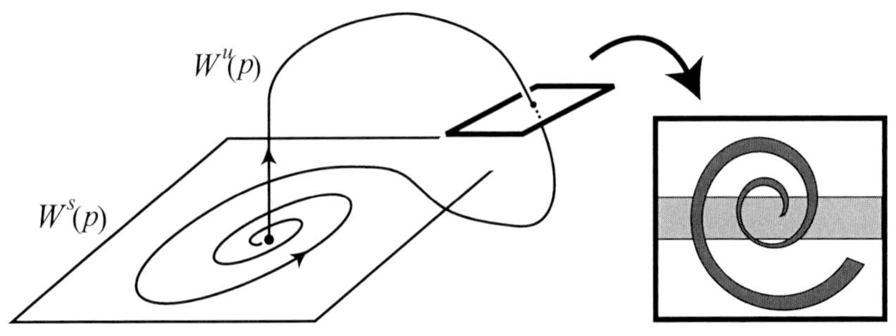

問の略解

第 1 章: [**1**] (1) $a \neq b$ のときは $x(t) = e^{at} + \frac{1}{b-a}(e^{bt} - e^{at})$. $a = b$ のときは $x(t) = e^{at} + e^{at}t$. (2) $x(t) = e^{\int_{t_0}^{t} a(s)ds} - 1$.

[**2**] $a \neq b$ のときは $a > 0$ または $b > 0$. $a = b$ のときは $a \geq 0$.

第 2 章: [**1**] $x(t) = \dfrac{9}{5}e^{t} + \dfrac{1}{5}e^{-4t}$. [**2**] $x(t) = e^{-t}(3\cos\sqrt{3}t + \sqrt{3}\sin\sqrt{3}t)$.
[**3**] $x(t) = e^{-t} + 2te^{-t}$.

[**4**] **(i)** $u(t,x) = F(t)G(x)$ を波動方程式に代入して整理すると $\frac{F''(t)}{F(t)} = c^2\frac{G''(x)}{G(x)}$ を得る．右辺は x についてのみの関数，左辺は t のみについての関数だから，それらが一致するならばそれは x と t に依存しない実定数でなければならない．その定数を λ とおけば求める F と G に対する方程式を得る．

(ii) F についての方程式の解が発散しないためには $\lambda < 0$ が必要十分．このとき $F(t) = A\cos\sqrt{-\lambda}t + B\sin\sqrt{-\lambda}t$.

(iii) 弦の端点を固定しているから任意の t に対して $u(t,0) = u(t,L) = 0$. これより G が満たすべき境界条件 $G(0) = G(L) = 0$ を得る．

(iv) $\lambda < 0$ であるから $\lambda/c^2 < 0$. そこで $\lambda/c^2 = -D^2$ とおこう．このとき G が満たす方程式 $G'' = -D^2G$ の一般解は $A\cos Dx + B\sin Dx$ である．境界条件から $A = B\sin DL = 0$ を得る．$B = 0$ の場合は $G(x) = 0$ であるから，x 軸上で完全に静止している解を得る．$B \neq 0$ のときは n を整数として $D = \pi n/L$ でなければならない．対応する解は $G(x) = B\sin\pi nx/L$ である．この $G(x)$ に対し，適当に t を固定して $u(t,x)$ をグラフに書いてみると，これは山をちょうど n 個持っていることが分かる (下図)．t を動かせばこれが上下に振動する．

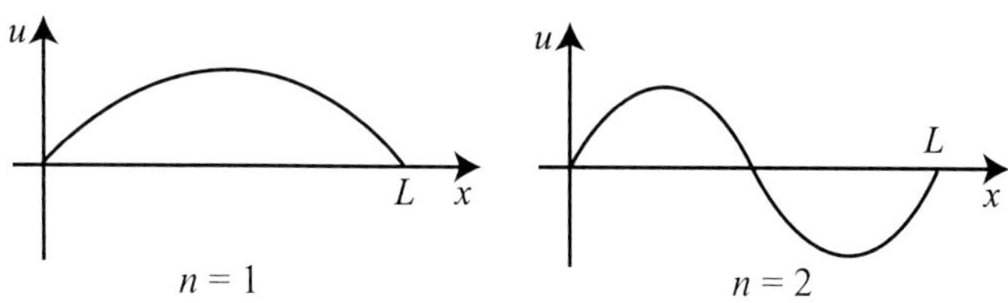

第 3 章: **(i)** $x(t) = A + Be^{2t} + \dfrac{1}{3}e^{3t}$ **(ii)** $x(t) = e^{t}(A\cos 2t + B\sin 2t) + \dfrac{1}{4}te^{t}\sin 2t$ **(iii)** $x(t) = -1 + A\cos t - \dfrac{1}{2}\sin t(\log(1-\sin t) - \log(1+\sin t) + B)$.

第 4 章: [**1**](iii) 特殊解は $x(t) = e^{-2t} + 2te^{-2t} + 2t^2e^{-2t}$.

[**2**] $p = 1/20$, $q = 1/40$. [**3**] $p = 1/6$.

[**4**] **(i)** 略 **(ii)** ヒントで与えた $u = x + y, v = x - y$ が満たす方程式は $\ddot{u} + \omega^2 u = 0, \ddot{v} + 2\gamma\dot{v} + \omega^2 v = 0$ となる．これらの一般解を求めてから $x = (u+v)/2, y = (u-v)/2$ に代入すればよい．結果は，A_i を任意定数，$\lambda_\pm = -\gamma \pm \sqrt{\gamma^2 - \omega^2}$ として $x(t) = A_1 \sin\omega t + A_2 \cos\omega t + A_3 e^{\lambda_+ t} + A_4 e^{\lambda_- t}$, $y(t) = A_1 \sin\omega t + A_2 \cos\omega t - A_3 e^{\lambda_+ t} - A_4 e^{\lambda_- t}$ となる．

(iii) $\gamma > 0$ のとき λ_+ と λ_- の実部はともに負なので $e^{\lambda_\pm t} \to 0 \ (t \to \infty)$ であることを用いる．

第 5 章: [**1**]

$$\textbf{(i)}\ e^{At} = \begin{pmatrix} 2e^{-3t} - e^t & -2e^{-3t} + 2e^t \\ e^{-3t} - e^t & -e^{-3t} + 2e^t \end{pmatrix}, \quad \textbf{(ii)}\ e^{At} = e^{2t} \begin{pmatrix} 1 & t & t^2/2 \\ 0 & 1 & t \\ 0 & 0 & 1 \end{pmatrix}.$$

[**2**]

$$\boldsymbol{x}(t) = \frac{1}{2} \begin{pmatrix} e^{-t} + e^{-3t} & -e^{-t} + e^{-3t} \\ -e^{-t} + e^{-3t} & e^{-t} + e^{-3t} \end{pmatrix} \boldsymbol{x}(0).$$

$\boldsymbol{x}(0) = (1, 1)$ とすると $\boldsymbol{x}(t) = (e^{-3t}, e^{-3t})$.

[**3**] **(i)**,**(ii)** は定理 5.6 を使う．**(iii)** 対角化行列を P とすると

$$\begin{aligned} P^{-1}e^{At}P &= te^{\lambda_1 t}P^{-1}AP + (1 - \lambda_1 t)e^{\lambda_1 t}I \\ &= te^{\lambda_1 t}\begin{pmatrix} \lambda_1 & 0 \\ 0 & \lambda_1 \end{pmatrix} + (1 - \lambda_1 t)e^{\lambda_1 t}I = e^{\lambda_1 t}I. \end{aligned}$$

よって $e^{At} = e^{\lambda_1 t}PIP^{-1} = e^{\lambda_1 t}I$.

(iv) 関数 $e^{\lambda t}$, $\lambda e^{\lambda t}$ の λ についての微分の定義を用いればよい．

第 6 章: [**1**] $n = 1$ のときは $x = e^t x_0$，$n \neq 1$ のときは

$$x = \left[\frac{x_0^{n-1}}{1 + (1-n)tx_0^{n-1}} \right]^{1/(n-1)}.$$

$n \neq 1$ のときは $t = 1/((n-1)x_0^{n-1})$ において解が発散する．

[**2**] **(i)**

$$t = \int_{x_0}^{x} \frac{1}{x(1-x^2)} dx = \frac{1}{2} \int_{x_0}^{x} \left(\frac{2}{x} - \frac{1}{x-1} - \frac{1}{x+1} \right) dx.$$

積分して整理すると

$$x(t)^2 = \frac{e^{2t}x_0^2}{1 - x_0^2 + e^{2t}x_0^2}$$

(ii) $0 < x < 1$ ならば $dx/dx = x - x^3 > 0$，$-1 < x < 0$ ならば $dx/dt = x - x^3 < 0$ である．したがって前者の区間で $x(t)$ は単調増加，後者の区間では $x(t)$ は単調減少であるから，どんな初期値に対する解も解 $x(t)$ は 0 をまたぐことはなく，$x(0) > 0$ ならば $x(t) > 0$，$x(0) < 0$ ならば $x(t) < 0$ である．

(iii) 上で得られた解から，$x_0 = 0$ ならば $x(t) \equiv 0$ であり，よって $t \to \infty$ でも $x(t) = 0$. 一方，$x_0 \neq 0$ のときは $x(t)^2$ は $t \to \infty$ で 1 に収束する．したがって $x(t) \to \pm 1$. (ii) の結果と合わせると，$x_0 > 0$ ならば $x(t) \to 1$，$x_0 < 0$ ならば $x(t) \to -1$ であることが分かる．

[**3**] (1) $x = yt$ とおけば y は $y' = \dfrac{f(y) - y}{t}$ を満たし，これは変数分離形である．(2) $(t, x) = (r\cos\theta, r\sin\theta)$ とおく．$\theta = \theta(r)$ が満たすべき微分方程式を求める．微分の連鎖律より

$$\frac{dx}{dt} = \frac{dx/dr}{dt/dr} = \frac{\sin\theta + r\cos\theta\frac{d\theta}{dr}}{\cos\theta - r\sin\theta\frac{d\theta}{dr}} = \frac{\sin\theta + \cos\theta f(r)}{\cos\theta - \sin\theta f(r)}.$$

これを整理すると $\dfrac{d\theta}{dr} = \dfrac{f(r)}{r}$ を得る．

[4] **(ii)** $u' = (a(t) - 2\hat{Y}(t))u - 1$. **(iii)** t に依存しない解 $\hat{Y}$ は $\hat{Y}'(t) = 0$ を満たすから，$Y^2 - Y - 2 = 0$ の根として得られる．よって $\hat{Y}(t) = -1, 2$ はリッカチ方程式の特殊解である．ここでは $\hat{Y}(t) = -1$ を選ぼう．このとき u の方程式は $u' = 3u - 1$ となり，u_0 を任意定数として $u(t) = e^{3t}u_0 + (1 - e^{3t})/3$ と解ける．これを $Y = -1 + 1/u$ に代入して $Y(t)$ を得る．

[**5**] $\tau = \varphi(t)$ とおくと

$$\frac{dx}{dt} = \frac{d\varphi}{dt} \cdot \frac{dx}{d\tau} = f(x)g(t)$$

φ を g の原始関数と選べば $d\varphi/dt = g(t)$ より $dx/d\tau = f(x)$ を得る．

第 7 章: [**1**] 固有値は $\lambda = 1, -1$ で，安定部分空間は直線 $y = -2x$，不安定部分空間は直線 $y = -x$ で与えられる．相図を描くにはまずこれらの直線を (x, y) 平面上に描き，直線 $y = -2x$ 上には原点に向かう向きに，直線 $y = -x$ 上では原点から離れる向きに矢印を描き入れる．それ以外の軌道については，直線

$y=-2x$ に沿って原点に近づいた後，直線 $y=-x$ に沿って原点から離れていくようなカーブを描けばよい．$t=0$ において (x_0, y_0) を通る方程式の解は

$$x(t) = e^t(2x_0+y_0) - e^{-t}(x_0+y_0),$$
$$y(t) = -e^t(2x_0+y_0) + 2e^{-t}(x_0+y_0)$$

であり，これが 0 に収束するための初期値に対する条件は e^t の係数が消えること，すなわち $y_0=-2x_0$ が成り立つことである．このような初期値の集合は確かに安定部分空間と一致する．**[2]** 略.

第 8 章: **[1]** $(0,0), (0,10), (-10,0), (90/101, 110/101)$. **[2]**～ **[4]** 略.

第 9 章: **[2]** 初期条件 $\boldsymbol{x}(0)=\boldsymbol{x}_0$ に対する $\dot{\boldsymbol{x}}=A\boldsymbol{x}$ の解は $e^{At}\boldsymbol{x}_0$ であるから $\varphi_t(\boldsymbol{x}_0)=e^{At}\boldsymbol{x}_0$.

[3] (i) 固有値は $2, -1$ なので不安定. (ii) 固有値は $-1, -2$ なので漸近安定.

[4] (i) 一般解は $x_1(t)=C_1t+C_2$, $x_2(t)=C_1$. $C_1\neq 0$ のとき $t\to\infty$ で発散するので不安定. (ii) 一般解は $x_1(t)=C_1\cos t+C_2\sin t$, $x_2(t)=-C_1\sin t+C_2\cos t$. $t\to\infty$ で原点の近傍に留まるので安定. ただし原点に収束はしないので漸近安定ではない.

[5] 不動点は $(x,v)=(0,0), (1,0), (-1,0)$. それぞれ双曲不安定，双曲安定，双曲安定.

第 10 章: **[2]**

$$\frac{d}{dt}\begin{pmatrix} y_1 \\ y_2 \end{pmatrix} = \begin{pmatrix} \lambda_1 & 0 \\ 0 & \lambda_2 \end{pmatrix}\begin{pmatrix} y_1 \\ y_2 \end{pmatrix} + \begin{pmatrix} a_3 y_2^2 \\ 0 \end{pmatrix} + O(|\boldsymbol{y}|^3)$$

第 12 章: **[1]** $R_1(e^{As}\boldsymbol{y})$ を定義とおり書いて積分変数を変換すればよい.

[2] [例題 1] と同じ手順で計算する.

(i) $x_0 = Ae^{i\omega t}+\overline{A}e^{-i\omega t}$. x_1 が満たす方程式は

$$\ddot{x}_1 = -\omega^2 x_1 - \left(Ae^{i(1+\omega)t} + \overline{A}e^{i(1-\omega)t} + \text{c.c.}\right)$$

共鳴が起こるのは $\omega = 1-\omega$，すなわち $\omega=1/2$ のとき. **(ii), (iii)** 1 次のくりこみ群方程式は $\dot{A}=i\varepsilon(a_1A+\overline{A})$ となる. $A=B+iC$ とおくと次の線形方程式を得る.

$$\dot{B}=\varepsilon(1-a_1)C, \quad \dot{C}=\varepsilon(1+a_1)B$$

$|a_1| < 1$ のとき右辺の行列は正の固有値を持つので発散する解が存在する．
(さらに続き) そこで $\omega^2 = 1/4 + \varepsilon + \varepsilon^2 a_2$ とおいて 2 次のくりこみ群方程式を求めると，発散するための条件として $a_2 < -1/2$ を得る．$\omega^2 = 1/4 + \varepsilon - \varepsilon^2/2 + \varepsilon^3 a_3$ として 3 次のくりこみ群方程式を求めると，発散するための条件として $a_3 < -1/4$ を得る．したがってアーノルドの舌の境界の片方は

$$\omega^2 = \frac{1}{4} + \varepsilon - \frac{1}{2}\varepsilon^2 - \frac{1}{4}\varepsilon^3 + \cdots$$

もう片方の境界は $a_1 = -1$ から始めて同様の計算を繰り返す．2 つの境界に挟まれた領域がアーノルドの舌である．

第 13 章:
(i) のべき級数は恒等的に 0 になる．厳密解を求めるには $dy/dx = -y/x^2$ を解けばよい．変数分離形なので簡単に解けて $y = Ce^{1/x}$ を得る．いろいろな C に対してこの曲線を相図に描いてみると，$x > 0$ では中心多様体は一意 (x 軸そのもの) であるが $x < 0$ の領域では原点に収束する全ての軌道が中心多様体の定義を満たすことが分かる．

第 14 章:
[1] (ii) くりこみ群方程式の定義から帰納法で示せる．**(iii)** $R_i(\boldsymbol{y})$ は y_1, y_2 の多項式である．これに含まれる単項式 $h(\boldsymbol{y}) = y_1^k y_2^j \boldsymbol{e}_1$ に対して $e^{-A_0 t} h(e^{A_0 t}\boldsymbol{y}) = (e^{i\beta_0 t} y_1)^k (e^{-i\beta_0 t} y_2)^j e^{-A_0 t} \boldsymbol{e}_1 = e^{i\beta_0 t(k-j)} y_1^k y_2^j e^{-i\beta_0 t} \boldsymbol{e}_1$．これが $h(\boldsymbol{y})$ と等しいので $k = j + 1$ を得る．
[2] 略．　**[3] (i)** $\dot{r} = r - r^3(1 + 4\sin^2\theta\cos^2\theta)$, $\dot{\theta} = 1 + 4r^2\sin^3\theta\cos\theta$.
(ii) 原点中心の十分小さい円と十分大きい円に囲まれた円環領域を D としてポアンカレ・ベンディクソンの定理を用いる．

第 15 章: [1] 例えば $\dot{r} = r(r - 1 - \sqrt{a})(r - 1 + \sqrt{a})$, $\dot{\theta} = 1$ など．
[2] 流れのヤコビ行列を $(D\varphi_t)_x$，その行列式を $d(t)$ と表す．流れの性質 (定理 9.1) を用いると，$(D\varphi_0)_x$ は単位行列なので $d(0) = 1$．また任意の t に対して $(D\varphi_t)_x$ は可逆なので $d(t) \neq 0$．$d(t)$ は連続関数であるから，任意時刻で正でなければならない．

第 16 章: [1] (i) $\sum_{j=0}^{\infty} s_j/2^{j+1}$ は実数 $x \in [0, 1]$ の 2 進数展開にほかならな

いので全射である．**(iii)** 前半は $h \circ \sigma^n = T^n \circ h$ から従う．後半について，一般に稠密性は連続写像で保たれる．任意に $x \in [0,1]$ とその開近傍 U をとる．x の逆像から 1 点 $\boldsymbol{s} \in \Sigma_2$ を選ぶと $h^{-1}(U)$ は $\boldsymbol{s}$ の開近傍である．σ の周期点全体は Σ_2 で稠密 (定理 16.4) であったから，ある周期点 $\boldsymbol{p} \in h^{-1}(U)$ が存在する．このとき $h(\boldsymbol{p}) \in U$ であり，前半から $h(\boldsymbol{p})$ は T の周期点である．**(iv)** 一般に位相混合性は位相半共役写像で保たれることを示す．任意に開集合 $U, V \subset [0,1]$ をとる．σ は位相混合的 (定理 16.5) なので n が十分大きいとき $\sigma^n(h^{-1}(U)) \cap h^{-1}(V) \neq \emptyset$．ここで $h \circ \sigma^n = T^n \circ h$ から $T^n(U) \cap V \neq \emptyset$ が従う．**(v)** 初期値鋭敏性は位相半共役からは従わない (逆写像の存在と連続性が必要) ので，T の定義から直接示す．**(vi)** $(s_1, s_2, \cdots, s_k, 0, 1, 1, \cdots)$ と $(s_1, s_2, \cdots, s_k, 1, 0, 0, \cdots)$ は h で同じ点に移る．したがって Σ' は途中から 0 のみ，あるいは途中から 1 のみからなる元の全体である．あるいは，ある n が存在して $\sigma^n(\boldsymbol{s})$ が不動点 $(0, 0, \cdots)$ または $(1, 1, \cdots)$ になるもの，といってもよい．その h による像は $n/2^m \in [0,1]$, $m, n:$ 非負整数 と表される数の全体である．言い換えれば，T の反復作用で不動点 $x = 0$ か $x = 1$ に移る点の全体である．**(vii)** $h(\Sigma^P)$ は有理数全体となる．これは有理数の 10 進数における小数表示が周期的であることと同じ理由による．したがって周期点が $[0,1]$ で稠密であることがあらためて示せた．

第 17 章: [1] (i) x 方向には 2 倍写像と同じであることに注意すれば第 16 章の問と同様．**(ii)** $[0,1]^2$ の左半分，右半分の領域をそれぞれ H_1, H_2 として，その S による反復作用を図示して追ってみるとよい．
[2] $\delta = 0$ のときは任意の s, ε に対して $(x, y) = (0, 0)$ が不動点であるから $\varphi_i(s, \delta, \varepsilon) = \delta\psi_i(s) + (\delta, \varepsilon$ について 2 次以上$)$ と表すことができる．これを方程式に代入して δ のべきで整理すると

$$\psi_1'(s) = \frac{1}{\omega}\psi_2, \quad \psi_2'(s) = \frac{1}{\omega}\psi_1 + \frac{1}{\omega}\cos(s)$$

という s についての微分方程式を得る．s について周期的な解は 1 つしかなく

$$\psi_1(s) = -\frac{1}{1+\omega^2}\cos(s), \quad \psi_2(s) = \frac{\omega}{1+\omega^2}\sin(s).$$

索引

●た～と

●な～の

●は～ほ

●ま～も

●や～よ

●ら～ろ

著者紹介：

千葉 逸人（ちば・はやと）

1982 年　福岡県生まれ.

2001 年　京都大学工学部入学.

2009 年　京都大学情報学研究科数理工学専攻博士課程修了.

2013 年　九州大学マス・フォア・インダストリ研究所 准教授.

2019 年　東北大学 材料科学高等研究所 教授

専門は力学系理論.

著書：

『これならわかる工学部で学ぶ数学』 プレアデス出版 (2003)

『ベクトル解析からの幾何学入門』 現代数学社 (2007)

解くための微分方程式と力学系理論

2021 年 11 月 21 日　初　版第 1 刷発行
2021 年 12 月 21 日　　〃　第 2 刷発行
2022 年　4 月　7 日　第 2 版第 1 刷発行
2024 年　7 月 17 日　第 2 版第 2 刷発行

著　　者　千葉逸人

発 行 者　富田　淳

発 行 所　株式会社　現代数学社

〒 606-8425
京都市左京区鹿ヶ谷西寺ノ前町 1
TEL 075 (751) 0727　FAX 075 (744) 0906
https://www.gensu.co.jp/

装　　幀　中西真一（株式会社 CANVAS）

印刷・製本　山代印刷株式会社

ISBN978-4-7687-0570-4　Printed in Japan